劳动预备制教材
职业培训教材

计算机组装

尚晓新　主编

中国劳动社会保障出版社

图书在版编目(CIP)数据

计算机组装/尚晓新主编. —北京：中国劳动社会保障出版社，2012
ISBN 978-7-5045-9493-8

Ⅰ.①计…　Ⅱ.①尚…　Ⅲ.①电子计算机-组装-教材　Ⅳ.①TP305

中国版本图书馆 CIP 数据核字(2012)第 022513 号

中国劳动社会保障出版社出版发行
（北京市惠新东街 1 号　邮政编码：100029）
出 版 人：张梦欣
*
北京金明盛印刷有限公司印刷装订　新华书店经销
787 毫米×1092 毫米　16 开本　14 印张　333 千字
2012 年 2 月第 1 版　　2012 年 2 月第 1 次印刷
定价：26.00 元
读者服务部电话：010－64929211/64921644/84643933
发行部电话：010－64961894
出版社网址：http://www.class.com.cn

前　言

《中华人民共和国就业促进法》规定：“国家采取措施建立健全劳动预备制度，县级以上地方人民政府对有就业要求的初高中毕业生实行一定期限的职业教育和培训，使其取得相应的职业资格或者掌握一定的职业技能。”

为进一步加强劳动预备制培训教材建设，满足各地实施劳动预备制对教材的需求，我们会同中国劳动社会保障出版社，组织有关人员对2000年出版的机械加工、电工、计算机、汽车、烹饪、饭店服务、商业、服装、建筑等类劳动预备制培训的专业课教材进行修订改版，并新编了美容美发、保健护理、物流、数控加工、会计、家政服务等类专业课教材。

在组织修订、编写教材时，考虑到接受培训人员的实际水平，为了使学员在较短时间内掌握从业必备的基本知识和操作技能，我们力求做到学习的理论知识为掌握操作技能服务，操作技能实践课题与生产实际紧密结合，内容深入浅出、图文并茂，增强教材的实用性和可读性。同时，注意在教材中反映新知识、新技术、新工艺和新方法，努力提高教材的先进性。

为了在规定的期限内更好地完成劳动预备制培训，各专业按照公共课＋专业课的模式进行教学。公共课分为必修课和选修课，教材为《法律常识》《职业道德》《就业指导》《计算机应用》《劳动保护知识》《应用数学》《实用写作》《英语日常用语》《实用物理》《交际礼仪》。专业课教材分为专业基础知识教材和专业技术（理论和实训一体化）教材。

在这批教材的修订、编写过程中，编审人员克服各种困难，较好地完成了任务。在此，谨向付出辛勤劳动的编审人员表示衷心感谢。

由于编写时间有限，教材中可能有一些不足之处，我们将在教材使用过程中听取各方面的意见，适时进行修改，使其趋于完善。

人力资源和社会保障部教材办公室

简　介

本书是劳动预备制培训计算机类专业基础课教材，主要内容包括选购计算机硬件、计算机硬件组装、BIOS 设置与硬盘分区管理、安装与备份操作系统、连接网络并更新操作系统、工具软件、系统优化、安全与维护、计算机日常维护与故障排除。每个单元都配置了相应的模块和实例进行具体讲解。

本书在编写过程中，力求做到文字简练、图文并茂、通俗易懂，便于读者学习和掌握计算机组装的知识和操作要领。

本书由尚晓新、蒋峥、李航、秦琳花、胡红燕、丁一、张改叶、尚继超、白龙、姜林昊、侯立恒、宋歌编写，尚晓新主编，赵惠民主审。

目　录

第一单元　选购计算机硬件

模块一　基 础 知 识

学习目标

1. 了解计算机组装的基本知识。
2. 掌握计算机系统的组成。
3. 掌握计算机硬件的组成。

一、计算机系统的组成

计算机系统由硬件系统和软件系统两大部分组成。硬件是构成计算机系统的物理实体，是计算机系统中实际装置的总称，如主机、键盘、鼠标和显示器等都是硬件。仅仅具备硬件部分，计算机是不能正常工作的，还必须有软件来统一协调计算机各个部件做什么工作，怎样工作。软件是指计算机运行所需要的程序、数据及有关资料。如图 1—1 所示，描述了计算机系统的组成。

- 计算机系统
  - 硬件系统
    - 主　机
      - 中央处理器
        - 运算器
        - 控制器
      - 内（主）存储器
        - 随机存储器
        - 只读存储器
    - 外部设备
      - 外（辅）存储器——软驱、硬盘、光驱等
      - 输入设备——键盘、鼠标、扫描仪等
      - 输出设备——显示器、打印机、绘图仪等
  - 软件系统
    - 系统软件
      - 操作系统
      - 语言处理程序
      - 服务程序——诊断、排错、编辑等
      - 数据库管理系统
    - 应用软件
      - 专用应用软件
      - 通用应用软件

图 1—1　计算机系统的组成

二、硬件组成

计算机的基本硬件设备包括主机、输入设备和输出设备三大部分，如图 1—2 所示。下面对这几部分进行具体的说明。

1. 主机

主机是计算机中最重要的组成部分，由机箱及机箱内的各种硬件组成，大部分的计算机硬件设备（如主板、CPU、存储器、硬盘、电源、显示卡、声卡、网卡、光盘驱动器及软盘

驱动器等）装在机箱中，如图 1—3 所示。

图 1—2　计算机硬件设备

图 1—3　主机

（1）机箱。机箱有卧式和立式两种。目前常用的是立式机箱，如图 1—3 所示。立式机箱主要是由于没有高度限制，在理论上可以提供更多的驱动器槽，而且更利于内部散热，所以应用广泛。

（2）主板。主板（MainBoard）是一块矩形的电路板，上面焊接着各种芯片、插槽和接口等。主板是主机的核心部件之一，主要有 CPU 插座或插槽、内存插槽，还有扩展槽和各种接口、开关及跳线，它们是连接各种外围设备的部件。图 1—4 所示为适用于 Intel 平台的主板，图 1—5 所示为适用于 AMD 平台的主板。

图 1—4　适用于 Intel 平台的主板

图 1—5　适用于 AMD 平台的主板

（3）中央处理器。中央处理器（即中央处理单元，也称 CPU）是计算机的核心部件，如图 1—6 所示。微型计算机的中央处理器称为微处理器（Micro Processing Unit，MPU），微型计算机的所有工作都要通过微处理器来协调处理，以完成各种运算、控制等操作。

（4）内存储器。内存储器是设在主机中的存储器，也称主存储器（简称为内存），如图 1—7 所示，用于存放当前正在使用的或者随时要使用的程序或数据。内存也是计算机的核心部件之一，其存取速度和容量大小对计算机的运行速度影响较大。计算机关机后，内存中的数据会丢失。CPU 可以直接对内存进行访问。

（5）外存储器。外存储器是计算机外部设备的存储器，也称辅助存储器（简称外存）。外存也用于存储各种信息，但是 CPU 要使用这些信息时，必须通过专门设备将信息先读入

图 1—6　中央处理器

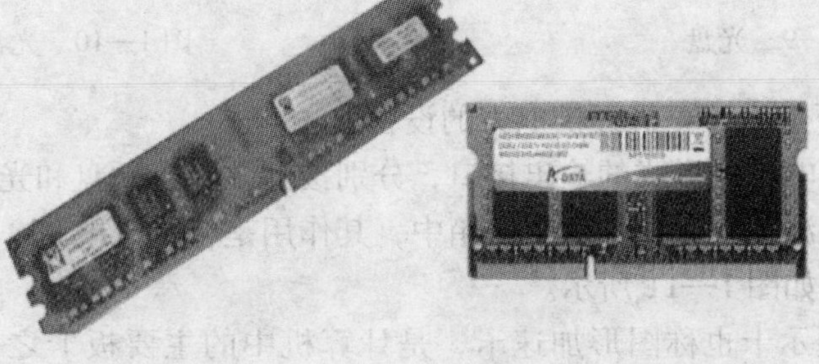

图 1—7　内存储器

内存中。因此，外存中存放的相对来说是不随时要使用的程序和数据，这些数据在计算机关机后不会丢失。

外存储器可以长期保存数据，并且容量比较大。外存储器设备种类很多，目前计算机常用的外存储器是硬盘存储器、软盘存储器、光盘存储器和 U 盘存储器。

硬盘存储器简称硬盘，是计算机配置中非常重要的外存储器，由盘片和硬盘驱动器构成。目前最常用的是温彻斯特硬盘，它采用全密封结构，将盘片和驱动器设计在一起，其外观如图 1—8 所示。目前常见的硬盘容量为 200 GB、500 GB 和 1 TB，甚至更高。

图 1—8　硬盘

一般情况下，硬盘固定在计算机的机箱内，不便于拆卸。为了在计算机之间传递信息，早期常用软盘。通常要将软盘插入软驱中才能使用，常用的 3.5 英寸软盘，其容量一般为 1.44 MB。软驱的全称为软盘驱动器，是专门用于读、写软盘的硬件设备。软驱固定在计算机的主机箱内，将软盘插入软驱中，就可以在软盘上读取存储的数据信息。由于软盘容量小，体积较大，目前已逐渐淘汰。

随着多媒体技术的推广，光盘存储器因其具有容量大、寿命长、成本低的特点，很快受到人们的欢迎，普及速度相当快。一张普通 CD 光盘的存储容量一般在 600 MB 以上，相当于几百张软盘的容量。DVD 盘片单面存储容量为 4.7 GB。目前使用的光盘分为三类，分别是 CD－R 只读型光盘、CD－W 一次性写入多次读出光盘、CD－RW 可重复写入光盘。DVD 只读型光盘只不过比 CD－R 有更快的读取速度和更大的容量，光盘的外观如图 1—9 所示。

光盘数据的读出要通过光盘驱动器（简称光驱），如图 1—10 所示。光驱按其读取数据的速度分为许多类，常用的有 32 倍速、40 倍速、52 倍速，甚至更高。

图 1—9　光盘

图 1—10　光盘驱动器

（6）电源。电源是为计算机提供电力的设备。

电源有多个不同电压和形式的输出接口，分别接到主板、硬盘和光驱等部件上并为其提供电能。机箱内的电源独立放在一个小铁箱中，其作用是将交流电 220 V 变换成计算机所需的各种低压直流电，如图 1—11 所示。

（7）显示卡。显示卡也称图形加速卡，是计算机中的主要板卡之一。它用于将主板传递过来的数据做进一步的处理，生成能提供给显示器输出的图形图像、文字等信息。有的主板集成了显示卡，但在对图形图像效果要求较高的场合（如 3D 游戏、工程设计等），建议配置独立显示卡，如图 1—12 所示。

图 1—11　电源

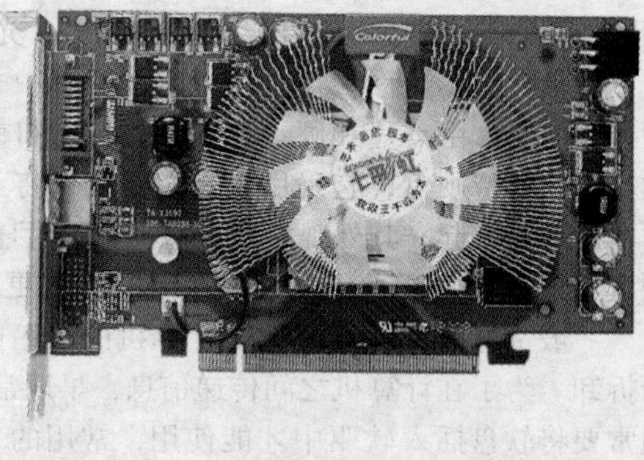

图 1—12　显卡

（8）声卡。声卡用于处理计算机中的声音信号，并将处理结果传输到音箱中播放。现在的主板几乎都已经集成了声卡，只有在对声音效果要求极高的情况下才需要配置独立的声卡。图 1—13 所示为声卡。

（9）网卡。网卡也称网络接口卡（Network Interface Card，NIC），是计算机与局域网线路连接的关键部件，将其插入主板的扩展槽并安装相应的驱动程序，利用其提供的网络线路接口就可实现计算机与局域网或 Internet 的连接与通信，图 1—14 所示是常见的网卡。

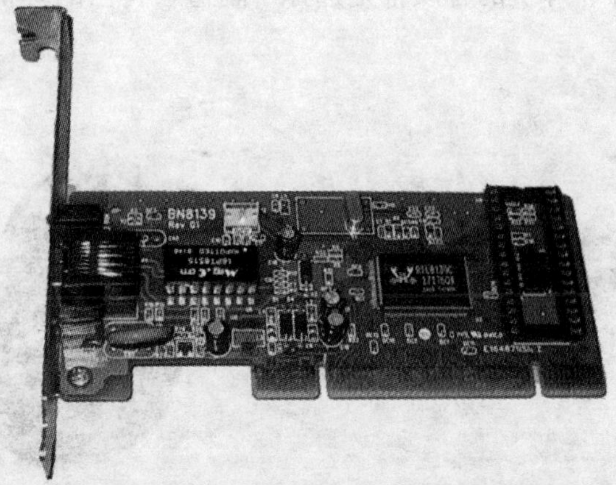

图 1—13　声卡

图 1—14　网卡

2. 显示器

显示器是计算机必不可少的输出设备，通过显示器可以显示操作系统界面、系统提示、程序运行的状态和结果等，显示器的外观如图 1—15 所示。

3. 键盘

键盘是最常用和最基本的一种输入设备，如图 1—16 所示，用户的各种命令、程序和数据都可以通过键盘输入计算机中。人们可以通过敲击键盘上的各个键，向计算机输入需要处理的信息。

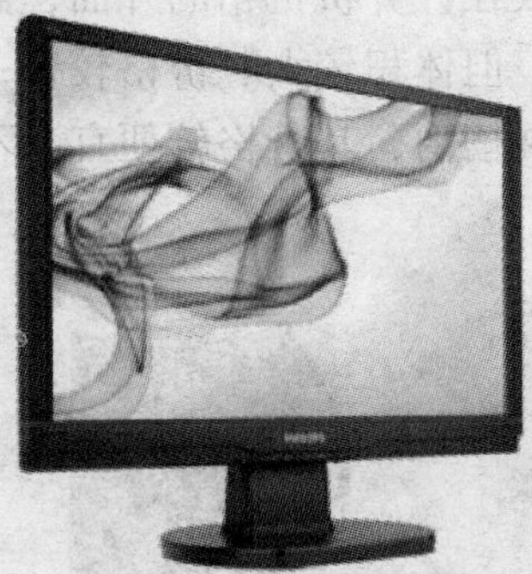

图 1—15　显示器

图 1—16　键盘

4. 鼠标

鼠标是输入设备中除了键盘之外，另一种最常用的输入设备，如图 1—17 所示。鼠标是一种屏幕标定装置，它在图形处理方面比键盘方便得多。

5. 音箱

计算机的发展带动了各个部分配件的发展，音箱作为一种主流的音频输出设备，是多媒体计算机的重要组成部分之一。现代的计算机强调声光效果，如果没有一对好的音箱，在玩游戏、听音乐、看电影时一定失色不少，图 1—18 所示就是一款品质较好的音箱。

6. 耳机

耳机如图 1—19 所示，是个人音响。耳机的用途、使用耳机的时间和场所、个人的偏好、耳机的音质都是选择一副适合自己的耳机时所要考虑的。

图 1—17　鼠标

图 1—18　音箱

耳机根据其换能方式分类可分为动圈式、动铁式、静电式和等磁式，从结构上分类可分为半开放式和封闭式，从佩戴形式上分则有耳塞式、挂耳式和头戴式。

7. 其他外部设备

（1）调制解调器。调制解调器（Modem，俗称“猫”）是调制器与解调器的简称。因为计算机的数据是数字信号，要将数字信号通过传输线路（如电话线）传送到远处的另一台计算机或其他终端，必须将其转换成适合于传输的模拟信号，在接收端又必须将接收到的模拟信号恢复成原来的数字信号，所以调制解调器是计算机远距离通信必不可少的外部设备。

调制解调器一般分为两种类型：一种为外置式，使用时放在计算机机箱的外面，需要外接电源，其优点是质量较好、抗干扰性强、可以方便地移动，但体积较大、价格较贵；另一种为内置式，从外形看是一块接口卡，使用时插在主板的扩展槽内，其价格较便宜，不需要外接电源。图 1—20 所示是外置式调制解调器。

图 1—19　耳机

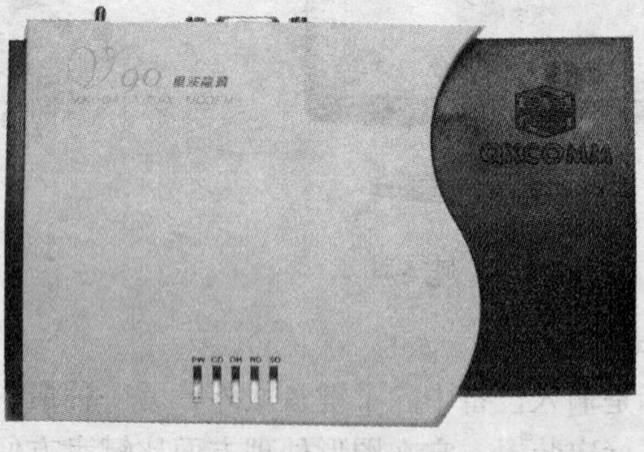

图 1—20　调制解调器

（2）打印机和扫描仪。打印机如图 1—21 所示，是应用最为普及的输出设备之一，随着打印机技术的日益发展及成本的降低，越来越多的用户开始考虑让打印机进入自己的家庭。

扫描仪如图 1—22 所示，是一种捕获图像的输入设备，它可以帮助人们把图片、照片转换为计算机可以显示、编辑、存储和输出的数字格式。

图 1—21　打印机

图 1—22　扫描仪

（3）移动存储设备。移动存储设备包括 USB 闪存盘（俗称 U 盘，见图 1—23）和移动硬盘（见图 1—24）。这类设备使用方便，即插即用，也能满足人们对于大容量存储的需求，已经成为计算机中必不可少的附属配件。

图 1—23　U 盘

图 1—24　移动硬盘

（4）数码设备。数码设备包括数码相机、数码摄像机等设备。尽管在配置计算机时数码设备属于可选设备，但是在信息化时代却有着广泛的应用。图 1—25 所示为数码相机，图 1—26 所示为数码摄像机。

图 1—25　数码相机

图 1—26　数码摄像机

三、计算机组装基本知识

对于熟悉计算机的人而言，如何将各种各样的配件组装成一台计算机是轻而易举的事，但对于大多数初次接触计算机的读者而言却不是那么简单。对于许多想学会装机，了解计算机组装知识的读者而言，如何才能将各种计算机配件组装成一台完整的计算机需要进一步了解相关内容。

1. 装机前的准备

（1）工具准备。尖嘴钳、十字旋具及必备的工具。

（2）材料准备。准备好装机所用的配件，如 CPU、主板、内存、显示卡、硬盘、软驱、光驱、机箱电源、键盘、鼠标、显示器、各种数据线和电源线等。

2. 装机

下面简单叙述自己动手组装计算机的步骤，详细步骤参见第二单元。

（1）安装 CPU 和 CPU 风扇。

（2）安装内存。

（3）安装电源。

（4）安装主板并连接机箱接线。

（5）安装硬盘。

（6）安装光驱。

（7）安装显示卡、声卡、网卡。

（8）安装显示器。

（9）连接鼠标、键盘。

（10）连接音箱和其他外部设备，如打印机、扫描仪等。

四、疑难与技巧

品牌机和兼容机是当今计算机销售市场的两大主力。用户在选购计算机前首先要做的选择就是买兼容机还是买品牌机。

1. 兼容机

（1）优势。自己做主，按需选购，开支较小，升级空间大。

（2）劣势。对用户的专业知识要求较高，需要熟悉各种计算机配件的相关性能、技术参数和市场行情、配件搭配等，甚至包括许多初学者不懂的装配与调试技术。

（3）售后服务。质保期一般只有一年。各个配件的质保和售后服务也不尽相同，维修复杂。

2. 品牌机

（1）优势。购买过程简单方便，计算机稳定性较高，可以得到高附加值的产品。

（2）劣势。价格偏高，可升级性差，瓶颈效应突出。

（3）售后服务较好。

3. 计算机配置的原则和标准

（1）五“用”。适用、够用、好用、耐用、受用。

（2）3 个“避免”。避免“一步到位”的思想，避免“CPU 决定一切”的思想，避免“最新的就是最好”的思想。

（3）选购技巧。要根据自己的用途选择配置，合理分配资金，注意分辨配件的真假，熟悉计算机配件及市场行情，切忌粗心大意，带一个内行朋友做参谋。装机之前可以先到相关网站浏览一下，如中关村在线 http://zj.zol.com.cn/diy/diy_top_index.php#index3。

1）典型配机方案的经济实惠型。经济实惠型计算机的各部分配置单见表 1—1。

表 1—1　　经济实惠型计算机的各部分配置单

配置	品牌型号	现在价格（元）
机箱	动力火车　绝尘侠 X5	190
液晶显示器	三星 EX1920W	819
显示卡	影驰 GT240 重炮手	499
硬盘	希捷 500 GB 7200 1216M（串口/散）ST350	275
内存	金士顿 2 GB DDR3 1333	130
主板	华擎 880GMH/U3S3	499
CPU	AMD 速龙Ⅱ X3445（散）	470
电源	航嘉冷静王钻石 2.3 + 版	228
合计	送大水牛鼠标键盘套装	3 110

2）典型配机方案的高档游戏型。高档游戏型计算机的各部分配置单见表 1—2。

表 1—2　　高档游戏型计算机的各部分配置单

配置	品牌型号	现在价格（元）
机箱	鑫谷　雷诺塔 G2	458
液晶显示器	三星 EX2350W	1 549
显示卡	镭风 5670 - GD5CF 白金版 HM1GN40	499
硬盘	WD1TB 5400 转 64 MB（串口）	340
内存	宇瞻 2 GB DDR3 1333	125
主板	七彩虹战斧 C A870V15	399
CPU	AMD 羿龙Ⅱ X4995（黑盒）	875
电源	鑫谷　绿动 400 节能版	258
鼠标套装	双飞燕 3100 零跳标无线光电套装	90
合计		4 593

模块二　选　购　CPU

学习目标

1. 了解常用 CPU 类型。
2. 掌握 CPU 在计算机中的作用、性能指标。
3. 掌握 CPU 及其散热器的选购要点。

一、认识 CPU

1. CPU 在计算机中的作用

中央处理器（Central Processing Unit，CPU）也称中央处理单元或微处理器，是一块进行算术运算和逻辑运算，对指令进行分析并产生各种操作和控制信号的芯片，一般形象地将其比喻为计算机的“大脑”。

CPU 通常包括运算器和控制器两大部分，现在 CPU 中大多还集成了寄存器。运算器也称算术逻辑单元，功能是完成各种算术运算和逻辑运算。控制器并不具有运算功能，它主要用来读取各种指令，并对指令进行译码分析，做出相应的控制操作。此外，在 CPU 中还有若干寄存器，是 CPU 内部的临时存储单元，主要用于存放程序运行过程中当前使用的数据。这三部分互相配合，完成复杂的数据处理任务并控制计算机各个部分使之协调工作。

从物理外观上看，CPU 是一块体积不大，但元件的集成度非常高、功能强大的超大规模集成电路芯片。

2. CPU 的性能指标

（1）主频。主频也称时钟频率，单位是 GHz，是指 CPU 内数字脉冲信号振荡的速度，用来表示 CPU 的工作频率。一个时钟周期完成的指令数是固定的，所以主频越高，CPU 的速度也就越快。不过由于各种 CPU 的内部结构不尽相同，主频并不直接代表运算速度，所以不能完全用主频来概括 CPU 的性能。在某些情况下，很可能会出现主频较高而 CPU 实际运算速度较低的现象。因此主频仅仅是 CPU 性能表现的一个方面，不能代表 CPU 的整体性能。

（2）外频。外频又称外部时钟频率，是指由主板提供的系统总线的工作频率，是 CPU 与主板之间同步运行的时钟频率。实际运行过程中的主板系统总线速度、内存数据总线速度不但由 CPU 的速度决定，而且还受到主板和内存速度的限制。由于主板和内存速度大大低于 CPU 的主频，因此为了能够与主板、内存的速度保持一致，就要降低 CPU 的速度，即无论 CPU 内部的主频有多高，数据一出 CPU，都将降到与主板系统总线、内存数据总线相同的速度。

（3）倍频系数。由于 CPU 主频不断提高，渐渐地提高到其他设备无法承受的速度，因此出现了分频技术（主板北桥芯片的功能）。分频技术就是通过主板的北桥芯片将 CPU 主频降低，然后再提供给各插卡、硬盘等设备。倍频就是 CPU 运行的频率与外频之间的倍数。三者的关系为：

CPU 的主频 = 外频 × 倍频系数

在相同的外频下，倍频系数越高，CPU 的主频也就越高。

（4）前端总线（Front Side Bus，FSB）频率。FSB 频率是指 CPU 与内存数据总线直接交换数据的速度。

数据传输最大带宽取决于所有同时传输的数据的宽度和传输频率，内存带宽必须要满足 CPU 的带宽需求。

CPU 需求带宽 =［CPU 前端总线位宽（主流 CPU、内存均为 64 位）× CPU 前端总线频率］/8

（5）高速缓冲存储器（Cache）。高速缓冲存储器简称高速缓存，是一种速度比主存更快的存储器，其功能是减少 CPU 因等待低速主存所导致的延迟，以改进系统的性能。高速缓存在 CPU 和主存之间起缓冲作用，可以减少 CPU 等待数据传输的时间。CPU 需要访问主存中的数据时，首先访问速度很快的高速缓存，当高速缓存中有 CPU 所需的数据时，CPU 将不用等待，直接从高速缓存中读取。因此高速缓存技术直接关系到 CPU 的整体性能。当然，高速缓存并不是越大越好，当其大小达到一定水平后，如果不及时更新高速缓存的算法，CPU 性能将无法有本质上的提高。

（6）内核电压和 I/O 工作电压。CPU 的工作电压分为内核电压和 I/O 工作电压两种。其中，内核电压的大小是根据 CPU 的制造工艺而定的，一般制造工艺数值越小，内核电压越低。I/O 电压一般都在 1.6 ~ 3V，低电压能解决耗电过多和发热过高的问题。

（7）制造工艺。制造工艺是指在硅材料上生产 CPU 时内部各元器件的连接线宽度，一般用 μm 表示。制造工艺可以极大地影响 CPU 的集成度和工作频率，μm 值越小制造工艺越先进，CPU 可以达到的频率越高，集成的晶体管就越多。

（8）字长。CPU 在单位时间内能一次同时处理的二进制数的位数称为字长或位宽。能处理 32 位字长的 CPU 就能在单位时间内处理字长为 32 位的二进制数据，Pentium 4 和 Athlon XP 都是 32 位的 CPU，AMD 的 Athlon 64 字长为 64 位。字长的增加是 CPU 发展的趋势。

（9）X86 指令集。X86 指令集是 Intel 公司为其第一块 16 位 CPU i8086 专门开发的指令集，其简化版 i8088 使用的也是 X86 指令，同时为提高浮点数据处理能力而增加了 X87 芯片，以后就将 X86 指令集和 X87 指令集统称为 X86 指令集。

（10）流水线与超流水线。流水线（Pipeline）是 Intel 公司首次在 486 芯片上开始使用的。流水线的工作方式就像工业生产上的装配流水线。在 CPU 中，有 5 ~ 6 个不同功能的电路单元组成一条指令处理流水线，然后将一条 X86 指令分成 5 ~ 6 步后再由这些电路单元分别执行，这样就能实现在一个 CPU 时钟周期内完成一条指令，因此提高了 CPU 的运算速度。

（11）CPU 扩展指令集。CPU 扩展指令集是指 CPU 增加的多媒体或者 3D 处理指令。这些扩展指令集可以提高 CPU 处理多媒体和 3D 图形的能力。

3. CPU 采用的新技术

（1）多核技术。2006 年后，CPU 市场从昔日的处理器频率方面转变成双核心处理器之争，而 Intel、AMD 也不再只用频率作为产品的主要卖点，这些公司旗下的双核心甚至四核心处理器不约而同地成为两大芯片厂商重点推广的产品。当然，多核心处理器的产品能将 CPU 性能向多任务处理方面发展。当处理器采用多内核设计之后，其性能将有质的改变。例如，多核心处理器与单处理器相比，能够更好地利用缓存，从而表现出更为出色的性能，而且还具备出色的多任务处理功能。

（2）低功耗。性能是数据处理技术的最主要指标，但是随着性能的增加，其发热量也会随之增加，因此如何降低功耗是必须解决的问题。据 Intel 公司介绍，基于 Napa 平台的 Core i5 性能将会比现有 Napa 平台提升 20% 左右，而比之前的 Sonoma 平台性能将提高两倍，但其发热量和功耗则会更低。

二、CPU 厂商及产品介绍

1. Intel 系列

目前市场上主流的 Intel 系列 CPU 产品见表 1—3。

表 1—3　　Intel 系列 CPU 产品

型　号	说　明	型　号	说　明
Pentium D（奔腾 D）	双核心 64 位处理器	Core 2 Quad（酷睿 2 四核）	四核心 64 位处理器
Pentium E（奔腾 E）	双核心 64 位处理器	Core 2 Extreme	四核心 64 位顶级处理器
Core 2 Duo（酷睿 2 双核）	双核心 64 位处理器		

（1）Intel Pentium E5200。这是中低端产品中性价比较为突出的一款。所采用的45 nm工艺让E5200的发热量更少，功耗更低。该产品同时拥有2.5 GHz的主频，搭配目前的主流显示卡，无论是运行3D游戏还是播放高清影视节目，都能够应付自如。

（2）Intel Core 2 E7200。其最大特点是采用了45 nm工艺，如图1—27、图1—28所示。与65 nm处理器相比，其性能更强，同时功耗下降了10%。相对于E4000系列而言，该产品提升了50%的二级缓存容量，加入了SSE4指令集等新元素，主频达到2.53 GHz，前端总线频率达到1 066 MHz，二级缓存达到3 MB。这些都令Intel Core 2 E7200显示出更高的性能和更低的功耗，同时超频性能更是不容忽视。在高清影视播放、多媒体和游戏方面，Intel Core 2 E7200的表现更为卓越。

图1—27　Intel Core 2 E7200正面

图1—28　Intel Core 2 E7200背面

（3）Intel Core 2 Quad Q6600。该产品为Kentsfield四核64位处理器，属于中高端产品，如图1—29、图1—30所示。该产品具有2.4 GHz的主频、1066 MHz的总线频率和8 MB二级缓存，新添加的SSSE3和X86—64指令集使其在大型软件处理和3D渲染方面表现得游刃有余。

图1—29　Intel Core 2 Quad Q6600正面

图1—30　Intel Core 2 Quad Q6600背面

2. AMD系列

目前市场上主流的AMD系列CPU产品见表1—4。

表 1—4　　主流的 AMD 系列 CPU 产品

型　号	说　明
AMD Athlon64（速龙单核）	单核心 64 位处理器
AMD Athlon64 X2（速龙双核）	双核心 64 位处理器
AMD Phenom（羿龙）	三核心、四核心 64 位处理器

（1）AMD Athlon64 X2 5000 + AM2。该产品为 Brisbane 双核 64 位处理器，如图 1—31 所示。这是一款中低端的 CPU 产品，但 2. 6 GHz 的主频和 1000 MHz 的总线频率对于普通用户而言已经足够。当超频至 2. 9 GHz 时，仍可以保证系统的稳定性。该产品是 Athlon64 X2 系列处理器中性价比最高的一款。

（2）AMD PhenomX4 9550。该产品为 Agena 四核 64 位处理器，如图 1—32 所示，其接口类型为 Socket AM2 + 。2. 2 GHz 的主频和 2000 MHz 的总线频率，外加 128 位浮点运算单元，使 AMD PhenomX4 9550 在 3D 图形方面有突出的表现。

图 1—31　AMD Athlon64 X2 5000 + AM2

图 1—32　AMD PhenomX4 9550

三、CPU 的选购

1. CPU 的选购原则

CPU 频率的大小至关重要，频率越高，CPU 的性能也就越强。缓存也是 CPU 性能的重要参数，缓存越大，CPU 的性能就越好，但频率越高，缓存越大，CPU 的价格也就越贵。

因此，在购买 CPU 时应综合考虑各方面因素，确定自己需要购买何种类型的 CPU。

（1）注重性价比。首先，不要盲目追求主频。目前主流的 CPU 工作频率已经很高，而且主频低不等于性能差。所以在选购 CPU 的时候需要注重性价比。

（2）根据需要选择。初级用户通常是学生和计算机初学者，买计算机的主要用途就是学习、处理基本文档、上网、听音乐和看电影等。因此对 CPU 的要求不是很高，没有必要购买价格很贵的 CPU。

中级用户一般是对计算机知识有一定的了解，对计算机的操作、使用相当熟悉的用户，也是最大的用户群体，对计算机游戏特别痴迷的朋友，或者在工作中需要处理一些较为复杂、要求较高的工作，如视频采集、媒体影音图像的处理等的白领阶层，可以选择中档 CPU。

高级用户包括专业图形处理工作者、超级游戏玩家和超级 DIY 爱好者可以使用最新、最快、最贵的 CPU。

2. 区别散装与盒装 CPU

从技术角度而言，散装和盒装 CPU 并没有本质的区别，至少在质量上不存在优劣的问题。对于 CPU 厂商而言，其产品按照供应方式可以分为两类：一类供应给品牌机厂商；另一类供应给零售市场。面向零售市场的产品大部分为盒装产品，而散装产品则部分来源于品牌机厂商外泄以及代理商的销售策略。从理论上说，盒装产品和散装产品在性能、稳定性以及可超频潜力方面不存在任何差距，但是质保存在一定差异。

一般而言，盒装 CPU 的保修期要长一些（通常为三年），而且附带一个质量较好的散热风扇，因此往往受到广大消费者的喜爱。然而这并不意味着散装 CPU 就没有质保，只要选择信誉较好的代理商，一般都能得到为期一年的常规保修。事实上，CPU 并不存在保修的概念，此时的保修等于是保换，因此不必担心散装产品的质保水平。

3. 识别 Intel 盒装

正品的盒装 Intel CPU 采用 AVC 或者 Sanyo 的散热器，在选购时应多加注意。真正的盒装 CPU 由 Intel 负责三年的质保。正规盒装产品外包装的上下两个塑料壳是通过穿孔热封的方式粘合起来的，打开时非常麻烦，而假货直接用胶布、胶水或者用订书机来固定。此外，拨打 800 电话，然后对照风扇上的序列号也是检验方法之一。

4. 识别 AMD 盒装 CPU

AMD 的盒装 CPU 大多采用 AVC 风扇，它在塑料外包装及内部风扇上都贴有条形码，外包装的侧面还有一个激光防伪标志，而且提供三年质保。

5. 正确识别 Intel CPU 编号

Intel CPU 处理器几乎全部采用了统一的编号方式，其格式一般分为 5 行，图 1—33 所示为 Intel Core i5 - 750 _ 1 的 CPU。

图 1—33　Intel Core i5 - 750_ 1 CPU

（1）第一行主要显示 CPU 品牌及型号，在图 1—33 中这片处理器编号的第一行中的 Intel 就是品牌，之后的 i5 - 750 是这片处理器的具体型号。

（2）第二行显示了这片处理器隶属于哪个产品系列，也就相当于处理器的“家族徽章”，图中显示这片处理器属于 Intel 的 CORE i5 系列。

（3）第三行显示了 CPU 的 S - Spec 编码和产地信息，其中 S - Spec 编码一般由 5 位英文或数字组成，这组编码看上去根本没有具体含义，但只要在 Intel 官方产品页面输入这组编号，就可以很快定位到此型号 CPU 的产品资料页面，也就是说这组编号相当于 CPU 的型号代称。

第三行还有处理器的产地信息，这片 CPU 的产地是马来西亚（MALAY），另外还有 CHINA（中国）和 COSA RICA（哥斯达黎加）产的。

（4）PCG/FMB 编号是 Intel 为了方便 CPU 选择合适的主板而设置的，大多数主板厂商都会在主板的参数中标出主板支持 CPU 的 PCG 编号，这组编号一般由两位数字和一位英文字母组成，其中的两位数字表示该 CPU 规格需求标准的发布年份，而英文字母则代表处理器在 Intel 产品线中的性能定位，A 代表廉价或 Mainstream1 及 Mainstream2 定位的产品，而 B 则表示 CPU 属于 Mainstream3 及 Performance 或更高定位的产品。如果主板和 CPU 的 PCG 编号一致，则证明该主板可以完全兼容这款处理器，其中包括供电、BIOS、驱动及后期支持。而且 PCG 编号具有向前兼容的特点，比如 08B 的主板可以兼容 08A 的处理器，但 08A 的主板却不能满足 08B 处理器的需要。

（5）CPU 编号的最后一行是这片 CPU 的唯一编号，也就是这片 CPU 的身份证号码，这组编号由 8 位数字和字母组成，Intel 可以根据这组编号查到任何一片 CPU 是卖给零售商还是整机制造商，由于 Intel CPU 卖给整机制造商的价格远远低于市场价，Intel 可以凭 FPO 编号避免有的整机制造商将 CPU 偷偷卖到零售市场获利。这组编号最大的功能就是查询这片 CPU 是不是原包装盒，在 CPU 顶盖、包装盒及风扇上都有 FPO 编号，只有三处编号完全一致才能证明该处理器是原包装的，否则就是商贩用散热片 CPU 做的伪盒包。

6. 正确识别 AMD CPU 编号

与 Intel 产品相比，AMD 处理器的编号虽然更短，但含义却更为复杂。目前市售 AMD 处理器的接口主要是 AM2、AM2 + 及最新的 AM3，三种接口的处理器编号方式也不尽相同，在此以 AM2 接口为例进行介绍。

AM2 处理器的编号也标在 CPU 顶盖上，其格式分为 4 行，如图 1—34 所示。

（1）第一行大字体明确标出了 CPU 品牌及产品所属系列，这片处理器就隶属于 AMD 生产的 Phenom 系列。

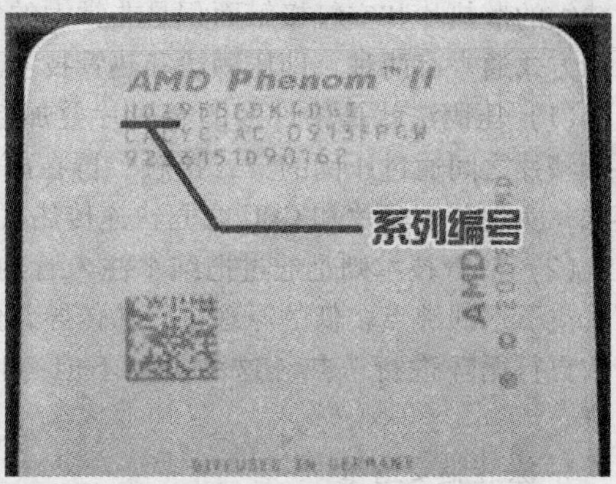

图 1—34　AMD - athlon - 64 - x2 - 3800 - 2

（2）第二行 OPN 的前 2 位或前 3 位表示了 CPU 的型号，AD 代表 Athlon，HD 代表羿龙 Phenom，HDZ、HDX 表示 Phenom Ⅱ。

在 CPU 系列名称后面的是 CPU 的具体型号，此处为 955。

OPN 编码的倒数第 4 位数字表示 CPU 的核心数量为 4。

（3）第三行编码表示 AM2 + 处理器的 CPU 的步进和生产周期，其中 CACVC AC 表示这片处理器核心步进为 C2。后面的 0913 是这片处理器的生产日期，0913 表示这片处理器于 2009 年第 13 周出厂。随后的 FPCW 则相当于 CPU 的生产批号。

（4）第四行编号是这片 CPU 的唯一编号，也就是 AMD CPU 的身份证编号。

四、CPU 散热器的选购

1. 散热片材质

散热片作为 CPU 的传热介质，其传热效果直接影响整个散热器的散热能力。目前市面上风冷式散热器常采用的传热介质有铝、铜和银等。不过受成本、制作工艺、介质质量和硬度条件等限制，很少单纯使用某一种材料的散热片。

在散热片材质中，铝是最为常见的传热介质，它有成本低廉、质量轻的优点。但铝是这三种金属中热导率最小的一种（这也是价格低廉的原因），而且由于其金属硬度比较小，一般能见到的铝质散热片其实是掺杂了其他金属的铝合金。而铜的热导率介于银和铝之间，也是中档散热器最为常用的导热介质。银材料是三种介质中热导率最大的一种，不过众所周知，银的成本很高，因此市面上以银为主的散热片几乎没有，多数是把银掺杂在其他材料中来进一步提高散热性能。

一般情况下可以通过散热片的颜色（铜是橙红色，铝是银白色）来判别其主要使用的材质。市场上还存在一些“五彩缤纷”的散热器。其实那只是在散热片上镀了漆，可以通过比较重量的方式来辨别（一般采用铜为主的散热器质量较重）。对于超频用户而言，推荐使用铜质为主（夹杂银）的中高档散热器。而对于普通的用户，廉价实用的铝合金散热器即可满足散热要求。

2. 散热片的接触方式和散热面积

散热片的接触方式和散热面积也是一个较易被忽略的地方。一般来说，散热器底部越厚，则热容量越大，能储存的热量就越多；而散热片的面积越大，与空气的接触面积也越大，散热能力越好。不过不要因此而认为散热器又厚又大的就是好的，其实那些切割工艺非常精细的散热片和空气接触面积是非常大的，而且散热器过于笨重可能会对CPU造成损害。接触方式通常有两种，即压固法和热管技术。

（1）压固法就是将许多的金属片叠加起来，另外一面则伸展开来作为散热片的鳍片，各个鳍片之间通过压固的方式接触。再在两侧加压并将其截面抛光，这个截面与CPU核心接触，实现各个鳍片和CPU之间快速传热（使用铜介质效果更好）。

（2）热管技术则是通过把纯水注入管内，并把管内空气抽出使其内部呈真空状态。利用真空下水的沸点较低的原理进行热传导，然后按照热空气上升冷空气下降的原理让热源在管内自行循环进行散热。这种设计不但有传热速度快的优点，而且可大大降低散热器的重量。

3. 涂硅脂要适量

硅脂的作用是填充散热器底座平面上的空隙。因为这些看起来非常平滑的底座实际上存在大量肉眼看不到的微小空隙，在这些空隙里散热片和CPU之间就只能通过热导率非常低的空气来进行传热，因此要利用热导率更高的硅脂填满这些空隙，以实现更好的传热效果。所以说硅脂并不是涂得越多越好，适量就足够了。

另外，使用了较长一段时间后，一些用户可能会觉得CPU散热器的散热效果大不如前了。有可能是因为计算机使用过程中CPU的高温使得硅脂软化，由于散热器的压迫使大部分硅脂慢慢“流”到CPU核心边缘上。面对这种情况，只需把原有硅脂擦去并重新涂上新的硅脂即可。

4. 风扇转速和风量的关系

风量是指风冷散热器风扇每分钟送出或吸入的空气总体积，如果按立方英尺来计算，单位就是CFM；如果按立方米来计算，单位就是CMM。散热器产品经常使用的风量单位是CFM。简单来说，更大的风量可在单位时间内排出更多的空气和带走更多的热量。

但实际上转速高的风扇往往会造成较大的噪声，这是大多数用户所不能忍受的。因此在选购散热器的时候要综合转速、叶片大小、数量及噪声等多方面因素进行考虑。

5. 轴承的选择

如果用户对散热器风扇的噪声大小比较敏感，除了要考虑风扇的转速外，轴承的选择也起着很关键的作用。目前在市面上的风扇中，传动轴承一般可以分为三类：含油轴承、双滚珠轴承、单滚珠轴承。

（1）含油轴承一般应用在普通的低档散热器中（许多杂牌散热器就是采用这种轴承）。成本低廉是其最大的优点，不过与之相应的则是油脂易挥发，轴承易磨损，寿命短，长时间使用后噪声变大等缺点，一般不建议选择这类散热器。

（2）双滚珠轴承是采用在其轴心周围加上了多个金属珠运转的方式。其优点在于自身发热量小、噪声小、使用寿命长等，是最为理想的选择。

（3）单滚珠轴承也就是含油加滚珠的轴承，顾名思义其各方面指标介于含油轴承和双滚珠轴承之间，在一般中、低档产品中较为常见。

6. 扣具、支架的种类和安装简便性

在购买散热器的时候需针对不同的品牌（Intel 或 AMD）和型号 CPU 选择相对应的支架产品。这是因为不同的 CPU 所使用的支架不尽相同。

扣具的压力大小是选择散热器的重要考虑因素之一。扣具是将散热片和风扇有效固定到 CPU SOCKET 上面，从而使 CPU 与散热片的底板紧密结合的工具。扣具压力过大，则容易造成对 CPU 核心或 SOCKET 的 PIN 拉环的损坏，同时又增加安装时的麻烦。如果扣具压力太小，则不能使散热器底座和 CPU 紧密结合。所以在选购前最好先动手试试扣具的实际压力。

五、疑难与技巧

1. 主流 Intel CPU 采用的封装方式

随着处理器技术的发展和主频等参数的提高，处理器的封装技术也在不断改进，从最初 Pentium Ⅱ处理器的 S. E. P. 、PGA、PPGA 到现在 Pentium III、Pentium 4 常用的 FC－PGA、μFCPGA，而且这些封装方式还因处理器的应用环境不同而有所不同。下面就将台式机和笔记本计算机的处理器封装类型分别介绍。

（1）台式机处理器封装类型

1）FC－PGA 封装。FC－PGA（flip chip pin grid array，倒装晶片针状栅格阵列）技术是目前比较新的一种处理器封装技术，这样各连接点之间的连接不需要专门的连接线，大大方便了高密度引脚芯片的开发。这种封装的另一个好处就是处理器芯片朝上，露在外面，更有利于芯片的散热。为了提高芯片对电源和周围信号干扰的抵抗能力，在 FC－PGA 封装的处理器底部环绕焊接了一些滤波电容和电阻。芯片底部的引脚插针是交叉排列的，为了防止插错，处理器的引脚插针设计成限定只有一个方向可以插入插座中。这种 FC－PGA 封装方式通常应用于 Pentium Ⅲ和 Intel Celeron 处理器中，它们具有 370 根插针。

2）FC－PGA2 封装。FC－PGA2 封装类型与 FC－PGA 封装类型类似，不同的是这种处理器封装方式还具有一个集成的热接收器（实际上就是处理器上面的那块铝片），这个热接收器是在生产过程中直接附加在处理器芯片上的。因为这个集成的热接收器与芯片直接接触，可以提供更大的散热面积，进一步提高散热效果。FC－PGA2 封装方式通常应用于 370 针的 Pentium Ⅲ、Intel Celeron 处理器和 478 针的 Pentium 4 处理器中。

3）OOI 封装类型。OOI（olga on interposer，奥尔加内插）是 OLGA 标准（一种器件栅格连接标准）中的一种封装技术。OOI 封装也是采用倒装晶片技术设计，在这种封装方式中处理器芯片是内插在基板正面的底层，可以更好地确保信号的完整性，提高热传导性能，同时可以有效地降低感应干扰。在 OOI 封装方式中集成了一个热传导装置（也是处理器芯片上的那块铝片)，它可以在附加风扇的基础上更有效地帮助芯片散热。OOI 封装通常用于 423 针的 Pentium 4 处理器中。

4）PGA 封装类型。PGA（pin grid array，针状栅格阵列）封装的处理器也是用引脚针插入插座中的。为了提高热传导率，在 PGA 封装的处理器顶部使用镀镍的铜片来加强散热。在底部的引脚针是交错排列的，保证了只有一个方向可以插入插座中，以防插错。PGA 封装通常应用于 630 针的 Intel Xeon（至强）处理器。

5）PPGA 封装类型。PPGA（plastic pin grid array，塑胶针状栅格阵列）也是用插针插入插座中。为了提高热传导率，也在处理器顶部附加了一片镀镍的铜片。处理器底部的引脚针也是交错排列的，并且只能以一个方向插入。PPGA 封装方式通常应用于早期的 370 针 Intel Celeron 处理器。

6）S. E. C. C. 封装类型。S. E. C. C.（single edge contact cartridge，单边接触盒）封装方式是采用类似于 PCI 板卡之类的金手指条插入到一主板的 Slot 槽中，而不是用 Socket 插槽式处理器所用的插针。S. E. C. C. 封装方式用一个金属外壳包装整个处理器组件。在 S. E. C. C. 封装的处理器盒里面还附加了一个热传导片用来散热，许多处理器都有一片与处理器连接在一起的印制电路板、L2 级缓存和总线终止电路。S. E. C. C. 封装方式通常应用于 242 条金手指的 Intel Pentium Ⅱ处理器和 330 条金手指的 Pentium Ⅱ Xeon、Pentium Ⅲ Xeon 处理器。

7）S. E. C. C. 2 封装。S. E. C. C. 2 封装类型类似于 S. E. C. C. 封装，不同的是 S. E. C. C. 2 使用更少的包装（不是全封的），并且没有热传导片。S. E. C. C. 2 封装通常应用于一些后期 242 条金手指版本的 Pentium Ⅱ和 Pentium Ⅲ处理器。

8）S. E. P. 封装。S. E. P.（single edge processor，单边处理器）封装类似于 S. E. C. C. 或者 S. E. C. C. 2 封装，也是采用单边插入到 Slot 插槽中，以金手指与插槽接触，但是没有像 S. E. C. C、S. E. C. C. 2 封装的全包装外壳，底板电路从处理器底部是可见的。S. E. P. 封装应用于早期的 242 根金手指的 Intel Celeron 处理器。

(2）笔记本计算机处理器的封装方式。因为笔记本计算机在散热等其他技术通用性方面要求通常比台式机高，所以笔记本计算机处理器的封装方式有其特殊性，以下分别介绍不同时期的笔记本计算机处理器的封装方式。

1）Micro – FCPGA 封装。Micro – FCPGA（或 μFCPGA）（micro flip chip plastic grid array，微型倒晶片塑胶栅格阵列）封装方式的处理器在基板上包含一个朝下安装、由环氧材料封装的芯片。这种封装处理器使用 2. 03 mm 长，直径为 0. 32 mm 的 478 根插针与主板处理器插座接触。micro – FCPGA 处理器插座有几种可用设计方案，每种设计方案都可使用零压力的方式拔插处理器。它与 micro – PGA 封装之间的区别在于，micro – FCPGA 没有内插式基板，但在处理器底部安装了电容，用于抗干扰。

2）Micro – FCBGA 封装。Micro – FCBGA（或 μFCBGA）（micro flip chip ball grid array，微型倒装晶片球状栅格阵列）封装的表面板上包含一个面朝下、由环氧材料封装的芯片。但这种封装方式不是采用插针，而是采用小球与主板上处理器插座接触。这种采用小球接触方式的好处是不会出现插针弯曲现象，方便安装。这种封装方式的处理器中有 479 个直径为 0. 78 mm 的小球。不同于 Micro – PGA 封装方式的是，在 micro – FCBGA 封装的处理器顶部分布有电容。

3）Micro－BGA2 封装。Micro－BGA2（或 μBGA2）（micro ball grid array 2，微型球状栅格阵列 2）封装的处理器包含一个面朝下、由环氧材料封装的芯片，“2”代表改进型的版本号。它也是采用小球来与主板处理器插座接触的，而不是插针。这种处理器采用 495 个小球，通常应用于 Pentium Ⅲ处理器中。

4）Micro－PGA2 封装。Micro－PGA2（或 μPGA2）（micro plastic grid array 2，微型塑胶球状栅格阵列 2）封装的处理器包含一个带小球的内插式 BGA 封装基板，“2”代表改进型的版本号。插针的长度为 1.25 mm，直径为 0.30 mm。它也有几种 Micro－PGA2 处理器插座设计可用，但所有的设计方案都允许零压力的轻易拔插。这种封装方式主要用于 Pentium Ⅲ笔记本计算机处理器上。

5）MMC－2 封装。MMC－2（mobile module cartridge 2，为移动模块盒 2）封装的处理器通常用于早期的笔记本计算机 Pentium Ⅲ中，它包括一个笔记本计算机 Pentium Ⅲ处理器和主机桥接系统控制器（包括处理器总线控制器、内存控制器和 PCI 总线控制器），“2”代表改进型的版本号。它是通过 400 根针进行连接的，热传导片为处理器和主机桥接系统提供散热。

从以上的介绍可以看出，笔记本计算机的处理器封装方式都比较精细，这主要是因为笔记本计算机的空间有限，通常可见到一个“μ”符号，这可通过 Intel 的专用处理器测试工具检测看出，由此可以区分是否是笔记本计算机处理器，对于识别真假笔记本计算机处理器很有帮助（台式机没有“μ”符号）。

2. 主流 AMD CPU 采用的封装方式

在 AMD 的处理器芯片中，随着开发和生产工艺技术的不断改进，其产品的封装技术也在不断改进。目前，最新的处理器主要是采用 OPGA 封装方式。

（1）OBGA 封装方式。OBGA（organic ball grid array，有机球栅格阵列），属于早期普遍看好的 BGA 封装方式之一，是球形触点阵列，表面贴装型封装之一。在印制基板的背面按阵列方式制作出球形凸点用以代替引脚，在印制基板的正面装配 LSI 芯片，然后用模压树脂或灌封方法进行密封。也称为凸点阵列载体（PAC）。引脚可超过 200 个，是多引脚 LSI 用的一种封装。封装本体也可做得比 QFP（四侧引脚扁平封装）小。

OBGA 的这种封装方式有可能推动更小的无插座设计，以适应在某些空间狭小的机器中的应用。AMD 早期的嵌入式处理器（如 349 脚的 K6－2E＋、K6－ⅢE＋）采用此种封装方式。

（2）CPGA 封装方式。CPGA（ceramic pin grid array，陶瓷针状栅格阵列）从其名称可以看出，处理器晶片是采用陶瓷封装，而非塑胶封装。CPGA 属于 PGA 封装方式的一种，与前面所介绍的 BGA 封装方式有明显不同，那就是 CPGA 是通过插针的方式与处理器插座电路进行接触连接的。因为插针体积可以更小，所以可以承受比锡球连接的 BGA 封装方式更多的引脚数。

在 CPGA 封装方式中，也使用了目前最先进的倒装晶片连接技术，它的封装面积大小为 49.53 mm×49.53 mm。与传统的连接相比，它可以承受更多引脚数，更好地散热，使处理器芯片基板更小，缩短连接电路长度，可以有效提高芯片电子性能，因为生产工艺的提高，使得生产效率大大提高。

（3）FCPGA 封装方式。FCPGA 封装方式采用更小的锡球或插针。它的插针长度也为

1.27 mm，封装面积比 CPGA 方式更小些，为 40 mm×40 mm。这种封装方式更加适用于体积小的环境，如手持终端、笔记本计算机处理器，当然也适用于引脚相当多的处理器。但是由于插针更小，工艺难度会增大，成品率也将下降。

Operton 处理器就是采用这一封装方式，在这款处理器中共有 940 个引脚插针。另外，大多数 AMD 的笔记本计算机处理器（如 Thunderbird 核心 Athlon4 处理器）也是采用这种封装方式。

（4）OPGA 封装方式。OPGA（organic pin grid array，有机针状栅格阵列）是在 AMD 处理器中应用最广泛的一种处理器封装方式。因为它也属于 PGA 封装方式中的一种，所以也是采用插针方式与处理器插座电路接触连接。它的插针长度为 1.27 mm，封装面积为 49.53 mm×49.53 mm。它同样采用倒装晶片技术，所以同样具有以上所介绍的倒装晶片技术所具有的优越性。OPGA 封装的处理器表面变得非常柔软，可以允许一定程度的弯曲，从而保证用户在安装处理器时不会使其受到损伤。OPGA 封装较其他封装形式阻抗更低，性能更优越。

OPGA 封装方式与 CPGA 封装方式在外观上的最明显区别就是 CPGA 封装处理器的正面电容器件都移到了处理器的底部。

3. 查看 CPU 性能指标

可以选择相关的软件进行查看和测试，如鲁大师等软件。

模块三　选购主板

学习目标

1. 认识主板。
2. 了解主板的分类、组成。
3. 掌握主板的选购要点。

一、认识主板

1. 主板的功能

主板（mainboard）如图 1—35 所示，也称母板（motherboard）或称系统板（systemboard）。主板和 CPU 一样，是计算机中最关键的部件之一。它是连接各个部件的物理通路，也是各部件之间数据传输的逻辑通路。从某种意义上说，主板比 CPU 更关键。因为几乎所有的部件都会连接到主板上，主板的性能将直接影响整个系统的运行情况。主板也是与 CPU 配套最紧密的部件，每出现一种新型的 CPU，都会推出与之配套的主板控制芯片组，否则将不能充分发挥 CPU 的性能。主板是计算机系统中最大的一块电路板。当计算机工作时，从输入设备输入数据，由 CPU 处理，再由主板负责组织输送到各个设备，最后经输出设备输出。

2. 主板的分类

（1）按主板的结构分类。生产主板时都必须遵循行业规定的技术结构标准，以保证主板在实际安装时的兼容性和可互换性。结构标准决定了主板的尺寸和结构类型，在用户实际

图 1—35　主板

组装或升级时，不同结构的主板对机箱规格和箱内电源的技术规格要求也有所不同。目前，仍然使用的结构标准有 Baby AT、ATX、Micro ATX 和 NLX 等。

（2）按逻辑控制芯片组分类。芯片组（chipset）是主板上最重要的部件，是主板的灵魂，主板的功能主要取决于芯片组。芯片组由 1 ~ 4 片集成电路组成，负责管理 CPU、内存、各种总线扩展及外部设备。

生产主板芯片组的厂家主要有 Intel、AMD、nVIDIA、VIA（威盛）、SiS（矽统）、ALi（扬智）、ATi 等。根据 CPU 的架构，控制芯片组分为不同型号，如同 Pentium 系列一样分为 FSB 800/533/400 MHz 的 i875P/i865PE 芯片组，支持 FSB 533/400 MHz 的 i845PE 等。

（3）按是否为集成型主板分类。集成型（All－In－One）主板又称整合型主板或一体化主板，即主板上集成了音频、视频处理和上网功能。通俗地讲，就是显示卡、声卡、网卡等扩展卡都被做在了主板上。显示卡的功能一般集成到北桥芯片中，集成显示卡的一个重要特点就是显示内存使用共享主板上的内存。一些集成主板上还配有显示卡扩展插槽，这样，如果觉得集成在主板上的显示卡的功能不足以胜任时，可将其屏蔽掉，再安装功能更强大的显示卡，不必丢弃原主机板上任何硬件，从而增强了主板的可扩展性。在很多入门级和商用计算机中多采用集成主板。集成主板具有高性价比、高性能和高集成度的优点，也不会出现不兼容的问题。集成型主板性能的高低、功能的优劣是由其采用的集成芯片组来决定的。

Intel、SiS、nVIDIA、VIA、ALi、ATi 等芯片组厂商，都拥有属于自己的集成型主板芯片组。

（4）按生产主板的厂家分类。生产主板芯片组的厂家虽然只有 Intel、AMD、nVIDIA、VIA、SiS、ALi 等几家，但生产主板的厂家却很多。市场上常见的主板品牌有微星（MSI）、华硕（ASUS）、佰钰（Acorp）、建基（Aopen）、磐正（EPoX）、升技（Abit）、硕泰克（Soltek）、映泰（BIOSTAR）、捷波（Jetway）、技嘉（Gigabyte）、联想（QDI）等。

二、主板的组成

1. PCB 基板

PCB（printed circuit board，印制电路板）基板由多层 PCB 构成，在每一层 PCB 板上，都密布有信号走线。在运行的时候，这么多不同的信号线之间难免会出现电磁干扰的现象，最终导致信号不稳定、系统运行不稳定。因此，一般除了对走线的布局及间距进行改进外，好的主板多采用6层PCB板结构，中间加入屏蔽层来避免各层间的信号干扰现象，以达到稳定性的要求。

2. CPU插座

现在流行的CPU插座（CPU supported）都采用ZIF（zero insert force）标准，常见的CPU插座按处理器接口架构分为Socket A/462（支持AMD Athlon XP和Duron系列的CPU）、Socket478（支持Intel Pentium 4系列的CPU，包括Pentium 4 Celeron）、Socket370（支持Intel Pentium III、Celeron）等几种，常见的CPU插座如图1—36所示。

a)　　　　b)

图1—36　常见的CPU插座

a）slot类型　b）socket类型

3. 电源插座

电源插座是向主板提供电能的接口，在图1—37中就能看到电源插座。在主板上不同的硬件子系统需要不同的电压，主要分为三大类：键盘控制器、BIOS芯片等部件需要5 V电压；内存、AGP通道等系统I/O电压则需要3.3 V；不同的CPU的核心电压并不一样，现在主流CPU的电压只有1.5 V左右。

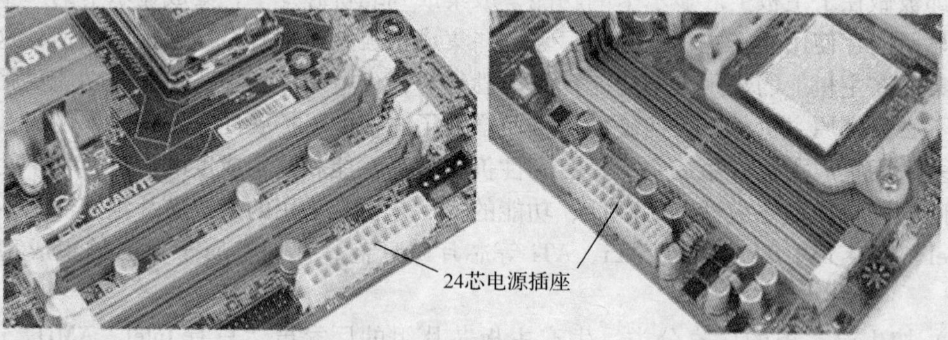

图1—37　电源插座

ATX电源输出的电压有5 V、12 V、3.3 V、－5 V、－12 V、5 V Stand BY（辅助5 V）等，这些电压是不能直接提供给主板使用的。例如，CPU的内核电压值（1.5 V左右）远低于开关电源可以提供的最低电压，为此必须进行电压的转换，将电压转换为CPU所能接受的内核电压值。另外，由于开关电源送出的电流中依然存在各种杂波和干扰信号，因此主板上由电容和扼流线圈等组成的滤波电路还要对其进行更进一步的整形和过滤。

4. 扩展插槽

用于扩展 PC 功能的插槽通常称为 I/O 插槽，大部分主板都有 1～8 个扩展槽。扩展槽（slot）又称插槽，是总线的延伸，也是总线的物理体现，在扩展槽中可以插入适配卡，如显示卡、声卡、Modem 卡及网卡等。

总线是构成计算机系统的桥梁，是各个部件之间进行数据传输的公共通道。扩展槽按其发展历史和连接的总线类型分为许多种，常见的总线结构有 ISA、MCA、EISA、VESA 和 PCI 等几种，其对应的扩展槽为 ISA 扩展槽、MCA 扩展槽、EISA 扩展槽、VESA 扩展槽和 PCI 扩展槽。其中，后面两种为局部总线标准，前三种为总线标准。现在多数主板上只有 PCI 局部总线扩展槽。主板上的 PCI 总线扩展槽分别如图 1—38 所示。

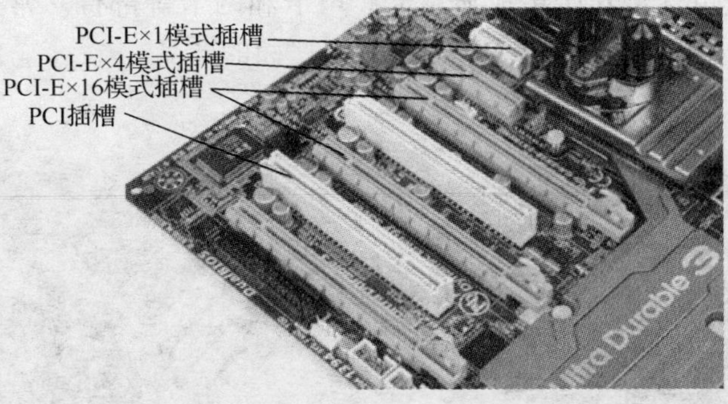

图 1—38　PCI 总线扩展槽

5. 数据线接口

数据线接口主要包括 IDE 接口插槽、软盘驱动器接口插座和 Serial ATA 接口插座。

6. I/O（输入/输出）接口

BIOS（basis input output system，基本输入输出系统）的全称是 ROM BIOS，即只读存储器基本输入输出系统。BIOS 程序是计算机中最基础、最重要的程序，为计算机提供最底层、最直接的硬件控制。这段程序保存在主板上的一个只读存储器（ROM）芯片中。

BIOS 程序包括计算机最重要的基本输入输出程序（控制键盘、显示器、磁盘驱动器和通信端口等基本功能的代码）、系统设置程序、开机上电自检程序和系统启动自检程序。

BIOS 程序是连接软件程序与硬件设备的接口程序，负责解决硬件的即时要求，并按软件对硬件的操作要求具体执行。简单地说，它是连接计算机硬件与操作系统的桥梁。

一块主板性能优越与否，很大程度上取决于 BIOS 程序的管理功能是否合理、先进。每块主板上至少有一块 BIOS 芯片。最初的主板 BIOS 芯片采用的是 ROM，其中的代码是在芯片生产过程中固化的，且永远无法修改。后来，采用一种可重复写入的 EPROM（可擦编程 ROM）作为 BIOS 芯片，上面的标签起着保护 BIOS 内容的作用（紫外线照射会使 EPROM 中的程序内容丢失），不能随便撕下。586 以后的 ROM BIOS 多采用 Flash ROM（闪存可擦编程只读存储器），通过跳线开关和系统配带的驱动程序，可以对 Flash ROM 重写，实现 BIOS 升级。也正是由于 Flash ROM 可由用户更改其中的程序内容，所以 BIOS 是主板上唯一可能被病毒攻击的芯片。BIOS 中的内容一旦破坏，主板将不能工作。因此，主板厂商对 BIOS 采用了多种保护措施。例如，有的主板就采用了双 BIOS 芯片技术，主板上有两片 BIOS 芯片，当主 BIOS 芯片被破坏后，后备 BIOS 芯片就自动生效开始工作。

7. 主板芯片组

主板芯片组是主板的灵魂和中枢，这不仅在于它负责主板上各种总线之间的数据和指令的传输，而且还承担着硬件资源的分配与协调的任务。

芯片组通常由两片组成，按照地图“上北下南”的规则，靠近 CPU 插座的称为北桥芯片（north bridge chipset）。因其工作时产生的热量较大，北桥芯片上面覆盖着一块散热片，有的则加上了散热风扇。北桥芯片负责 CPU、内存、AGP 显示卡之间的数据、指令的交换、控制和传输任务。南桥芯片（south bridge chipset）负责外部存储器（硬盘、光驱）及其他硬件资源（USB、PCI、ISA 等设备）的控制、调配及传输任务。

随着主板芯片组集成技术的提高，许多主板的芯片组已经开始用一块单芯片，如图 1—39 所示。主板芯片组也逐步开始集成显示卡、声卡和网卡等部件。常见的主板芯片组主要是 Intel、VIA、SiS、ALi、nVIDIA、ATi 等芯片组厂商的产品。

图 1—39　主板芯片组

8. 其他功能芯片

（1）板载声卡、网卡控制芯片。随着主板集成度的提高，以前需要单独插一块板卡来实现的功能（如声卡、网卡等），现在都可以集成到主板上了。

（2）USB 与 IEEE1394 控制芯片。除网络外，芯片还能控制高速传输接口，如 USB 和 IEEE1394。

（3）硬件监控芯片。为了让用户能够了解硬件的工作状态（温度、转速、电压等），主板上通常有 1 ~2 块专门用于监控硬件工作状态的硬件监控芯片。当硬件监控芯片与各种传感元件（电压、温度、转速）配合时，便能在硬件工作状态不正常时，自动采用保护措施或及时调整相应元件的工作参数，以保证计算机的各配件在正常状态下工作。

9. 外设接口

主板上的外设接口如图 1—40 所示，用于连接鼠标、键盘、打印机、网线及 USB 设备等。通常 PS/2 接口用于连接 PS/2 接口类型的鼠标（绿色）和键盘（紫色）。并行接口又称打印机接口，用来连接打印机。串行接口又称 COM 口，用来连接串行接口设备。目前的主板大都集成有声卡、网卡、游戏棒、耳机、麦克风接口和 2 个 USB 接口。

三、主板的选购要点

1. 选择合适的芯片组

芯片组是主板的核心，它对主板性能起着决定性作用。正因为如此，每当推出一款新规

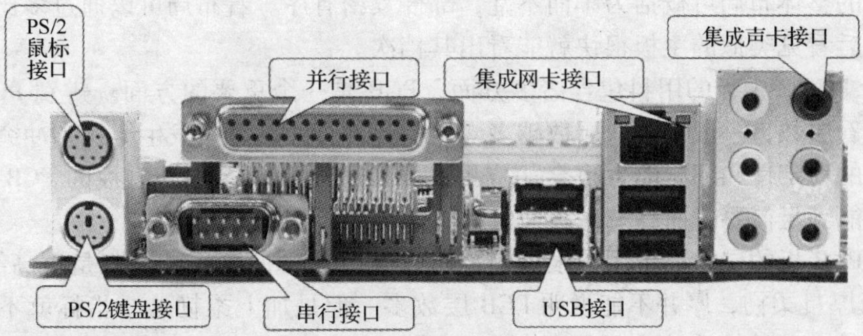

图 1—40　主板上的外设接口

格的处理器时，必定会同步推出相应的主板芯片组。现在，主流的主板芯片组结构类型多数为由两片组成的南、北桥型，也有单独一片的芯片组。

在南、北桥型主板芯片组中，北桥芯片负责支持和管理 CPU、内存和图形系统器件；南桥芯片负责支持和管理 IDE 设备，以及各种高速串、并行接口及能源管理等部分。两片芯片之间的信息传递由专用总线完成。此时的芯片组就像桥梁或纽带一样，将系统中各个独立的器件和设备连接起来形成一个整体。

2. 选择著名品牌产品

选购主板时要选择著名品牌产品，这样的主板质量才能得到一定的保障。应从以下几种主板中选择。

（1）一线主板。华硕（ASUS）、微星（MSI）、技嘉（GIGABYTE）、升技（ABIT）和磐正（EPOX）等。

（2）二线主板。梅捷（SOYO）、映泰（BIOSTAR）、承启（CHAINTECH）、精英（ECS）、佰钰（ACROP）、建基（AOPEN）等。

3. 查看产品用料和做工

选购主板时还要考虑制作主板的用料及做工是否精良。

4. 考虑产品的扩展能力

选购主板时还要考虑计算机功能的扩展。

5. 选购整合主板

把以上几方面的因素考虑好后就可以选购整合主板。

四、疑难与技巧

1. 快速识别主板的品质

（1）看整体布局

1）元器件相隔距离。如果一款主板布局零乱，实现某一功能的芯片和相应的电阻、电容之类的元器件相隔较远，主板电路势必出现交叉和干扰，进而影响系统的稳定性和超频能力。

2）接口的位置摆放。各种接口的位置摆放，通常最好的做法是把所有接口放到主板的边缘，从而方便拔插。

3）插槽和其他部件。主板布局还有一个部件间距的问题，如果某些插槽和其他部件之间距离太近，就可能会影响到内存或者显示卡等部件的安装。

好主板的整体布局可概括为小而不乱，部件紧密有序。看布局可以通过多比较来产生总体印象，以后看见类似的主板很快就能看出其档次。

（2）看 PCB。主板的用料包含诸多方面，PCB 是一个重要的方面。辨别 PCB 板的一个简单方法是看层数，一般来说，层数越多，主板各部分线路之间发生干扰和冲突的概率也就越小，主板的稳定性和超频能力也会相应提高不少。通常情况下，主板的 PCB 层数至少要达到六层才能满足需要，而高端主板通常都会采用高价格的 8 层板。

不过，PCB 板的层数很难用肉眼识别，有些 PCB 板的厚度很小，却是很高级的八层板。好的 PCB 板厚且柔韧，厚并不能说明 PCB 层数多。但是加上柔韧这个指标就不一样了，好的 PCB 板在生产中会考虑应力的影响，譬如上螺钉或安装设备时，PCB 板要能承受一定的弯曲，否则很容易损坏。一般的四层板柔韧程度有限，达到六层后柔韧性会提高一些。

需要说明的是，PCB 板的颜色并不能代表品质，色彩只不过是上层防锈漆的颜色，主要起保护作用。如今流行黑色或蓝色的 PCB 板，很多真正的高端主板仍然是墨绿色。

（3）看零件的用料。影响主板品质的一个最重要的用料类型就是电容和接插件。

电容在主板中主要起到保证电压和电流稳定的滤波作用。主板上常见的电容有钽电容和铝电容（电解电容）。铝电容容量较大、价格较低，但易受温度影响，寿命相对较短，而且随着使用时间的增长会逐渐失效。钽电容寿命长、耐高温、准确度高，不过容量较小、价格高。由于钽电容的精密度更高，同时价格也更加昂贵（通常一只钽电容的价格可能是铝电容的几倍），故而钽电容通常都会被应用到一些售价较高的中高档主板上。

除了电容之外，主板上的接插件也是重要的一环，好的插件也是有品牌的，FOXCONN 是使用最多的产品，质量最好。另外 AMP 的产品也不错。如果主板插件是一些不知名的品牌，主板的档次基本上也不高。

2. 识别 Intel 原装主板的方法

Intel 的原装主板有一个特殊之处，在进入 BIOS 设置时是通过按 F1 键进入的，而且在开机时也没有提示按键进入 BIOS 设置。在引导顺序上，如在 CMOS 中设置了第一启动设备为光盘存储或其他可移动存储设备后，只要在后续的 IDE 设备发生改变，系统在启动时就会恢复到默认的第一启动 HDD0，其后的一切都要重新设置。

在默认的情况下，主板 BIOS 对软驱的写保护是打开的，必须进入 BIOS 设置界面更改。使用 AWARD BIOS 的主板时，在开机自检时都有一个描述，可以大致了解机器的硬件构成，而在 Intel 原装主板中，开机只显示一个 Intel 的 LOGO，且自检速度很快。

Intel 主板启动时有自己的开机欢迎启动画面，假货则没有。Intel 主板自检速度极快，一般不到 5 s 即可从接通电源到操作系统启动状态，假冒主板的自检速度则是比较慢的。原装主板包装盒上没有 Intel Product 的标签，而假冒主板盒上则有一个 Intel Product 的标签。原装主板的并口、串口、音频接口处是严格符合 PC99 规范的，并口为紫红色，音频口则是一个整体，且分别由粉红、蓝、绿构成。质保方面，真的 Intel 主板有三年的质保期，而假冒的 Intel 主板一般只提供一年的质保期，从这一点上可以来鉴别主板的真假。

模块四　选 购 内 存

学习目标

1. 认识内存。
2. 了解内存的组成、分类、性能指标。
3. 掌握内存的选购要点。
4. 了解内存可能导致的故障、内存可靠性的测试方法。

一、认识内存

1. 内存的组成

内存也称主存，是计算机系统存放数据与指令的半导体存储器单元，又称主存储器，通常分为 RAM（random access memory，随机存储器）、ROM（read only memory，只读存储器）和高速缓存。因为 RAM 是其中最主要的存储器，整个系统内存容量的多少主要由它的容量决定，习惯上将 RAM 直接称为内存。

（1）只读存储器。只读存储器简称 ROM，主要用于存储计算机系统配置和提供最基本的 I/O 控制程序。目前，计算机中大多采用 Flash Memory，属于电可擦除可编程 ROM 的一种，其特点是：计算机断电后，仍能长期保存存储的信息，具有很高的存取速度，功耗很小，集成度高，易于擦写，支持在线刷新，使 BIOS 升级非常方便。

（2）随机存储器。随机存储器简称 RAM，有静态和动态两种，其特点是一旦断电，存储的信息将全部丢失。静态随机存储器（static RAM，SRAM）不必周期性地刷新就可以保持数据，它与计算机的接口很简单，需要的附加硬件很少，使用方便，速度快，但功耗较大，集成度低，成本高，常作为高速缓存用。

目前，主流应用 DDR2、DDR3，由于其优越的性能，已经逐步取代 DDR 而成为主流产品。

（3）高速缓存。高速缓存基本上被集成到 CPU 的内部，具体内容参阅相关内容。目前，只有极少数高端应用仍在主板上保留外部高速缓存。

2. 内存的分类

内存按随机存储器的不同可分为以下几类：

（1）SDRAM。SDRAM（synchronous DRAM）是同步动态随机存储器的简称，常用的有 PC100 和 PC133 两种规范，采用 DIMM 架构，引脚为 168 针，数据位宽为 64 位，工作电压为 3.3 V，如图 1—41 所示。SDRAM 采用双存储体结构，也就是有两个存储阵列，一个被 CPU 读取数据的时候，另一个已经做好被读取数据的准备，两者相互自动切换，使得存取效率成倍提高。SDRAM 与 CPU 外频同步，数据交换时不存在延时。

（2）DDR。DDR（double data rate synchronized DRAM）是双倍速率同步动态随机存储器的简称，有 DDR200/266/333/400 等规范，仍采用 DIMM 架构，引脚为 184 针，数据位宽为 64 位，工作电压为 2.5 V，如图 1—42 所示。DDR 与传统的 SDRAM 的本质区别在于，它可以在一个时钟周期的波峰及波谷（也就是上升沿与下降沿）传送数据，达到 SDRAM 两倍的数据量。例如，以 133 MHz 内存总线频率设计的 DDR，可达到 266 MHz 的实际数据传输频率。因此，DDR266 的含义是：当内存总线频率（实际工作频率）为 133 MHz 时，等效的数据传输频率为 266 MHz。以此类推，DDR333 的实际工作频率为 166 MHz，DDR400 的实际工作频率为 200 MHz。

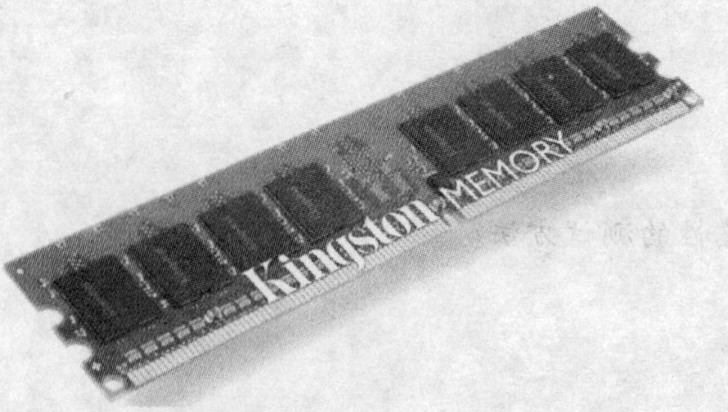

图 1—41　SDRAM 内存条

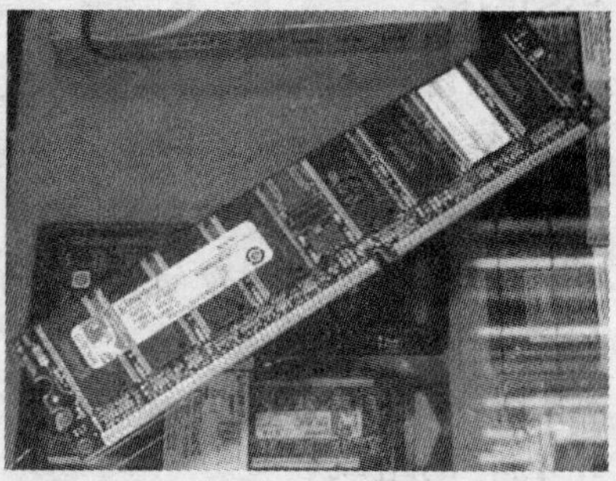

图 1—42　DDR 内存条

（3）RDRAM。Rambus DRAM 是 Intel 为 P4 推出时高端应用配套的内存（见图 1—43），由于成本高，得不到主板厂商的大力支持，没能成为主流产品。

图 1—43　RDRAM 内存条

（4）DDR2、DDR3。随着 CPU 频率的不断提高，DDR 内存技术在架构上存在的不足逐步显现出来，制约了数据传输频率的进一步提高。例如，当数据传输频率达到 400 MHz 以上时，内存产品的良品率就开始下降，导致 DDR400 以上的内存根本无法成为市场主流。为了适应高频 CPU 对内存的新要求，产生了 DDR2 内存模组技术。DDR2 内存每个时钟能够以 4 倍外部总线的速度读写数据，并且能够以内部控制总线 4 倍的速度运行，如图 1—44 所示。

DDR3 也是一种计算机内存规格。它属于 SDRAM 家族的内存产品，提供了比 DDR2 SDRAM 更高的运行效能与更低的电压，是 DDR2 SDRAM（四倍资料率同步动态随机存取内存）的后继者（增加至 8 倍），也是现在流行的内存产品，如图 1—45 所示。

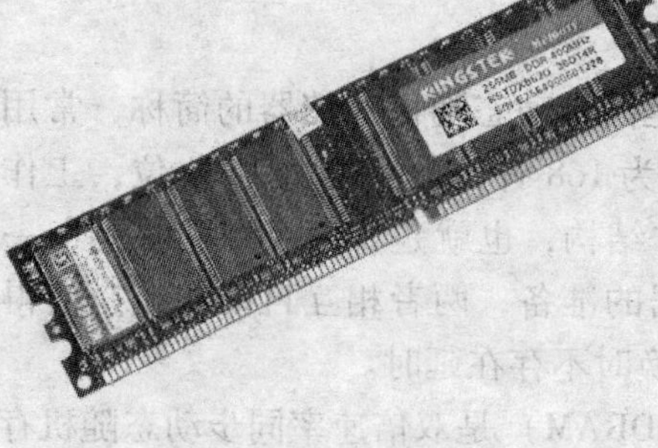

图 1—44　DDR2 内存条

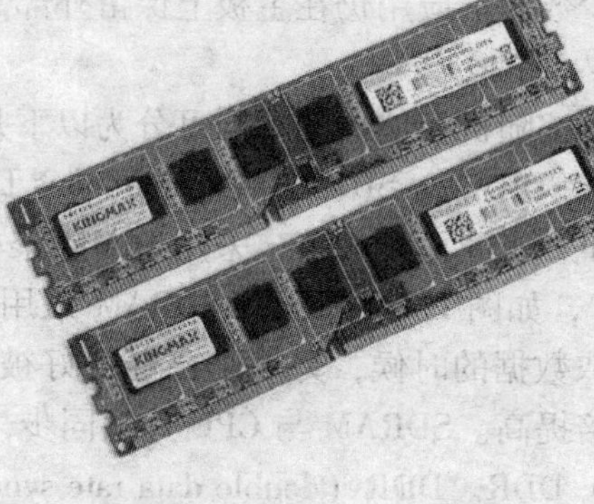

图 1—45　DDR3 内存条

3. 内存条结构

内存条结构如图 1—46 所示，通常由以下几个部分组成。

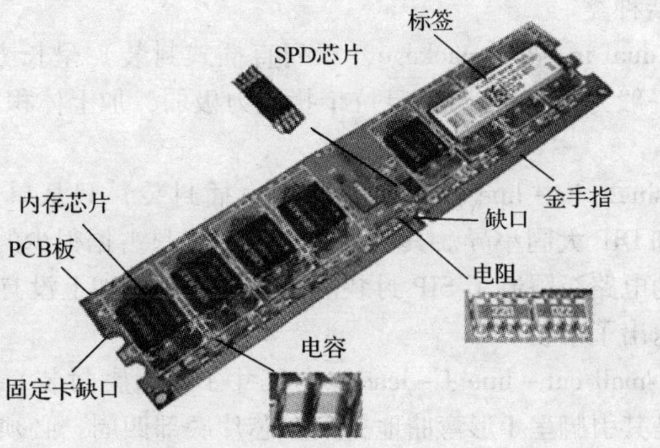

图 1—46　内存条结构

(1) PCB 板。PCB 板是内存条的基板，一般使用 4 层结构。

(2) 内存芯片。即内存颗粒，是内存条性能和容量的决定性因素。常用内存芯片的生产商有现代（HY）、胜创（Kingmax）、华邦（Winbond）、三星（Samsung）、SEC、美光（Micron/MT）、宇瞻（Apacer）等。

(3) 金手指。又称金属触点，是指在内存条下部一排镀金的铜箔条阵列，是内存条与内存插槽之间的连接部件。用于传输各种数据信息和给内存供电。

(4) SPD 芯片。SPD（serial presence detect）为模组存在的串行检测，即是通过 IC 串行接口的 EEPROM 对内存插槽中的模组存在的信息进行检查。

SPD 芯片是 8 位 256 B 的 EEPROM 芯片，其中记录了内存的标准工作状态、速度、响应时间、容量、电压与行、列地址带宽等参数信息。

(5) 固定卡缺口。固定卡缺口起到固定内存条锁扣的作用。

(6) 缺口。缺口是内存条方向的标志，不同内存类型缺口个数也不同。

4. 内存的封装方式

内存的封装方式经历了 DIP、SIP、SOJ、TSOP、BGA 和 CSP 的变革。

在早期的计算机中，存储芯片都是直接焊接在主板上的，RAM 的容量也就因此固定下来，如果要扩容就很麻烦。为了拓展 RAM 的容量，后来设计者就把存储芯片做成专门的存储模块，需要的时候再添加。

(1) 内存模块

1) SIMM（单列直插存储模块）的体积小、重量轻，插在主板的专用插槽上。插槽上有防呆设计，能够防止插反，而且插槽两端有金属卡子可将其卡住，这便是现今内存的雏形。其优点在于使用了标准引脚设计，几乎可以兼容所有的计算机。

2) DIMM（双列直插存储模块）和 SIMM 相似，只是体积稍大。不同之处在于 SIMM 的部分引脚前后连接在一起，而 DIMM 的每个引脚都是分开的，所以在电气性能上有较大改观，而且这样可以不用把模块做得很大就能容纳更多的针脚，从而容易得到更大容量的 RAM。

3) RIMM（Rambus 直插式存储模块）的外形有点像 DIMM，只是体积稍大，性能更好；但价格昂贵，发热量较大。为了解决发热问题，模块上都有一个很长的散热片。

（2）内存的封装种类

1）DIP。DIP（dual in - line package，双列直插式封装）呈长方形，针脚从长边引出，由于针脚数量少（一般为 8 ~64 针），且抗干扰能力极弱，加上体积比较“庞大”，所以 DIP 封装如昙花一现。

2）SIP。SIP（single in - line package，单列直插封装）只从单边引出针脚，直接插入 PCB 板中，其封装和 DIP 大同小异。其吸引人之处在于只占据很少的电路板面积，然而在某些体系中，封闭式的电路板限制了 SIP 封装的高度和应用。加上没有足够的引脚，性能不能令人满意，很快就退出了市场。

3）SOJ。SOJ（small out - line J - lead，小尺寸 J 形引脚封装）伸出的引脚有点像 DIP 的引脚，但不同的是其引脚呈 J 形弯曲地排列在芯片底部四周，必须有配合专门为 SOJ 设计的插座才能使用。

4）TSOP。TSOP（thin small outline package，薄型小尺寸封装）由于更适合高频使用，以较强的可操作性和较高的可靠性征服了业界。TSOP 的封装厚度只有 SOJ 的 1/3。TSOP 内存封装呈长方形，且封装芯片的周围都有 I/O 引脚。例如，SDRAM 内存颗粒的两侧都有引脚，而 SGRAM 内存颗粒的四边都有引脚，所以体积相对较大。在 TSOP 封装方式中，内存颗粒是通过芯片引脚焊在 PCB 板上的，焊点和 PCB 板的接触面积较小，使得芯片向 PCB 板传热相对困难。

5）Tiny - BGA。Tiny - BGA（tiny ball grid array，小型球栅阵列封装）是由 Kingmax 推出的封装方式。由于 Tiny - BGA 减少了芯片的面积，可以看成是超小型的 BGA。Tiny - BGA 比起传统的封装技术有三大进步：更大的容量（在电路板上可以安放更多的内存颗粒）；更好的电气性能（因为芯片与底板连接的路径更短，减小了电磁干扰的噪声，能适合更高的工作频率）；更好的散热性能（内存颗粒是通过一个个锡球焊接在 PCB 板上的，由于焊点和 PCB 板的接触面积较大，所以内存颗粒在运行中所产生的热量可以很容易传导到 PCB 板上并散发出去）。

6）MBGA。MBGA（micro ball grid array，微型球栅阵列封装）是 BGA 的改进版，封装呈正方形，内存颗粒的实际占用面积比较小。由于采用这种封装方式内存颗粒的针脚都在芯片下部，连接短，电气性能好，不易受干扰。这种封装技术会带来更好的散热及超频性能，尤其适合工作于高频状态下的 Direct RDRAM，但制造成本极高，目前主要用于 Direct RDRAM。

7）CSP。CSP（chip scale package，芯片级封装）是一种新的封装方式。在 BGA、TSOP 的基础上，CSP 的性能又有了质的提升。CSP 可以让芯片面积与封装面积之比超过 1∶1. 14，接近 1∶1 的理想情况，绝对尺寸也仅有 32 mm^2，约为普通 BGA 的 1/3，相当于 TSOP 内存颗粒面积的 1/6。这样在相同体积下，内存条可以装入更多的内存颗粒，从而增大单条容量。也就是说，与 BGA 相比，同等空间下 CSP 可以将存储容量提高 3 倍。而且，CSP 的内存颗粒不仅可以通过 PCB 板散热，还可以从背面散热，且散热效率较高。同时由于 JEDEC（joint electron device engineering council，电子设备工程联合委员会）制定的 DDR Ⅱ 技术规范，加上 TSOP - Ⅱ 封装会在 DDR Ⅱ 成为市场主流时彻底退出市场，所以 CSP 的改良型 WLCSP 将会担当起新的封装大任。同时 WLCSP 有着比 CSP 更为贴近芯片尺寸的封装方法，在晶圆上就做好了封装布线，因此在可靠性方面达到了更高的水平。

8）WLCSP。WLCSP（wafer level chip scale package，晶圆级芯片封装）不同于传统的先切割晶圆再封装测试的做法，而是先在整片晶圆上进行封装和测试，然后再切割。WLCSP比其他封装方式有着更明显的优势。首先是制作的工艺工序大大优化，晶圆直接进入封装工序，而传统工艺在封装之前还要对晶圆进行切割、分类。所有集成电路一次封装，刻印工作直接在晶圆上进行，设备测试一次完成，这在传统工艺中都是不可想象的。其次，生产周期和成本大幅下降，WLCSP 的生产周期已经缩短到 1 天半。而且，新工艺带来优异的性能，采用 WLCSP 封装技术使芯片所需针脚数减少，提高了集成度。WLCSP 的另一个优点是电气性能的提升，引脚产生的电磁干扰几乎被消除。

二、内存的性能指标

1. 内存容量

内存容量是指内存的存储单元数量，单位有字节（Byte）、千字节（KB）、兆字节（MB）和吉字节（GB）。它们的换算关系如下：

1 KB = 1 024 B

1 MB = 1 024 KB = 1 024 × 1 024 B

1 GB = 1 024 MB = 1 024 × 1 024 KB = 1 024 × 1 024 × 1 024 B

1 TB = 1 024 GB = 1 024 × 1 024 MB = 1 024 × 1 024 × 1 024 KB = 1 024 × 1 024 × 1 024 × 1 024 B

2. 内存速度

内存速度指的是存取一次内存单元数据的时间，DDR3 速度可达到 1. 25 ns。内存速度取决于内存芯片的存取速度、内存总线的速度和数据传输延时。

3. 数据位宽和带宽

内存数据位宽即内存总线的位宽，指内存同时传输数据的位数，以位（bit）为单位。内存带宽指内存的数据传输速率。内存数据传输速率不仅与内存数据位宽有关，而且与内存数据传输频率有关，它们的关系是：内存数据传输速率 = 内存数据传输频率 × 内存数据位宽/8。例如，DDR400 MHz 的数据传输频率为 400 MHz，数据位宽为 64 bit，则数据传输速率为：400（MHz）×64/8（Byte）=3 200 MB/s。在实际使用中，常常用数据传输速率来表述内存，如 DDR400 MHz 又称 PC3200，以此类推，PC2700 即是 DDR333，PC2100 即是 DDR266。

内存带宽是衡量内存性能的重要指标之一。提高内存带宽有两种方式：一是增加内存数据位宽，二是提高内存核心频率。目前，单通道内存的数据位宽为 64 bit，支持双通道内存的数据位宽为 128 bit。由于数据位宽增加会导致成本陡增，而提高内存核心频率又比较困难，所以只能从内存模组的架构上想办法加以解决。例如，与 DDR400 核心频率相同的 DDR2 内存，其内存数据传输速率为：400 ×2 ×64/8 =6. 4 GB/s，是 DDR400 MHz 的 2 倍。

4. t_{CK}

t_{CK} 即时钟周期，代表 SDRAM 所能运行的最大频率。数值越小说明 SDRAM 芯片所能运行的频率就越高。对于一片普通的 PC 100 SDRAM 来说，芯片上的标识“-100”代表了其运行时钟周期为 100 ns，即可以在 1GHz 的外频下正常工作。

5. CL

CL（CAS Latency，列地址选通脉冲的延迟）是内存重要的性能指标，指的是内存存取数据所需的延迟时间，即接到 CPU 指令后的反应速度。

6. 工作电压

SDRAM $U=3.3$ V，DDR $U=2.5$ V，DDR2 $U=1.8$ V，DDR3 $U=1.5$ V。

7. 内存线数

内存线数是指内存条上金属触点的个数。

三、内存的选购要点

1. 选择合适的内存类型

（1）符合主板上的内存插槽要求。

（2）注意内存的做工。

（3）速度的选择。

（4）注意内存的品牌。

2. 检查产品用料和做工

选购内存时对产品的用料和做工也要特别注意。

3. 选择品牌产品

选择内存时可参考以下几个品牌。

（1）金士顿（Kingston）。

（2）海力士（Hynix）。

（3）威刚（A－DATA）。

（4）金邦（Geil）。

4. 辨别金士顿内存的方法

（1）大多数品牌的内存都提供短信真伪查询和官方网站真伪查询（如金士顿）等防伪服务，可以直接拨打金士顿总部电话咨询其真假。

（2）贴于内存颗粒上面的标志。例如，Kingston 右上角的“R”标志，正品 R 标志是由 KINGSTONKINGSTON 字样组成的圆环，而假货则不是。

（3）内存 PCB 板上贴片电容较少，甚至有的板身的 PCB 直接就省掉了，属于偷工减料。

（4）假货内存颗粒上面的字体字迹模糊发虚，甚至看不清楚，而正品则相反。

（5）正品内存现在都用有最新“纳米折光”技术的防伪标志。

（6）可根据 PCB 板上的编号和标贴上面的 4 位数字是否一致来验证真伪。

（7）通过观察产品说明书来辨别。

5. 辨别海力士内存的方法

无论是装机市场还是升级用户，海力士无疑都是大家公认的高性价比内存品牌，拥有最诱人的价格、优良的做工及不俗的超频能力。

巨大的需求量让造假之风盛行，计算机市场中海力士内存真假难分，正品海力士内存的辨别分为五步。

（1）看包装盒。所有海力士正品内存 Hynix 的中文名称为海力士，海力士原厂内存中国总代理为超胜科技（香港）有限公司。在包装盒上也都印刷有“超胜代理原厂正品”“韩国原厂条”等字样，如图 1—47 所示。

（2）看标签。从内存标签的颜色、字体等印刷质量可以简单地区分出一些做工低劣的假海力士内存。假冒内存一般标签颜色暗淡，印刷内容拥挤，较模糊。正品海力士内存标签颜色鲜艳，字体清晰。目前海力士原厂内存规格参数标签有两种，如图 1—48 所示：上边的为 DDR 的内存标签，下边的为 DDR2 的内存标签。

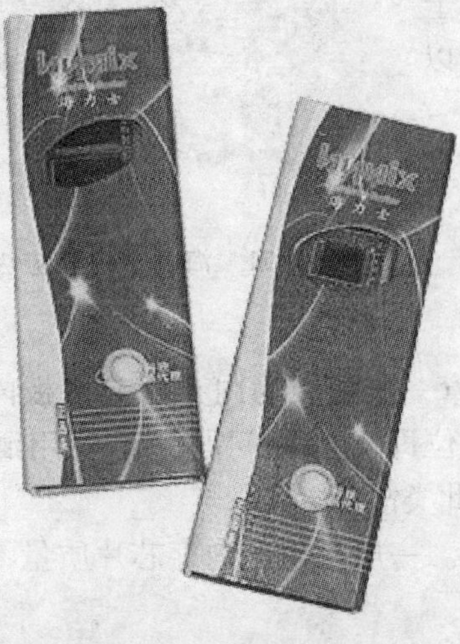

图 1—47　海力士内存

图 1—48　海力士内存标签

（3）看内存颗粒。假冒的内存颗粒来源有两个：打磨颗粒——将原有不同厂家、参数较低的颗粒打磨掉，再刻印上新规格参数，这种打磨颗粒一般整体色彩不太均匀，字体较模糊，使用一段时间后刻印内容掉色严重；白片——即出厂时无印刷内容，字体内容都是后刻上去的。

判别内存颗粒时，首先要注意看颗粒整体着色是否均匀，印刷字体是否顺滑，用指甲盖轻轻划颗粒上的印刷体，看是否有掉漆现象；其次，海力士内存颗粒在芯片的左下角都会有圆形小凹坑，部分假冒颗粒的圆形小凹坑则很大或没有凹坑；最后，正品海力士内存颗粒在两侧是没有半圆形缺口的，如图 1—49 所示。

（4）看 PCB 板。正品海力士内存采用独特的 6 层 PCB 专用设计，在显存颗粒周围，置有大量耦合电容用于稳定输入电平，保持电压的稳定；布线时大面积覆铜，以保证整块内存电气性能优异，抗干扰能力强，稳定性高。金手指色泽纯正光亮，做工使用技术成熟的化学镀金制作工艺。另外正品海力士内存在 PCB 板的正面左上方有“Hynix”或者“Leadram”字样。假冒的海力士内存部分使用 4 层 PCB 板，基板厚度明显比正品内存要薄，同时内存基板上的信号线比较多，显得凌乱，PCB 板的正面左上方一般没有“Hynix”或者“Leadram”字样，如图 1—50 所示。

图 1—49　海力士内存颗粒

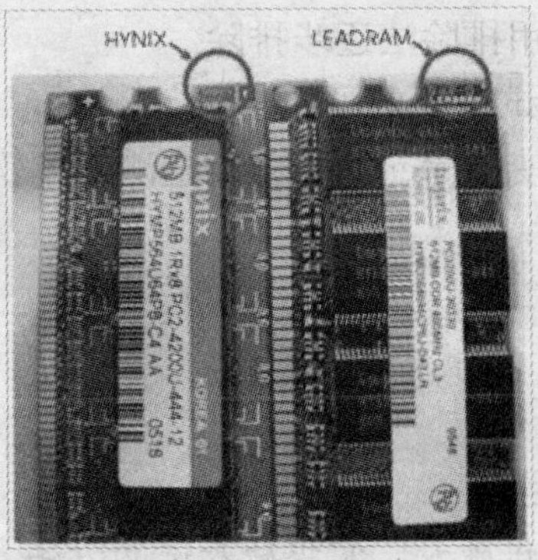

图 1—50　海力士内存 PCB 板

（5）看防伪电话。国内海力士原厂内存总代理超胜科技是授权独家总代理，而且都采用盒装，并在内存上贴有“Leadram 800”防伪标贴，如图 1—51 所示，可以在购买海力士内存时刮开防伪涂层，拨打 800－810－6046 免费电话即可获知所购内存的真伪。这一方法是最重要的防伪鉴别方法。

图 1—51　海力士内存防伪电话

四、疑难与技巧

1. 内存可能导致的故障

（1）开机无显示。由于内存条原因，出现此类故障一般是因为内存条与主板内存插槽接触不良造成的，只要用橡皮擦来回顺擦其金手指部位即可解决问题（不要用酒精等清洗）。还有就是内存损坏或主板内存槽有问题也会造成此类故障。

（2）Windows 系统运行不稳定，经常产生非法错误。一般是由于内存芯片质量不好或软件原因引起的，如若确定是内存条原因就要更换内存条。

（3）Windows 注册表经常无故损坏，提示要求用户恢复。此类故障一般都是因为内存条质量不佳引起的，很难予以修复，唯有更换内存条。

（4）Windows 经常自动进入安全模式。此类故障一般是由于主板与内存条不兼容或内存条质量不佳引起的，可以尝试在 CMOS 设置时降低内存读取速度，看能否解决问题，如若不行，就需要更换内存条了。

（5）随机性死机。此类故障一般是由于采用了几种不同芯片的内存条，由于各内存条速度不同产生一个时间差，从而导致死机，可以在 CMOS 设置时降低内存速度予以解决；否则，唯有使用同型号内存条。还有一种可能就是内存条与主板不兼容，此类现象一般少见。另外，也有可能是内存条与主板接触不良引起计算机随机性死机。

（6）内存加大后系统资源反而降低。一般是由于主板与内存不兼容引起的。

（7）Windows 启动时，在载入高端内存文件 himen. sys 时系统提示某些地址有问题，此问题一般是由于内存条的某些芯片损坏造成的。

（8）安装 Windows 进行到系统配置时产生一个非法错误。此类故障一般是由于内存条损坏造成的。

（9）启动 Windows 时系统多次自动重新启动。此类故障一般是由于内存条或电源质量有问题造成的。当然，系统重新启动还有可能是 CPU 散热不良或其他人为故障造成的，对此，唯有用排除法逐步排除。

2. 测试内存的可靠性

可以使用 MemTest 内存检测工具软件进行测试。

模块五　选购外部存储器

学习目标

1. 认识硬盘，掌握硬盘选购方法。

2. 掌握光驱选购方法。

3. 掌握移动存储器选购方法。

一、硬盘的选购

硬盘是一个很重要的外部存储设置，通常用其存储大量的程序、图片、声音、视频、音频等各种各样的计算机数字信息。

1. 硬盘的组成

硬盘也称硬盘驱动器，如图 1—52 所示。硬盘存储器包括硬盘、驱动程序和硬盘接口几个部分。驱动程序包含在系统 BIOS 程序中，内部 ROM 固化的控制软件，可实现加电时的自我诊断、运动状态检测、主轴电动机的转速调节和对磁头的位置控制等功能。

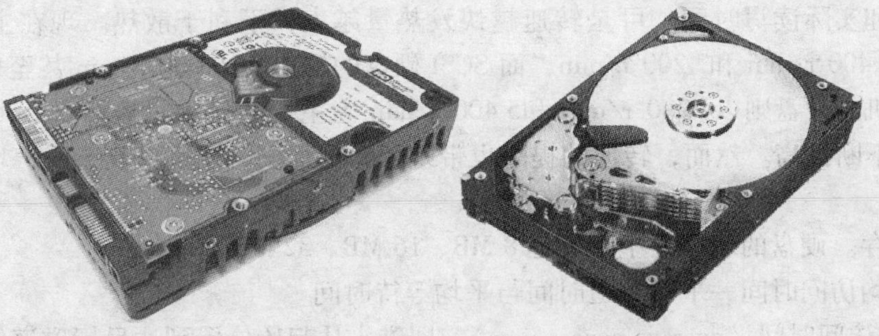

图 1—52 硬盘

2. 硬盘的接口

硬盘的接口集成在主板上，常见的有以下几种：

（1）IDE 接口。IDE（integrated drive electronics）即电子集成驱动器，是把硬盘控制器与盘体集成在一起的硬盘驱动器。

（2）SCSI 接口。SCSI（small computer system interface，小型计算机系统接口）是一种广泛应用于小型机上的高速数据传输技术。SCSI 硬盘主要应用于中、高端服务器和高档工作站中。这种接口的基本数据传输速率为 20 MB/s。

Ultra Wide SCSI 可以达到 40 MB/s，Ultra2 Wide SCSI 为 80 MB/s（68 针），Ultra160 SCSI 为 160 MB/s。较新的接口标准为 Ultra 320 SCSI，即速率可达到 320 MB/s。

（3）Fibre Channel 接口。Fibre Channel 即光纤通道硬盘接口，主要应用在高端工作站、服务器、海量存储子网络、外设间通过集线器、交换机和点对点连接进行双向、串行数据通信等系统对高速数据传输率要求的场所。

（4）SATA（serial ATA）接口。SATA 采用串行连接方式，使用嵌入式时钟信号，具备了更强的纠错能力，是目前市场硬盘接口的主要形式。

（5）USB（universal serial bus，通用串行总线）接口。USB 是 1994 年由 Compaq、IBM、Microsoft 等公司提出的硬盘接口标准。标准的 USB 1. 1 传输速率只有 12 MB/s。后来发展到 USB2. 0 时，速率提升到 480 MB/s，是目前广泛使用的标准。最新的 USB3. 0 标准也已经推出，其最大传输速率可达 4. 8 GB/s。

3. 硬盘的主要性能指标

（1）容量。容量的单位为兆字节（MB）或千兆字节（GB）。目前的主流硬盘容量为 200 GB、500 GB。有时，计算机中显示出来的容量往往比硬盘上标称的容量小，这是由于不同的单位转换关系造成的。在计算机中 1 GB = 1 024 MB，而硬盘厂家通常按照 1 GB = 1 000 MB进行换算。影响硬盘容量的因素有单碟容量和盘片数量，目前单碟容量可达 1TB，碟片数不大于 5 张。

$$硬盘容量 = 磁头数 \times 柱面数 \times 扇区数 \times 512\ (B)$$

（2）转速。转速是指硬盘内电动机主轴的转动速度，转速是决定硬盘内部传输速率的关键因素之一，转速的快慢在很大程度上影响了硬盘的速度，同时转速的快慢也是区分硬盘档次的重要标志之一。硬盘的主轴电动机带动盘片高速旋转，产生浮力使磁头飘浮在盘片上方。要将所要存取资料的扇区带到磁头下方，转速越快，等待的时间也就越短。因此，转速在很大程度上决定了硬盘的速度。理论上，转速越快越好。因为较高的转速可缩短硬盘的平均寻道时间和实际读写时间。可是转速越快发热量越大，不利于散热。现在主流 IDE 硬盘转速一般为5 400 r/min 和7 200 r/min，而 SCSI 硬盘的转速为10 000 r/min 甚至15 000 r/min，笔记本计算机的硬盘则以4 200 r/min 和5 400 r/min 为主。随着硬盘容量的不断增大，硬盘的转速也在不断提高。然而，转速的提高也带来了磨损加剧、温度升高、噪声增大等一系列负面影响。

（3）缓存。硬盘的缓存大小主要是 8 MB、16 MB、32 MB。

（4）平均访问时间、平均寻道时间与平均等待时间

1）平均访问时间（average access time）。即磁头从起始位置到达目标磁道位置并找到读写数据扇区所需的时间。

$$平均访问时间 = 平均寻道时间 + 平均等待时间$$

2）平均寻道时间（average seek time）。硬盘的磁头移动到盘面指定磁道所需的时间。目前硬盘的平均寻道时间通常为 8 ~ 12 ms，SCSI 硬盘小于 8ms。

3）平均等待时间。平均等待时间又称潜伏期（latency），指磁头处于要访问的磁道，等待所要扇区旋转至磁头下方的时间。

（5）数据传输速率。数据传输速率是指硬盘读写数据的速度，包括内部传输速率和外部传输速率，单位为 MB/s。

1）内部传输速率（internal transfer rate）也称持续传输速率（sustained transfer rate），是指将读到盘片的数据存储到缓存的速率，表现出硬盘的真正读写速度。

2）外部传输速率（external transfer rate）也称突发数据传输速率（burst data transfer rate）或接口数据传输速率，是系统总线与硬盘缓冲区之间的数据传输率，与硬盘接口类型和缓存大小有关。IDE 接口硬盘最大速度为 133 MB/s 就是指外部数据传输速率。

4. 主流硬盘品牌

（1）希捷（Seagate）硬盘。

（2）西部数据（WD）硬盘。

（3）迈拓（Maxtor）硬盘（2005 年迈拓被希捷收购）。

（4）三星（Samsung）硬盘（2011 年三星被希捷收购）。

（5）日立（HITACHI）硬盘（先收购 IBM，2011 年日立被西部数据收购）。

5. 正确识别硬盘编号

（1）希捷。希捷硬盘的编号比较简单，其编号方法为 ST + 硬盘尺寸 + 容量 + 主标志 + 副标志 + 接口类型。表示形式为 ST　×，××××，××，×××，也就是说，其硬盘编

号可以分为四个部分。

识别详解：

1）“ST”代表的是“Seagate”，也就是说这是希捷公司的产品。

2）第一部分的“×”是表示其硬盘外形和尺寸。“1”表示3.5英寸，厚度为41 mm的全高硬盘；“3”表示3.5英寸，厚度为25 mm的半高硬盘；“4”表示5.25英寸，厚度为82 mm的硬盘；“5”表示35英寸，厚度为19 mm的硬盘；“9”表示2.5英寸的硬盘。

3）第二部分的四个“×”表示硬盘的容量，通常由3~4位数字组成，单位是GB。如“1 600”表示这个硬盘的容量为160 GB，而“400”或者“800”表示其容量为40 GB或者80 GB。

4）第三部分的两个“×”为硬盘标志，由主标志和副标志组成。前一个数字是主标志，在希捷的IDE硬盘中都是指硬盘的碟片数，如数字“2”表示该硬盘采用了2张盘片。而在希捷的SCSI硬盘中，其主标志则是指硬盘的转速。有了主标志就会有副标志，而后一个数字就是副标志。只有当主标志相同或者无效时，副标志才有意义。它一般代表硬盘的性能和代数，数字越大，表示的代数越高，性能越好，说明此款硬盘越新。

5）第四部分的三个“×”主要由1~3个字母组成，表示硬盘接口类型等。一般的桌面IDE硬盘较为简单，但如果包括了现在和早期的SCSI硬盘，其含义就变得较为复杂了。具体编号与接口类型见表1—5。

表1—5　　希捷硬盘的编号与接口类型

第四部分编号	接口类型
A	ATA UDMA/33或UDMA/66 IDE的接口
AS	Serial ATA150的接口
AG	笔记本计算机专用的ATA的接口
N	50针Ultra SCSI的接口，其数据传输率为20 MB/s
W	68针Ultra SCSI接口，其数据传输率为40 MB/s
WC	80针Ultra SCSI的接口
FC	光纤，可提供高达100 MB/s的数据传输率，并且支持热拔插
WD	68针Ultra Wide SCSI的接口
LW	68针Ultra-2 SCSI（LVD）的接口
LC	80针Ultra-2 SCSI（LVD）的接口

例如，以希捷酷鱼硬盘“ST3160023AS”为例子，通过例子的编号知道该硬盘是希捷公司生产的3.5英寸，厚度为25 mm的半高硬盘，采用2张硬盘盘片，总容量是160 GB的Serial ATA150接口。另外，硬盘上印刷着“7200.7”等字符的，就说明这是希捷新推出的单碟容量80 GB的硬盘系列；“Barracuda 7200.7 Plus”等字符说明这个系列的产品是采用8 MB缓存，Serial ATA 150接口或者Ultra ATA 100接口的高端产品。

（2）日立。日立硬盘有180GXP和7K250两个系列，要辨别其编号比较复杂。

1）180GXP系列沿用了IBM硬盘编号。其编号方法为IC+盘片尺寸+硬盘高度+容量+接口类型+系列型号+转速+缓存容量，表示形式为IC ××，×，×××，××，××，

××-×，其硬盘编号可以分为七个部分。

识别详解：

①“IC”表示的是IBM公司的产品。

②第一部分的两个“×”表示硬盘的外形和尺寸。“35”表示3.5英寸（88.9 mm），“25”表示2.5英寸（63.5 mm）。

③第二部分的“×”表示硬盘的高度。“L”代表1英寸（25.4 mm），“T”代表0.49英寸（12.5 mm），“N”代表0.37英寸（9.5 mm）。

④第三部分的三个“×”表示硬盘的容量，单位是GB。如“180”就表示该硬盘的容量为180 GB，“080”等表示80 GB。

⑤第四部分的两个“×”表示硬盘接口的类型。具体编号与接口类型见表1—6。

表1—6　日立180GXP系列硬盘编号与接口类型

第四部分编号	接口类型	第四部分编号	接口类型
AV	ATA接口	XW	Ultra320 SCSI 68-pin Wide的接口
UW	Ultra160 SCSI 68-pin Wide的接口	XC	Ultra320 SCSI 80-pin SCA的接口
UC	Ultra160 SCSI 80-pin SCA的接口	F2	FC-AL-2（2 Gbit）的接口

⑥第五部分的两个“×”表示硬盘产品系列的型号。“ER”表示Deskstar 60GXP系列，“VA”表示Deskstar 120GXP系列，“V2”表示Deskstar 180GXP系列。

⑦第六部分的两个“×”表示硬盘的转速，单位是r/min。“04”表示为4 200 r/min，“05”表示为5 400 r/min，“07”表示为7 200 r/min，“10”表示为10 000 r/min，“15”表示为15 000 r/min。

⑧第七部分的“×”表示硬盘缓存的容量，从Deskstar 180GXP开始启用。“0”表示2 MB缓存，“1”表示8 MB缓存。其中使用一个盘片的60 GB产品缓存为2 MB，使用两个盘片的80 GB和120 GB产品缓存有2 MB和8 MB两种，使用三个盘片的180 GB产品缓存都为8 MB，购买时要注意区分。

例如，以“IC35L180AVV207-1”这个编号为例，通过编号可以知道该硬盘是IBM公司生产的3.5英寸，高1英寸的硬盘，其总容量为60 GB，采用Ultra ATA接口，为Deskstar 180GXP系列的产品，转速是7200 r/min，有着8 MB的缓存。

2）日立的7K250系列的编号标注形式为HDS+转速+系列的最大容量+该产品容量+产品系列代码+硬盘高度+接口类型+缓存，表示为HDS ××，××，××，×，×，××，×，×，硬盘编号可以分为八个部分。

识别详解：

①“HDS”表示日立的Deskstar系列硬盘产品。

②第一部分的两个“×”表示硬盘的转速。如果其标注为“42”“54”“72”“10”“15”的话，那么这个硬盘的转速分别为4 200 r/min，5 400 r/min，7 200 r/min，10 000 r/min，15 000 r/min。

③第二部分的两个“×”表示的是该产品系列的最大容量，单位为GB。“25”表示该产品的最大容量为250 GB。

④第三部分的两个“×”表示硬盘容量，单位为GB或者10 GB。例如“80”就表示

80 GB，“25”就表示 250 GB。

⑤第四部分的“×”表示硬盘的代数。现在所有 7K250 系列都用字母“V”表示。

⑥第五部分的“×”表示硬盘的高度。

⑦第六部分的两个“×”表示硬盘的接口类型，有“AT”和“ST”，分别代表 Ultra ATA100 接口和 Serial ATA150 接口。

⑧第七部分的“×”表示硬盘缓存的容量，有数字“2”和“8”，分别代表 2 MB 缓存和 8 MB 缓存的硬盘产品。

⑨第八部分的“×”是硬盘的保留值，目前暂时为数字“0”。

例如，以日立 7K250 系列“HDS722525VLAT80”的硬盘编号为例，可以知道其属于 7 200 r/min，最大容量为 250 GB 和总容量为 250 GB 的硬盘，高 1 英寸，采用的是 Ultra ATA100 接口并拥有 8 MB 缓存。

（3）西部数据。西部数据的编号标注形式因产品系列而异，编号方式由 12 个数字或者字母组成。在 12 个编号中，前 6 个编号为主编号，后 6 个编号为附加编号。其主打系列鱼子酱的编号方式为厂商代号 + 容量 + 转速 + 缓存 + 接口类型，表示为 WD ××××，×，×－××，×，×，××，可以分为七个部分。

识别详解：

①“WD”是“Western Digital”的简称，表示其为西部数据公司的产品。

② 第一部分的四个“×”表示硬盘容量，通常由 3 ~ 4 位数字组成，单位为 GB。其标志和希捷相同，如 4 位的“1 200”代表 120 GB，3 位的“800”则代表 80 GB。

③第二部分的“×”表示硬盘转速及缓存容量。具体编号与硬盘转速及缓存容量见表 1—7。

表 1—7　　西部数据硬盘的编号与硬盘转速及缓存容量

第二部分编号	硬盘转速及缓存容量
A	5 400 r/min 的鱼子酱硬盘
B	7 200 r/min 的鱼子酱硬盘
E	5 400 r/min 的 Protege 系列硬盘
J	7 200 r/min，数据缓存为 8 MB 的高端鱼子酱硬盘
G	10 000 r/min，数据缓存为 8 MB 的最高端桌面硬盘 Raptor 系列

④第三部分的“×”表示接口的类型。具体编号与硬盘接口类型见表 1—8。

表 1—8　　西部数据硬盘的编号与硬盘接口类型

第三部分编号	硬盘接口类型
A	Ultra ATA/66 或者更早期的接口类型
B	Ultra ATA/100
W	A/V（数码影音）领域的硬盘
D	Serial ATA150 接口

⑤第四部分的两个“×”表示OEM客户标志。如今西部数据面向零售市场的产品，其两个编号都是数字“00”。如果是其他字符的话，则为OEM客户的代码，不同的编号对应不同的OEM客户，而这种编号的硬盘通常是不面向零售市场的。

⑥第五部分的“×”代表硬盘单碟容量，单位是GB。“C”代表硬盘单碟容量为40 GB，“D”代表66 GB，“E”代表83 GB。

⑦第六部分的“×”表示同系列硬盘的版本代码，该代码随着不同系列而改变。具体编号与硬盘版本代码见表1—9。

表1—9　　西部数据的编号与硬盘版本代码

第六部分编号	硬盘版本代码
A	7 200 r/min，Ultra ATA100接口的BB系列
B	5 400 r/min，Ultra ATA66接口的AB系列
P	5 400 r/min，Ultra ATA100接口的EB系列
R	7 200 r/min，Ultra ATA100接口，具有8 MB缓存的JB系列

而在单碟66 GB和83 GB的产品中，还出现了“U”“V”等其他字母，分别对应JB系列和BB系列产品。

⑧最后部分的两个“×”表示硬盘的Firmware版本。目前常见的一般都是“A0”。

例如，以“WD2500JB-00EVA0”的硬盘编号为例，从主编号可以知道这是一块西部数据公司出品的容量为250 GB、7 200 r/min并且具有8 MB缓存的硬盘。从后面的附加编号还可以看出这是西部数据面向零售市场，单碟容量为83 GB的产品。对于现在西部数据公司新出的Serial ATA150接口的硬盘，如主6位编号为“WD2500JD”，可以知道转速为7 200 r/min，数据缓存为8 MB，采用接口为Serial ATA150接口的硬盘。还有对于西部数据公司最高端桌面硬盘Raptor（猛禽）系列，其主编号“WD740GD”也代表了大部分的信息，说明其容量为74 GB，转速为10 000 r/min，数据缓存为8 MB，采用Serial ATA150接口。

6. 硬盘选购的要点

硬盘要从以下几方面参考选购：

（1）符合主板上的接口类型。

（2）容量的选择。

（3）注重售后服务。

（4）辨别硬盘真伪。

1）硬盘外部标签上的序列号应与硬盘侧面序列号相同。

2）硬盘外部标签上的型号应与计算机系统“设备管理器”窗口中“磁盘驱动器”选项中显示的型号相同。

3）通过公司官方网站上的防伪查询方式对硬盘的真假进行确认。

4）通过拨打公司的客户服务电话进行硬盘真伪的查询。

二、光驱的选购

1. 光驱的分类

光驱即光盘驱动器是利用激光技术来读写存储在光盘上的数据信息的装置。光盘具有存储容量大、速度快、数据保存持久、安全性高等优点，在计算机的外部存储器中占有重要地位。从读写光盘的性质不同可将光驱分为 CD－ROM 光驱、DVD－ROM 光驱和刻录机（CD－R/RW、DVD－R/RW）等。一般光驱只能读取光盘中的数据信息，而刻录机还有往光盘中写入数据的功能。

2. 光驱的主要性能指标

（1）数据传输速率。数据传输速率指光驱每秒在光盘上可读取的数据量，它是衡量光驱速度最基本的指标。普通 CD－ROM 光驱的单倍速传输速率是 150 kB/s，DVD－ROM 光驱的单倍传输速率是1 350 kB/s。

（2）平均寻道时间。平均寻道时间是指光驱的激光头从初始位置移动到指定的预读取数据扇区，并把该扇区上的第一块数据读入高速缓存所花费的时间。根据 MPC3 标准（国际多媒体 PC 市场学会）的要求，光驱的平均寻道时间应小于 250 ms，4 倍速以上的光驱一般都能达到这个要求。

（3）缓存。缓存是光驱内部的数据存储区，主要用于存放读出的数据。缓存可以有效减少读取盘片的次数，提高数据传输率。现在 8 倍速以上的光驱大多有 256 KB 或 512 KB，甚至更多的缓存。

（4）CPU 占用时间。CPU 占用时间是指光驱在保持一定的转速和数据传输率时所占用 CPU 的时间。这是衡量光驱性能的一个重要指标，光驱的 CPU 占用时间越少，系统整体性能的发挥就越好。根据 MPC3 标准，4 倍速光驱的 CPU 占用时间不应超过 40%。

（5）接口。光驱的接口与硬盘的接口一样，目前主要是 IDE 接口。

3. DVD 光驱

DVD 光驱是读取 DVD 光盘的设备，可以同时兼容 CD 光盘与 DVD 光盘。标准 DVD 盘片的容量为 4. 7 GB，相当于 CD－ROM 光盘的 7 倍，可以存储 133 分钟的电影，包含 7 个杜比数字化环绕音轨。DVD 光盘可分为 DVD－ROM、DVD－R（可一次写入）、DVD－RAM（可多次写入）、DVD－RW（读和重写）、单面双层 DVD 和双面双层 DVD。DVD 光盘的常见规格有以下几种：

（1）DVD－5。单面单层，其标准的资料记录量为 4. 7 GB，生产成熟度最高，市场中较多。

（2）DVD－9。单面双层，将信息层增加到两层，中间夹入一个半透明反射层，读取第二层数据的时候，不需要将 DVD 盘片翻面，直接切换激光读取头的聚焦位置就可以了。理论上的数据记录量可提升到 9. 4 GB，实际只能达到 8. 5 GB。

（3）DVD－10。双面单层，其正反面都可以储存资料，标准的资料记录量为 9. 4 GB，为 DVD－5 的两倍。

（4）DVD－18。双面双层，也就是 DVD－9 的双面，容量高达 17 GB。

4. 光驱的选购要点

（1）接口类型。光驱常见接口有 IDE、SCSI 和专用接口几种（详见硬盘的接口介绍）。如果没有特殊要求，选择价格便宜的 IDE 接口光驱就可以了，因为 SCSI 接口的光驱还得配合一块相应的 SCSI 卡才能使用。

（2）数据传输速率的高低。光驱的数据传输速率越高越好。目前在市面上流行的是 52 倍速。

（3）数据缓冲区。缓冲区通常为 128 KB 或 256 KB，一般建议选择缓冲区大的产品。

(4) 兼容性。由于产地不同，各种光驱的兼容性差别很大，有些光驱在读取一些质量不太好的光盘时很容易出错，这会带来很大的麻烦。所以，一定要选购兼容性好的光驱。

(5) 价格。一分钱一分货，价钱高的性能通常要好一些，但并不是说价格越高越好。

5. DVD 刻录光驱的选购要点

(1) 确定规格。先要确定 DVD 规格。目前市场上的 DVD 刻录机有三种，通俗地说就是单功能的（仅支持 DVD + RW 或 DVD – RW），二合一的（同时支持 DVD + RW 和 DVD – RW）和全功能的（在前者的基础上增加对 DVD – RAM 的支持）。单一功能机型价格相对便宜，缺点是只能刻录对应的 DVD + R/RW 或 DVD – R/RW 碟片，对不支持规格的碟片无法兼容。

(2) 缓存容量。目前市场上的低价位 DVD 刻录机普遍只有 2 MB 的缓存，但大容量缓存才是高速度刻录的有效保证，建议对刻录速度和稳定性有较高要求，或使用环境欠佳的用户、办公用户选择高端的 8 MB 缓存的 DVD 刻录机产品。

(3) 注意工作的稳定性和发热量。刻录机的稳定性在很大程度上取决于其采用的芯片、结构和承载系统等，目前高端的 DVD 刻录机型普遍采用日系公司的芯片、机构、承载等比较成熟的解决方案，稳定性比较有保证。一些低价位的机型则往往采用自行设计的方案，稳定性方面还有待改善。

DVD 刻录机的发热量比 CD – RW 刻录机有过之而无不及。因此，散热性方面也不容忽视。选购时应观察产品在散热方面的设计，如散热孔是否充足、分布是否合理、有否主动散热（风扇）等。当然这些都是很主观的，如果条件许可的话最好能在实际工作过程中进行测试。用户在安装 DVD 刻录机的时候也要注意，周围应多留些空间，尽量避免紧贴其他热源（如硬盘等）。另外，需要注意的是，如果是在老机器上添置 DVD 刻录机，一定要确保电源功率足够，否则在刻录过程中可能会出现问题。

6. 蓝光光驱的选购要点

蓝光（BD）光驱是新一代的光技术刻录机，具备新一代 BD 技术的海量存储能力，其数据读取速度是普通 DVD 刻录机的 3 倍以上，同时支持 BD – AV 数据的捕获、编辑、制作、记录及重放功能。

(1) BD 刻录机和 BD 康宝光驱。BD 刻录机作为最全能的蓝光产品，CD、DVD、BD 三种盘片各种规格的读取和刻录功能都可以应对，功能非常齐全，目前售价在2 000元左右，比较适合数据读取频繁及有蓝光刻录需求的用户选购。蓝光刻录机的使用是大势所趋，现蓝光市场的争夺也已拉开序幕，如果经济允许的话，可以优先考虑购买 BD 刻录机，如图1—53所示。

图 1—53　BD 刻录机

BD 康宝光驱在售价上比 BD 刻录机便宜一半左右，但只可以播放蓝光光盘，以及刻录 DVD、CD 光盘，不能刻录 BD 盘，目前售价在1 000元左右。BD 康宝光驱比较适合喜欢看高清电影又对蓝光刻录没有需求的用户。

(2) 8 倍速全兼容。目前市面上销售的 BD 刻录机有 6 倍速、8 倍速。8 倍速的 BD 刻录机刻录一张完整的 25 GB 光盘约需 15 min，刻录一张完整的 50 GB 光盘约需 30 min，速度的提升代表技术的提升，现在选购 BD 光驱应首选 8 倍速产品。

（3）注意光驱噪声及振动控制。一款出色的 BD 光驱不仅具有主流的性能，还有本品牌特有的静音设计技术。所以用户在选购时，应着重注意该光驱是否有相应的噪声控制及减振技术。

（4）注意选购一线品牌产品。目前市场上 BD 光驱品牌众多，选购一款一线品牌的 BD 光驱非常重要。在选购 BD 光驱的过程中，还要注意质保年限、缓存大小和外观等。

三、移动存储器的选购

1. 移动存储器的分类

移动存储器主要有移动硬盘和 U 盘两类。移动硬盘与普通硬盘没有本质区别，一般为 2. 5 英寸或 1. 8 英寸硬盘存储部件，经防振处理以后，通过移动硬盘盒内 IDE 转 USB（或 IEEE1394）的桥接芯片将硬盘转为 USB 接口（或 IEEE1394 接口），实现即插即用。U 盘属于移动半导体存储器，大多采用 USB 接口，容量有 512 MB、1 GB、4 GB 和 8 GB 等。由于使用便捷，加之计算机上 USB 接口的普及、操作系统的支持，U 盘逐步代替了软盘存储器。

2. 存储卡与读卡器

常用的存储卡有 CF（compact flash）卡、MMC（multi - media card）卡系列、SD（secure digital）卡系列、XD 图像卡（XD picture card）、记忆棒系列（memory stick）和 SM（smart media）卡等，如图 1—54 所示。

图 1—54　存储卡
a）CF 卡　b）SD 卡　c）记忆棒　d）MMC 卡

3. 移动存储器的选购技巧

移动存储器的选购以移动硬盘为例。

（1）产品容量。选购时要考虑移动硬盘的容量大小。

（2）产品接口。从移动硬盘上的接口来看，目前比较通用的是 USB、SATA 两种接口，分别如图 1—55 和图 1—56 所示。

（3）产品外观和重量。移动硬盘通常有两种规格，即 2. 5 英寸和 3. 5 英寸，分别对应笔记本计算机和台式计算机的移动硬盘。2. 5 英寸移动硬盘的体积和重量较小，便于携带，但价格要比 3. 5 英寸移动硬盘贵。一般推荐选择 2. 5 英寸移动硬盘。

（4）盒装与散装。移动硬盘由硬盘和硬盘盒组成，后者包括了相应的 USB 驱动电路和接口电路、USB 转接线及外接电源。移动硬盘包括盒装产品和散装产品，盒装的产品是成品移动硬盘，而散装移动硬盘的硬盘盒和硬盘是分开的，需要自行组装。

图 1—55　USB2.0 接口移动硬盘

图 1—56　SATA 接口移动硬盘

四、疑难与技巧

1. 硬盘噪声大

首先，可能是电源输出接口和硬盘电源接口的连接出现了问题。这种故障如果不及时排除，极有可能造成硬盘的物理性损坏。可以检查电源输出接口和硬盘电源接口，然后使用工具调整电源输出接口和硬盘电源接口，使这两个接口连接紧密。

其次，可能是主机供电系统出现问题，即主电源输出功率不够，造成硬盘供电不足所以发生故障。这种故障同样会造成硬盘的物理性损坏，要解决这个问题，必须更换质量好的大功率电源才行。

2. 选购刻录光盘的方法

优质 DVD 刻录光盘 4.7 GB 容量的著名品牌有索尼、明基、啄木鸟 、LG。明基和啄木鸟比索尼的产品便宜，约为每张 3 元。

另外，刻录时速度尽量不要用最快挡，要想刻录出的 DVD 光盘放在任何 DVD 光驱里都能正常使用，速度应控制在 4 倍速至 16 倍速。

模块六　选购显示设备

学习目标

1. 认识显示卡，掌握显示卡的选购要点。
2. 掌握显示器的选购要点。

计算机屏幕上的画面的形成过程大致为：主机通过系统 I/O 总线将图像数据发送给显示卡；显示卡将这些数据暂存于显示缓存中并加以处理，再转换成模拟视频信号，同时形成同步信号，经 VGA 插座输出到显示器；显示器对输入的视频和同步信号进行处理，最终形成屏幕画面。

一、认识显示卡

1. 显示卡的组成

一块显示卡由 GPU、显示内存、BIOS、VGA 插座、总线接口、数/模转换器等关键部分和一些贴片电阻、电容、稳压 MOS 管、扼流线圈、视频输出以及实现某些特殊功能的处理芯片等辅助部分组成。

（1）GPU。GPU（graphic processing unit，图形处理芯片）是显示卡的“心脏”，相当于计算机中 CPU 的作用。它决定了该显示卡的档次和大部分性能，同时也是 2D 显示卡和 3D 显示卡的区别依据。2D 显示芯片在处理 3D 图像和特效时主要依赖 CPU 的处理能力，称为软件加速。3D 显示芯片是将三维图像和特效处理功能集成在显示芯片内，称为硬件加速。显示芯片通常是显示卡上最大的芯片（也是引脚最多的）。

（2）显示内存。显示内存简称显存，显存是显示卡上的关键核心部件之一，它的优劣和容量大小会直接关系到显示卡的最终性能表现。可以说显示芯片决定了显示卡所能提供的功能和基本性能，而显示卡性能的发挥则很大程度上取决于显存。无论显示芯片的性能如何出众，最终其性能都要通过配套的显存来发挥。

显存也称帧缓存，其作用是存储显示卡芯片处理过或者即将提取的渲染数据。如同计算机的内存一样，显存是用来存储要处理的图形信息的部件。在显示屏上看到的画面是由一个个的像素点构成的，而每个像素点都以 4 ~ 32 bit 甚至 64 bit 的数据来控制其亮度和色彩，这些数据必须通过显存来保存，再交由显示芯片和 CPU 调配，最后把运算结果转化为图形输出到显示器上。

（3）VGA BIOS。VGA BIOS 主要用于存放显示芯片与驱动程序之间的控制程序，另外还存有显示卡的型号、规格、生产厂家及出厂时间等信息。打开计算机时，通过显示 BIOS 内的一段控制程序，将这些信息反馈到屏幕上。早期显示 BIOS 是固化在 ROM 中的，不可修改，而现在的多数显示卡则采用了大容量的 Flash – BIOS，可以通过专用的程序进行改写或升级。

（4）数/模转换器。数/模转换器的作用是将显存中的数字信号转换为显示器能够显示出来的模拟信号。数/模转换器的转换速率以 MHz 来表示，它决定了刷新频率的高低（与显示器的“带宽”意义近似）。其工作速度越快，频带越宽，高分辨率时的画面质量就越好。该数值决定了在足够的显存下，显示卡最高支持的分辨率和刷新率。如果要在 $1\,024 \times 768$ 的分辨率下达到 85 Hz 的分辨率，数/模转换器的速率至少是 $1\,024 \times 768 \times 85 \times 1.344$（折算系数）$\div 106 \approx 90$ MHz。

（5）AGP 接口。AGP 接口是一种专用的显示接口，具有独占总线的特点，只有图像数据才能通过 AGP 接口。AGP 是在 1997 年的秋季，Intel 为应付计算机处理 3D 图形中潜在的数据流瓶颈而提出的解决方案。当时三维图形技术发展正方兴未艾，快速更新换代的图形处理器开始越来越多地需要多边形和纹理数据来填充，然而问题是数据的流量最终受制于 PCI 总线的上限。AGP 总线的出现解决了所有问题，它提供一个独占通道与系统芯片组打交道，完全脱离了 PCI 总线的束缚。AGP 接口和 PCI 接口很容易区分，前者的引线（俗称“金手指”）上下宽度错开，后者的引线上下一般齐。

（6）VGA 插座。主机所处理的信息最终都要输出到显示器上，显示卡的 VGA 插座就是主机与显示器之间的桥梁，它负责向显示器输出相应的图像信号和同步信号，常用的是 15 针 D 型插座。随着液晶显示器（LCD）的使用增多，显示卡上增加了用于连接 LCD 的输出接口，用于连接电视机的 S 端子输出接口。有的显示卡还加上了用于接电视机的视频输出（TV 输出）接口插座。

2. 显示卡的数据输出接口

（1）AGP 接口。AGP（accelerated graphics port）接口又称为图形加速接口，如图 1—57 所示。该接口现在已经被淘汰，只在一些较早的显示卡上才可以看到。

（2）PCI - E 接口。PCI - E（PCI - express）接口是最新的总线接口标准，目前市场上的显示卡主要采用该总线接口，如图 1—58 所示。

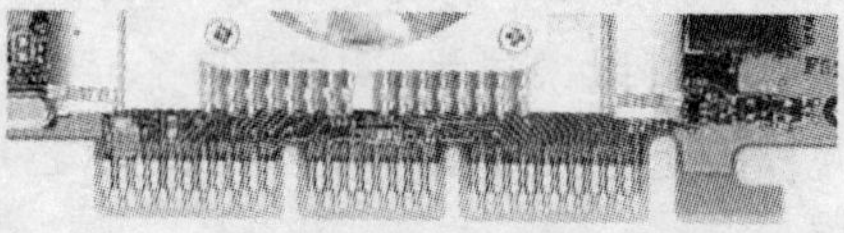

图 1—57　AGP 接口

图 1—58　PCI - E 接口

3. 显示卡的散热方式

由于显示卡核心工作频率与显存工作频率的不断加快，显示卡芯片的发热量也在迅速提升。显示卡芯片的晶体管数量已经达到甚至超过了 CPU 内的数量，如此高的集成度必然带来了发热量的增加，为了解决这些问题，显示卡都会采用必要的散热方式。

显示卡的散热方式分为散热片和散热片配合风扇的形式，也可分为被动式散热和主动式散热方式。

（1）被动式散热。一般一些工作频率较低的显示卡采用的是被动式散热，这种散热方式就是在显示芯片上安装一个散热片，并不需要散热风扇。因为较低工作频率的显示卡散热量并不是很大，没有必要使用散热风扇，这样在保障显示卡稳定工作的同时，不仅可以降低成本，而且还能减少使用中的噪声。

（2）主动式散热。除了在显示芯片上安装散热片之外，还安装了散热风扇，工作频率较高的显示卡都需要这种主动式散热。因为较高的工作频率就会带来更多的热量，仅安装一个散热片很难满足散热的需要，所以就需要风扇的帮助。对于那些超频使用的用户和需要长时间使用的用户来说散热风扇就更重要了。

4. 显示卡的主要性能指标

（1）刷新频率。显示卡的刷新频率是指数/模转换器（RAMDAC）向显示器传送信号，是其每秒刷新屏幕的次数。影响刷新频率的因素有两个：显示卡每秒可产生的像素数目和显示器每秒能接收并显示的像素数目。刷新频率可分为 56 ~ 120 Hz 等许多档次。

（2）分辨率。显示卡的分辨率是指显示卡在显示器上所能描绘的像素数目，水平列点数 × 垂直行点数，如1 024 ×768。常用的典型分辨率有 800 ×600、1 024 ×768、1 280 ×1 024 和1 600 ×1 200等。

（3）色彩深度。显示卡的色彩深度是指显示卡在一定分辨率下可以同屏显示的最大颜色数，可以直接用颜色表示（如 16 色、256 色等），也可用代表颜色数的二进制位数来表示（如 4 位色、8 位色等）。目前，色彩深度通常设定为 16 位色或 32 位色。例如，当色彩深度设为 32 位色时，称为真彩色，此时可显示4 000 M 种颜色。色彩深度的位数越多，同屏显示的颜色数就越多，图像质量越好，但需要显存的容量也越大。

二、显示卡的选购要点

1. 选择适合的显示卡

按需选购是购买计算机配件的一条基本法则，显示卡也不例外。因此，在决定购买之前，一定要清楚自己购买显示卡主要是用来做什么的。

2. 选择合适的显示芯片

对于一般的游戏玩家来说，对显示卡的 3D 性能有一定的要求，因此可以选择显存为 8 ~ 16 MB 的。

对于游戏发烧友来说，选择综合性能出众、支持 32 位真彩色，显示卡的显存不低于 16 MB，32 MB 更好。

3. 选择知名品牌的产品

显示卡的知名品牌有七彩虹（Colorful）、影驰（GALAXY）、翔升、昂达（ONDA）、蓝宝石、华硕（ASUS）、微星（MSI）、双敏（UNIKA）、技嘉（GIGABYTE）、铭瑄（MAXSUN）等。

4. 产品的用料和做工

目前市场上的显示卡虽然品牌众多，但其核心部分——显示芯片就只有少数几种。一般说来，采用同一种显示芯片的不同品牌的显示卡性能都很接近；当然，名牌大厂的产品由于做工精湛再配以专门优化过的驱动程序，其性能在中、小品牌的显示卡之上，但差距并不明显。不过从总体上来看，显示卡的用料、做工、驱动程序、设计等对性能确实有一定的影响。

从用料的角度来看，名牌大厂一般都用 6 层板作为显示卡的基板，电磁兼容性和电磁屏蔽性能出众。一块优秀的显示卡应该全部采用表面贴装工艺，最好采用钽电容和金属贴片电阻。

从制造工艺上来看，名牌显示卡的外观显得整洁漂亮，其金手指的镀金层较厚，可以多次反复插拔显示卡而不至损伤，这样可以保证显示卡和插槽间的接触良好。

三、显示器的选购

1. 显示器的分类

（1）按显示色彩分类。按显示色彩分为单色显示器和彩色显示器。

（2）按显示屏幕尺寸分类。显示器尺寸的大小是以屏幕对角线的长度衡量的，以英寸为单位。通常有 14 英寸、15 英寸、17 英寸、19 英寸、20 英寸、21 英寸等。

（3）按照显示器的工作原理分类。按照显示器的工作原理分类，显示器可分为 LCD（liquid crystal display，液晶屏）显示器、CRT（cathode ray tube，阴极射线管）显示器、PDP（plasma display panel，等离子屏）显示器和 LED（发光二极管）显示器。

（4）按照显示器的屏幕形状分类（CRT）

1）球面管。其特点是在水平和垂直方向上都是弯曲的，边角失真现象严重；随着观察角度的改变，图像会发生倾斜；屏幕非常容易引起光线的反射，会降低对比度，对人眼的刺激较大。

2）平面直角显像管。此种显像管诞生于 1994 年，采用了扩张技术，减小了球面屏幕上特别是四角的失真和反光现象，配合屏幕涂层等新技术的采用，显示器的质量有较大提高。

3）柱面显像管。柱面显像管采用栅式荫罩板，在垂直方向上已不存在任何弯曲，在水平方向上还略有一点弧度，其代表产品是索尼公司的 Trinitron（特丽珑）和三菱公司的（Diamondtron）钻石珑。

4）纯平显像管。从1998年三星、索尼、LG等公司就推出了真正平面的显像管，但直到1999年才开始真正推广。目前市场上的纯平面显像管有索尼的平面珑、LG的未来窗、三星的丹娜及三菱的钻石珑等。

2. 显示器的主要性能指标

（1）CRT显示器的主要性能指标

1）点距。屏幕上两个相邻同色荧光点（像素）之间的距离，不能用软件来更改，这一点与分辨率不同。在相同分辨率下，点距越小，显示图像越清晰细密，图像质量也就越高。

2）视频带宽。视频带宽是每秒扫描像素的个数，即单位时间内各条扫描线上显示点数的总和。

视频带宽 = 水平分辨率 × 垂直分辨率 × 刷新频率

带宽越宽，响应速度越快，允许通过的信号频率越高，信号失真越小，它反映了显示器的解像能力。

3）分辨率

分辨率 = 水平分辨率 × 垂直分辨率 = 水平显示的像素个数 × 扫描线数

例如，分辨率为1 024×768，表示水平方向有1 024像素，垂直方向有768像素。

4）刷新频率。刷新频率可分为垂直刷新频率和水平刷新频率。垂直刷新频率也称场频，是每秒显示器重复刷新显示画面的次数，以Hz表示，就是通常所说的刷新率。如果垂直刷新频率太低，图像会出现抖动，这是电视图像闪烁的原因。垂直刷新频率越高，图像越稳定。水平刷新频率也称行频，即1 s扫描水平线的次数，以kHz为单位。水平和垂直刷新频率及分辨率三者是相关的，在分辨率确定的情况下，它决定了垂直刷新频率的最大值。75～85 Hz的刷新频率即可保证图像稳定。

5）控制方式。显示器的控制方式可以分为模拟调节和数码控制两种。

6）扫描方式。有隔行（interrupt）和逐行（non－interrupt）扫描之分。隔行扫描就是每一帧被分割为两场，每一场包含了一帧中所有的奇数扫描行或者偶数扫描行，通常是先扫描奇数行得到第一场，然后扫描偶数行得到第二场。由于视觉暂留效应，人眼将会看到平滑的运动而不是闪动的半帧半帧的图像。但是这时会有几乎不会被注意到的闪烁出现，使得人眼容易疲劳。而逐行显示是顺序显示每一行，可以避免隔行扫描带来的闪烁。

7）辐射。显示器在工作时会产生辐射，一些劣质的显示器由于辐射大，会影响健康。国际上对显示器辐射制定了几个标准，其中TCO－99、TCO－03对显示器提出了最为严格的要求，测试项目包括电磁波外泄与能源效应，能够阻隔有害的电磁波。TCO认证—瑞典专业雇员联盟（Swedish Confederationof Professional Employess）1991年推出的标准，主要面向质量和环境，有TCO'92、TCO'95、TCO'99到TCO'03等认证标准。

（2）LCD显示器的主要性能指标

1）可视面积。液晶显示器所标示的尺寸就是实际可以使用的屏幕范围。例如，一台17英寸的液晶显示器的实际显示面积和一个19英寸CRT显示器差不多。

2）分辨率。LCD显示器的分辨率是通过液晶像素实现的，液晶只有在标准分辨率下才能实现最佳显示效果，而在非标准的分辨率下画面会变得模糊不清。15英寸LCD显示器的真实分辨率为1 024×768，17英寸为1 280×1 024，19英寸的一般为1 440×900。

3）点距。如一般14英寸LCD的可视面积为285. 7 mm×214. 3 mm，最大分辨率为1 024×

768，那么点距就等于可视宽度/水平像素（或可视高度/垂直像素），即 285.7 mm/1 024 = 0.279 mm，或者是 214.3 mm/768 = 0.279 mm。

4）响应时间。响应时间决定了显示器每秒所能显示的画面帧数，通常当画面显示速度超过每秒 25 帧时，人眼会将快速变换的画面视为连续画面。当响应时间为 30 ms 时，显示器每秒能显示 1/0.030 = 33 帧画面，响应时间越短，显示器每秒显示的画面就越多。现在市场的主流液晶显示器响应时间都在 30 ms 以下。

5）可视角度。它指站在距 LCD 表面垂线的一定角度内仍可清晰看见图像的最大角度。例如，当可视角是左右 80°时，表示站在始于屏幕法线 80°的位置时仍可清晰看见屏幕图像。最低的可视角度为（120/100）°（水平/垂直），低于这个值则不能接受，最好能达到（150/120）°以上。

6）亮度。液晶本身并不会发光，所有的液晶显示器都需要背光照明，背光的亮度也就决定了显示器的亮度。理论上，亮度越高越好，不过太高的亮度对眼睛的刺激强，不要过于追求高亮度。在此是以光亮度（cd/m^2）来进行衡量的，LCD 显示器亮度都在 250 cd/m^2 左右。

7）对比度。同等亮度下，黑色越深，显示色彩的层次就越丰富。所以液晶显示器的对比度非常重要。一般人眼可以接受的对比度在 250:1 左右，低于这个对比度就会感觉模糊或有灰蒙蒙的感觉。对比度越高，图像的锐利程度就越高，图像也就越清晰。一般 CRT 显示器可以轻易达到 500:1 甚至更高，而液晶显示器达到 400:1 就算是很好了。通常的液晶显示器对比度为 300:1。

3. 显示器的选购要点

选购显示器要从需求、市场和技术三方面考虑。

（1）主要用途决定需求。

（2）符合市场主流是最好的选择。

（3）性能指标需要综合考虑。

4. 液晶显示器的选购要点

总体而言，不必对 LCD 的点距、最高分辨率、带宽等指标特别关注，因为这些完全是由 LCD 液晶面板的大小决定的。

在选购 LCD 时应该关注响应速度、可视角度、亮度与对比度。与 CRT 显示器不同的是，LCD 有“拖尾”现象。如果响应速度不够的话，显示动态画面时会有明显的“拖尾”。所以选购 LCD 时应看重的是平均响应速度，而不是最高响应速度。

四、疑难与技巧

1. 检测显示卡性能的方法

可以采用查看显示卡参数的工具 GPU - Z。通过 GPU - Z 可以对比显示卡的参数来辨别显示卡性能的优劣。

简单的检测可以用鲁大师软件进行粗略的游戏性能测试。

2. 测试液晶显示器的方法

（1）测试显示器的聚焦能力。

（2）观察显示器的色彩是否均匀。

（3）观察显示器的会聚能力。

（4）观察显示器是否有呼吸效应。

模块七 选购音频设备

学习目标

1. 认识声卡的组成、分类、性能指标、选购要点。
2. 了解使用声卡的注意事项。
3. 掌握音箱的分类、性能指标、选购要点。

一、声卡

声卡是多媒体技术中最基本的组成部分，是实现声波与数字信号相互转换的硬件。声卡的基本功能是把来自话筒、磁带、光盘的原始声音信号加以转换，输出到耳机、扬声器、扩音机及录音机等声响设备，或通过音乐设备数字接口（MIDI）使乐器发出美妙的声音。

麦克风和喇叭所用的都是模拟信号，而微机所能处理的都是数字信号，声卡的作用就是实现两者的转换。

1. 声卡的组成

声卡由各种电子器件和连接器组成。电子器件包括集成电路芯片、晶体管和阻容元件，用来完成各种特定的功能。连接器一般有插座和圆形插孔两种，用来连接输入和输出信号。声卡的基本结构包括声音控制与处理芯片、功放芯片和声音输入和输出端口，如图 1—59 所示。

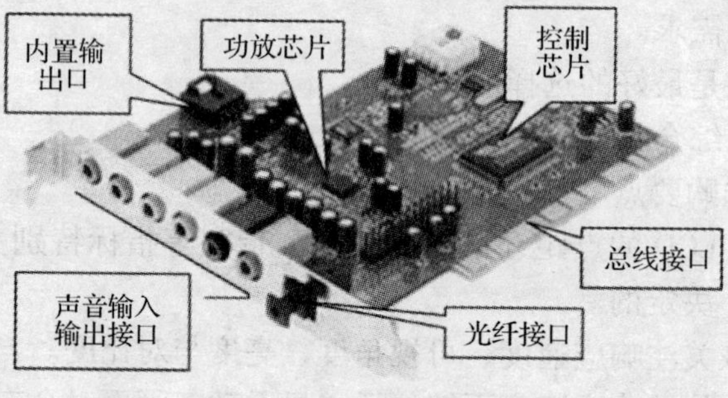

图 1—59 声卡组成

2. 声卡的分类

（1）集成式。集成式声卡是指将声卡芯片和输入、输出接口都集成在主板上。

（2）板卡式。板卡式声卡也称为独立声卡，通常通过 PCI 接口与主板相连。由于独立声卡在设计布线等方面更具优势，更有利于音质的发挥，因此是目前中高端声卡领域的中坚力量。

（3）外置式。外置式声卡通过 USB 接口与计算机相连，具有便携和使用方便等特点。这类产品主要应用于特殊环境，如连接笔记本计算机，以实现更好的音质。

3. 声卡的性能指标

（1）采样频率。采样频率即每秒采集样本的数量，一般声卡可提供 11.025 kHz、

22.025 kHz、44.1 kHz 的采样频率，目前，较高档的声卡采样频率可达 48 kHz，以后也许还会出现更高采样频率的声卡。

(2) 采样位数。采样位数有 8 bit、16 bit、32 bit。位数越大，精度越高，所录制的声音质量也越好。

(3) 声道。声卡所支持的声道数是衡量声卡档次的重要指标之一，从单声道到环绕立体声。

(4) 信噪比。信噪比是指音源产生最大不失真声音信号强度与同时发出噪声强度之间的比率称为信号噪声比，简称信噪比（signal/noise），通常以 S/N 表示，单位为分贝（dB）。对于播放器来说，该值当然越大越好。

4. 声卡的选购要点

和购买计算机的任何一个配件类似，选购声卡前，应首先确定主要用途，比如主要是用来玩游戏还是听 CD、欣赏 MIDI，或者做专业的声音创作；其次是预计可以承受的价格。在确定了这两点后，就应重点考虑声卡所使用的芯片功能及所采用的音效处理技术。

二、音箱

随着计算机迅速普及，强大的多媒体功能正在逐渐影响和改变大众休闲娱乐的方式。音箱作为多媒体应用的一种重要输出设备，其性能直接决定了多媒体声音的播出效果和听觉感受。

1. 音箱的分类

(1) 按结构分类

1) 密闭式音箱。密闭式音箱是将扬声器单元安装在一个完全密封的箱体中，如图 1—60 所示。

2) 倒相式音箱。倒相式音箱又称低频反射式音箱，是利用共振原理在箱体上开一个倒相孔，如图 1—61 所示。

图 1—60　密闭式音箱

图 1—61　倒相式音箱

(2) 按是否外接电源分类

1) 有源音箱。

2) 无源音箱。

2. 音箱的性能指标

(1) 功率。扬声器的功率大小是选择扬声器的重要指标之一。国内、国外扬声器的标法有很大的差别，这是因为对功率定义解释各不相同。一般扬声器所标称的功率为额定功率。

额定功率或额定噪声功率，是指扬声器能长时间连续工作而不产生异常声音时的输入功率。一般测试时采用粉红噪声信号，通过特定的滤波器，在额定频率范围内进行测试。按IEC标准，被测扬声器应保证在100 h的连续工作中不产生异常。顺便指出，美国EIA标准规定实验时间为8 h，而且滤波器也不同。

(2) 失真度。扬声器系统的失真包括谐波失真、互调失真和瞬态互调失真等。音箱的失真特性比单个扬声器更容易引起特性变坏。通常在分频点附近，因设计或调试不当，失真大幅度增加。谐波失真主要产生在低频，尤其在共振频率附近最为明显。高保真用音箱谐波失真应不大于2%。

在选择和使用音箱时，除了必须了解音箱的性能指标外，还要进行主观听音评价。通常选用著名生产厂家的名牌音箱。目前，对于专业音箱来说，以美国音箱尤为著名，COMMUNITY（C牌）、PEAVEY（百威）、EAW、Wharfedale等都是著名的品牌音箱。

(3) 频响范围。这项指标反映了扬声器工作的主要频率范围。当给扬声器加以恒压信号源并由低频到高频改变信号源频率时，扬声器产生的音压将随频率的变化而变化。由此得出扬声器的频率响应曲线。IEC（国际电工委员会）规定扬声器所能重放声音的频率界限，也就是有效频率范围，是取扬声器声压频率特性曲线中比峰值附近一个倍频位的平均声压级降低10 dB的频率范围。此范围越宽，放声特性越好。

一般高保真用扬声器最低要求频响为50~12 500 Hz，能达到50~16 000 Hz已足够了，当然30~20 000 Hz更好。

(4) 额定阻抗。额定阻抗是指扬声器在某一特定工作频率（中频）时在输入端测得的阻抗值。通常在产品商标铭牌上标明，由生产厂给出。由生产厂给出的额定阻抗通常是在额定频率范围可得到的最大阻抗值。额定阻抗一般为4 Ω、8 Ω、16 Ω、32 Ω等，国外也有采用3 Ω、6 Ω等的。

3. 音箱的选购要点

(1) 注重实际效果。

(2) 正确认识木质音箱。木质音箱由于可以在厚度、板材及密度方面有更多选择，有效降低了箱体本身谐振对回放声音的干扰，从而使声音更纯净。

其实现在的塑料音箱不仅在价格上有较大优势，而且外观时尚漂亮，如果生产厂家技术水平过硬，在音质方面也不会低于木质音箱。

(3) 考虑空间大小。在音箱的体积方面还应考虑计算机桌面空间的大小及携带是否方便，对于笔记本计算机用户而言，可选购时尚小巧的便携式音箱。

三、疑难与技巧

1. 主流声卡的数字输出接口

目前市场主流的声卡大多提供了数字输出，采用数字输出可以在信号传输过程中尽量降低信号的损耗，同原来的模拟输出方式相比，其信号的损耗要低得多。声卡不必再进行模拟转换工作，配合独立的解码器可以获得更好的音质。

常见的数字输出方式主要包括同轴和光纤两种，两者采用的介质和传输方式都不相同。例如，同轴的传输方式与传统的模拟方式相似，插座和插头都与标准视频输入（RCA）接口非常相似，口径也是完全一致的。而光纤则采用专用的接口进行输出。

标准视频输入（RCA）接口又称AV接口或莲花接头，通常都是由成对的白色音频接口和黄色视频接口组成。

2. 认识主流音频规范

(1) AC97 音频规范简介。在计算机平台上，声卡是一件起步比较晚的设备，在经历了混沌时代之后，人们逐步将声卡列为计算机的必备部件之一。当时声卡厂商众多，独立声卡产品芜杂，而成本低廉的集成声卡也渐露苗头，为用户带来了一种性价比很高的选择。为了规范行业发展，1996 年，Intel 携同当时的创新、NS、ADI、雅马哈共同提出了 AudioCodec' 97 (简称 AC97) 规格标准。AC97 标准的一项重要规定就是声卡的双芯片结构，即声卡的 ADC (数/模转换) 和 DAC (模/数转换) 电路要尽可能脱离主处理芯片，形成声卡 Codec 芯片，以减免电磁干扰，提高声音纯净度，同时降低声卡成本，简化声卡设计难度。

AC97 标准在当时产生了极大的影响，到 1997 年，几乎所有的集成声卡都遵循了这一标准，很多人甚至把 AC97 误认为就是集成声卡本身。AC97 标准并不只是作用于集成声卡，很多独立声卡也遵循了 AC97 的双芯片规范来设计。

(2) HD Audio 音频规范简介。随着计算机多媒体格式的提升和音频技术的进步，高品质多声道的音频编码技术对计算机声卡提出了更高的要求，AC97 音频规范已经显得很保守、很过时了。于是，2004 年，Intel 携同全球 80 多家企业共同制定了 HighDefinition Audio 高保真音频标准 (HD Audio)。HD Audio 支持 DVD - Audio、SACD、DolbyDigital 及 Dolby THX Surround EX，支持最高 7. 1 声道音效输出，并拥有 32 bit/192 kHz 的采样标准。

HD Audio 用于取代 AC97 音效标准，使集成声卡计算机平台支持新一代音频解码规范，以满足电影和游戏的高清晰多声道音频的解码需求，还原出更平滑细腻、更真实的声音。

现在，主板上的集成声卡已经全部都可以支持 HD Audio 了，并且 Windows 7 操作系统已经内置了规范的 HD Audio 音频驱动程序，几乎所有的 HD Audio 集成声卡都可以在 Windows 7 操作系统中直接启用。

3. 使用声卡的注意事项

不管是集成的软声卡，还是硬声卡，由于目前主板在设计上还没有大的突破，所以在实际使用中最容易出现干扰大、有爆音等问题。因此，要让集成声卡有更好的表现，需注意以下几点：

(1) 驱动程序。驱动程序对于声卡的表现非常重要，特别是软声卡。对于硬声卡，可以到该芯片的生产厂商网站下载其最新驱动程序。

(2) 关闭某些输入端口。在声卡的音频属性中，将那些暂时用不着的输入端口置于"静音"状态，如"线路输入""麦克风输入"等，这样也能减少噪声的干扰。

(3) 尽量不超频。当将系统的外频超到一定程度后，集成声卡就无法正常工作。这是因为机器在非标准外频下工作时，PCI 的工作频率也随之提高，而集成声卡是集成在主板上的，其超频性能比较差，所以为了声卡的安全与性能，还是不要超频或者适度超频。

模块八　选购其他设备

学习目标

了解机箱、电源、键盘与鼠标、数码摄像头及打印机的分类和选购要点。

一、机箱

从表面上看，机箱是主机的外壳，但从机箱所起的作用来看，机箱是主机的骨架，它支撑并固定组成主机的各种板卡、线缆插口、数据存储设备及电源等零配件。

1. 机箱的作用

（1）机箱给电源、主机板、各种扩展板卡、软盘驱动器、光盘驱动器、硬盘驱动器等存储设备提供空间，并通过机箱内部的支撑、支架、各种螺钉或卡子、夹子等连接部件将这些零配件牢固地固定在机箱内部，形成一个集约型的整体。

（2）机箱坚实的外壳保护着板卡、电源及存储设备，能防压、防冲击、防尘，而且还能抗电磁干扰、防辐射，即起屏蔽电磁辐射的作用。

（3）机箱还提供了许多便于使用的面板开关、指示灯等，让操作者更方便地操纵计算机或观察计算机的运行情况。

2. 机箱的分类

从外形上看，机箱常见的有立式（塔式）和卧式两大类。立式又有大立式与小立式之分，卧式有大、小、厚、扁（薄）的区别。卧式机箱是早期比较流行的机箱，显示器放在机箱上面。但这种机箱对于日后想扩充、加装其他外设的用户来说很不方便。立式机箱近年来已成为主流，备受大家的喜爱。

从计算机的结构划分，机箱可分为 AT、ATX、NLX、Micro ATX 和下一代 BTX 等类型。

3. 机箱的选购要点

（1）制作材料。好的机箱钢板厚度至少应在 1 mm 以上，并且板材应该是经过特殊处理的镀锌钢板，其优点是能够防静电。此外，镀锌钢板还有不易生锈、耐指纹等优点，这些都是普通的不锈钢板没有的特点。机箱左右两边的外壳（钢板）也是机箱外面很重要的部分，在选购时要注意钢板上烤漆的颜色，不能与面板相差太大，否则会严重影响整体视觉效果。

（2）合理结构。拥有合理的结构是成为一款优质机箱的必要条件。优质机箱的结构是经过专业人员设计的，最终要达到卷边、磨边不伤手，拆装容易，节省时间，提高工作效率和可承受一定外力撞击而不损坏内部部件的目的。此外，能提供足够的空间也是很重要的。

（3）易用性。易用性是指安装和拆卸的难易程度。良好的易用性设计主要体现在：侧板采用手拧螺钉固定，驱动器由专用工具固定，板卡采用免螺钉固定以及机箱前面板加装 USB 和音频接口等。不过这里要注意的是，其中某些设计在给用户带来方便的同时也带来了降低机箱整体坚固度的负面影响。

（4）散热设计。目前，机箱中比较常见的是双程式互动散热通道设计，这种散热设计可以将机箱内 90% 的热量及时散发。

（5）电磁屏蔽性能。开孔是否符合规范，各种指示灯和开关接线的电磁屏蔽设计是否达到要求。

（6）外观。除了用来装载各种计算机配件外，机箱给人的第一印象也很重要，机箱造型、颜色能否与居室协调一致，是否时尚漂亮，能否表现自己的个性，都成为选购机箱时的考虑因素。机箱颜色除常见的白色外，还有银色、蓝色、黑色、红色甚至透明、荧光色等。

机箱外形越来越多样化，除了立方体外，像梯形体、圆柱体、半月形或其他形状的机箱也都出现在市场上。要注意的是，很多机箱外形很新颖，但要么是钢板比一般的要薄，要么是内部支架布局不合理。功能方面也被厂商所夸大，并且对缺点加以隐瞒。如果轻信厂商的宣传，买到的产品不一定就是实用的。

二、电源

电源是计算机主机工作所需的动力源泉，优质的电源能提供给计算机内部的各配件以足够的动力，让它们稳定工作。由于计算机配件的功耗越来越大，内部设备也不断增加，不仅电源的功率需要不断增大，电源供电质量也十分重要，它直接影响了硬件性能的发挥。如主板、CPU、内存、显示卡、硬盘等，若电源供电不稳定，轻则不能正常工作，重则会导致配件烧毁。

1. 电源的分类

电源可以分为 PC/XT 电源、AT 电源、ATX 电源、ATX 12V 电源、BTX 电源、WTX 电源。

2. 电源的选购要点

（1）看电源的做工和用料。

（2）要注意电源是否通过了安全认证。

（3）要注意电源所带的电源接口。

三、键盘

键盘是计算机的重要输入设备。尽管鼠标在人机交互方面起了很大的作用，但在文字录入方面，键盘依然有着无法替代的地位。如果键盘质量不好，轻则限制打字速度，重则造成手腕及指关节损伤。

1. 键盘的分类

（1）按开关技术划分。按开关技术可分为机械式开关键盘和固态开关键盘。其中机械式开关分为硬触点开关、瞬动圆盖开关和薄膜开关，固态开关分为电容开关和磁芯开关。目前主流的是薄膜开关和电容开关式键盘。

（2）按键数划分。按键数可分为 83 键、93 键、96 键、101 键、102 键、104 键、107 键等。目前主流的是 101 键、104 键、107 键。

（3）按键盘的外形划分。按键盘的外形可分为标准键盘、人体工程学键盘、多功能键盘、集成鼠标的键盘、手写键盘。

（4）按接口类型划分。按接口类型可划分为老式 AT 口、PS/2 口与 USB 口及无线键盘。

2. 键盘的选购要点

（1）注意按键手感。

（2）注意生产工艺和质量。

（3）注意使用的舒适度。

（4）注意键盘的接口类型。

（5）注意外形、颜色和主机是否搭配。

（6）选购知名品牌。

四、鼠标

1. 鼠标的分类

现在市面上鼠标种类很多，按不同的方法鼠标可有不同的分类。

（1）按键数分可分为双键鼠标、三键鼠标和多键鼠标，如图 1—62 所示。

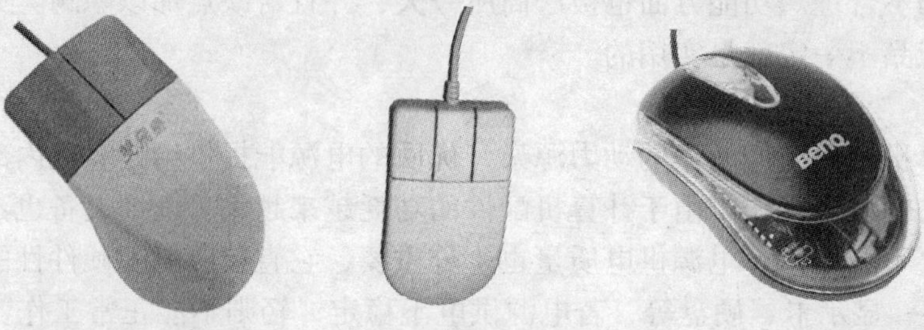

a)　　b)　　c)

图 1—62　鼠标

a）双键鼠标　b）三键鼠标　c）多键鼠标

（2）按接口类型分可分为 COM 串口鼠标、PS/2 口鼠标和 USB 口鼠标，如图 1—63 所示。

a)　　b)　　c)

图 1—63　鼠标接口

a）COM 串口鼠标　b）PS/2 口鼠标　c）USB 口鼠标

（3）按内部构造分可分为机械式鼠标和光电式鼠标。

（4）按其他分类还可以分为跟踪球式鼠标、遥控式鼠标和 Web 鼠标，如图 1—64 所示。

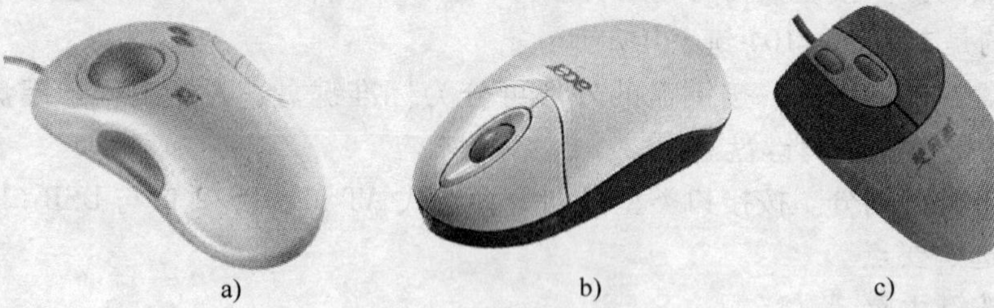

a)　　b)　　c)

图 1—64　其他鼠标

a）跟踪球式鼠标　b）遥控式鼠标　c）Web 鼠标

平时用得最多的是光学机械式鼠标和光电式鼠标两种。

2. 鼠标的选购要点

（1）更好的性能。

（2）更长的使用寿命。

（3）更优质的服务。

（4）更舒服的手感。

五、数码摄像头

1. 数码摄像头的分类

目前市面上的数码摄像头基本有两类。

（1）模拟摄像头要配合视频采集卡一起使用。

（2）数字摄像头可以独立与微机配合使用，是一种数字视频的输入设备，利用光电技术采集影像，而不像视频采集卡那样先用模拟的采集工具采集影像，再通过专用的模/数转换组件完成影像的输入。数字摄像头的优点是使用简单，一般都是通过计算机并行通信口连接或 USB 连接的，是即插即用的，安装简单。尤其适合便携式计算机和不能打开机箱的品牌台式计算机。整体的价格往往要比买同档次的摄像头和视频采集卡便宜。

2. 数码摄像头的选购要点

数码摄像头产品的种类繁多，在选购时应根据需要选购适合的产品。选购时注意以下几点：

（1）不要盲目追求。在选购时一般应现场测试其成像效果，然后根据需要选择合适的摄像头产品。

（2）认清实际分辨率。

（3）注意分辨率和帧数的匹配。

（4）注意驱动程序和外形。如笔记本计算机就适合用能固定在屏幕上的数码摄像头。

六、打印机

1. 打印机的分类

从打印原理来看，市面上常见的打印机可分为针式打印机、喷墨打印机和激光打印机。这三种打印机的优、缺点见表 1—10。

表 1—10　　打印机类型及优、缺点

打印机类型	优　点	缺　点
针式打印机	可以使用多种纸型，牢固耐用，耗材价格较低	分辨率较低且打印速度慢，不适合打印大量文件和打印质量要求较高的场合
喷墨打印机	支持彩色打印，打印速度介于针式打印机和激光打印机之间，并且购机价格较低，颜色丰富	耗材较贵，必须定期维护
激光打印机	打印时噪声小、速度快，可以打印高质量的文字及图形，可以打印大量数据且打印成本低廉	不适用于阴冷潮湿的环境

2. 打印机的选购要点

打印机的品牌很多，而各品牌的产品又有不同类型和性能，在选购打印机时，可以参考以下原则：

（1）选择知名品牌的产品。

（2）根据用途选择打印机类型。

（3）选择性能适宜的产品。

七、疑难与技巧

1. 选择合适鼠标的方法

（1）鼠标分辨率。鼠标分辨率是选购鼠标的主要依据之一。鼠标分辨率的单位是 DPI

或 CPI，DPI 是 dots per inch 的缩写（CPI 是 count per inch 的缩写），意思是每英寸的采样率（鼠标每移动一英寸能够从移动表面上采集到多少个点的变化）。

（2）鼠标的刷新频率。鼠标的刷新频率也称为扫描频率或者帧速率，反映了光学传感器内部的 DSP 对 CMOS 每秒可拍摄图像的处理能力。在鼠标移动时，光学传感器中的数字处理器通过对比所“拍摄”相邻照片间的差异，从而确定鼠标的具体位移。但当光电鼠标高速运动时，可能会出现相邻两次拍摄的图像中没有明显参照物的情况。若光电鼠标无法完成正确定位，就会出现跳帧现象。而提高光电鼠标的刷新频率就加大了光学传感器的拍摄速度，也就减少了没有相同参考物的概率，达到了减少跳帧的目的。

描述刷新频率的单位是 FPS，也就是鼠标每秒扫描的帧数。光学鼠标就是靠不停地扫描，扫描出鼠标移动的方向。可是在高速移动过程中，FPS 低会导致扫描的图像连不上，也就失去了定位。所以对 FPS 的要求是越高越好，而且与 DPI 无关。

（3）鼠标速度。鼠标速度也就是 Windows 的鼠标速度设定。默认情况下，鼠标反映 1 点，Windows 移动 1 个像素。在鼠标速度设定较高的情况下，则是鼠标反映 1 点，Windows 移动 2 个或 4 个像素（根据速度的大小，成正比）。但是，中间的像素是跳过的，指针在屏幕上的精确度也就下降了。

（4）鼠标底部垫脚的设计。鼠标生产厂商为了使光电鼠标移动更灵活，减少底部的摩擦力，所以引入了垫脚，即用塑料片将鼠标底部垫起，从而减少摩擦。鼠标垫脚的设计主要分为以微软为代表的大垫脚派和以罗技为代表的小垫脚派，各有利弊。前者因为垫脚尺寸大，材质偏软，所以比后者耐磨、防尘；后者因为垫脚尺寸不足前者一半，材质坚硬，所以受力面积小，比前者更灵活。

（5）人体工程学。人体工程学是诞生于第二次世界大战后的一种技术，除了常见的造型设计外，人体工程学实际上还包括如按钮的位置安排、说明文字的设计等多个方面。而概括来说，实质上，所谓人体工程学在本质上就是使工具的使用方式尽量适合人体的自然形态，这样使用工具的人在工作时，身体和精神不需要任何主动适应，从而尽量减少使用工具造成的疲劳。

鼠标的人体工程学设计主要就是让鼠标的造型设计符合人手的自然结构。

2. 验证产品 3C 证书真伪的方法

先看产品的包装箱、铭牌和说明书上是否有 3C 或 CQC 的标志以及证书的编号。按证书编号到中国质量认证中心（CQC）的网站（www. cqc. com. cn）上查询，对比生产厂家、生产地址和证书编号是否与包装箱、铭牌、说明书上一致，若不一致说明认证有假。若没有证书编号，则按生产厂家或生产地址到 CQC 网站上查询，检查生产厂家、生产地址和证书编号是否与包装箱等一致，也可以查到其真伪。另外，在商场购买产品时，可以要求商家提供 3C 或 CQC 认证证书的复印件，若有复印件，也可用上面的方法辨别真伪。若商家不能提供，可以拨打 12315 投诉。

单 元 练 习

一、选择题

1. 当前 CPU 市场上，知名的生产厂家是（　　）和（　　）。

A. Intel 公司　　B. IBM 公司　　C. AMD 公司　　D. HP 公司

2. CPU 的内部结构不包括（　　）。

A. 控制单元　　B. I/O 接口单元　　C. 运算单元　　D. 存储单元

3. CPU 核心的封装方式不包括（　　）。

A. BGA　　B. DIP　　C. PGA　　D. SECC

4. CPU 的主频由（　　）和（　　）决定，在倍频一定的情况下，通过（　　）提高 CPU 的运行速度，称为超频。

A. 外频　　B. 倍频　　C. 内存　　D. 提高内频

5.（　　）用于与 CPU、内存及 AGP 联系。

A. 南桥芯片　　B. 中央处理器　　C. 北桥芯片　　D. BIOS

6. 前端总线 FSB 是（　　）和主板的北桥芯片或者 MCH（内存控制集线器）之间的数据通道。

A. CPU　　B. 主板南桥芯片　　C. 硬盘　　D. USB

7. 内存按工作原理可以分为 ROM 和（　　）。

A. RAM　　B. DRAM　　C. SRAM　　D. RDRAM

8. 按存储器在计算机中位置的不同分为（　　）和外存储器。

A. 主存储器　　B. 内存储器　　C. CMOS　　D. 随机存储器

9. 下列几种存储器中，存取周期最短的是（　　）。

A. 内存储器　　B. 光盘存储器　　C. 硬盘存储器　　D. 软盘存储器

10. 计算机的内储器与 CPU（　　）交换信息。

A. 不　　B. 直接　　C. 部分　　D. 间接

11. 主板的核心和灵魂是（　　）。

A. CPU 插座　　B. 扩展槽　　C. 芯片组　　D. BIOS 和 CMOS 芯片

12. 前端总线（FSB）是 CPU 与主板（　　）之间连接的通道。

A. 北桥芯片　　B. 南桥芯片　　C. PCI 设备　　D. USB 设备

13. 主板上的 AGP 扩展槽是（　　）的专用插槽。

A. 显示卡　　B. 声卡　　C. 网卡　　D. 内置调制解调

14. 使用硬盘高速缓存的目的是（　　）。

A. 增加硬盘容量　　B. 提高硬盘读写信息的速度

C. 实现动态信息存储　　D. 实现静态信息存储

15. Seagate 是（　　）的硬盘。

A. 希捷　　B. 西部数据　　C. 迈拓　　D. 金钻

16. 常说的 52 倍速光驱的 52 倍速指的是光驱的（　　）。

A. 传输速率　　B. 存取速度　　C. 缓存　　D. 转速

17. 作为完成一次传输的前提，磁头首先要找到该数据所在的磁道，这一定位时间称为（　　）。

A. 转速　　B. 平均存取时间　　C. 平均寻道时间　　D. 平均潜伏时间

18. 目前计算机最常用的硬盘主轴转速为（　　）。

A. 5 400 r/min　　B. 7 200 r/min　　C. 5 400 r/s　　D. 7 200 r/s

19. 显示卡中的显示芯片又称（ ）。

A. GPU　　B. CPU　　C. 图形加速器　　D. PGU

20. 用64 bit来表示颜色，则可表示（ ）种颜色。

A. 1 024 M　　B. 16 M　　C. 4 096 M　　D. 2 048 M

二、简答题

1. CPU 主要的性能参数有哪些？简要说明各个参数对 CPU 的影响。
2. 什么是 CPU 的倍频？
3. 盒装 CPU 与散装 CPU 的区别是什么？
4. CPU 的作用是什么？是由哪几部分组成的？
5. 简述 CPU 的主要性能指标。
6. 请列出常用的 CPU 厂商和主流 CPU 类型。
7. CPU 频率的单位是什么？外频、主频、倍频、FSB 的关系是什么？
8. CPU 的新技术有哪些？如何看待 CPU 的发展趋势和方向？
9. Intel 和 AMD 的 CPU 有哪些不同？
10. 选购 CPU 时，是不是频率越高越好？
11. 可以不安装 CPU 风扇吗？
12. 北桥芯片和南桥芯片有什么区别？它们分别承担哪些功能？
13. 内存由哪些部分组成？
14. 主板的主要组成部分有哪些？
15. 选购主板要考虑哪些主要因素？
16. 硬盘有哪几种？
17. 显示卡的主要技术指标有哪些？
18. 按照工作原理，显示器分为哪些类型？分别有什么特点？
19. CRT 显示器的主要性能指标是什么？
20. 液晶显示器的主要性能指标是什么？

第二单元　计算机硬件组装

模块一　组装前的准备工作

学习目标

1. 了解计算机组装的装机工具。
2. 了解计算机组装所需要的辅助物品。
3. 了解组装流程。

一、准备装机工具

对于许多想学会装机了解计算机组装“DIY”知识的人来说，主要问题就是如何才能将各种计算机配件组装为一台完整的计算机。首先要进行一些工具的准备，如十字旋具、一字旋具、尖嘴钳、镊子、防静电手套及万用表等，如图 2—1 所示。所需材料的详细描述见表 2—1。

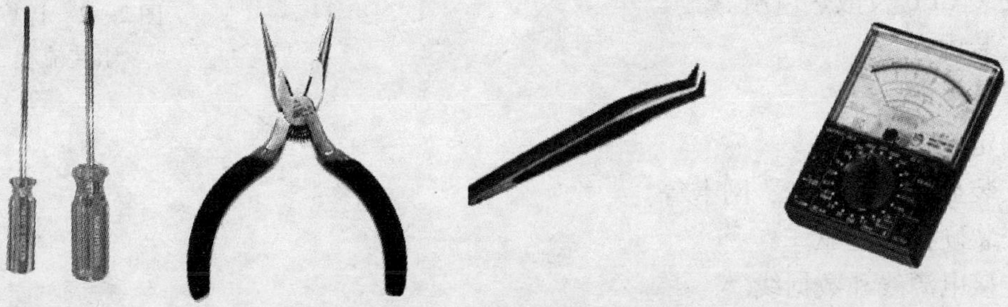

图 2—1　组装工具

表 2—1　　　　装　机　工　具

准备所需工具	描　述
旋具	应尽量选用带磁性的旋具，用于在组装计算机时固定各个配件
尖嘴钳	用于拧开一些比较特殊的螺钉。如在机箱内固定主板时，就可能用到尖嘴钳
镊子	主要用于插拔主板或硬盘上的跳线
防静电手套	为防止产生的静电损坏设备，需要带上防止静电的手套
万用表	用于检测计算机配件的电阻、电压和电流是否正常以及检查电路是否有问题

二、准备装机辅助物品

在组装计算机前，应准备组装所需的辅助材料，以保证组装的顺利完成。一般组装计算机所需辅助物品包括计算机配件、电源插座、器皿、工作台、相关的说明书等，详细描述见表 2—2。

表 2—2　　装机材料

所需材料	描述
计算机配件	主要指的是计算机配件，其中包括主板、CPU、CPU 风扇、内存条、显示卡、硬盘、光驱、机箱、显示器、键盘及鼠标、各种数据线和电源线等
电源插座	由于计算机系统中的显示器、主机和音箱等设备都需要供电，所以需要准备一个多功能的电源插座，以方便测试机器时使用
器皿	计算机在安装和拆卸的过程中有许多螺钉及一些小零件需要随时取用，所以需要准备一个小器皿用来盛装，以防止丢失
工作台	一个比较干净的环境，以及一张宽大且高度合适的桌子
相关的说明书	安装计算机时必须的安装说明书

另外，为防止产生的静电损坏设备，需要戴上防静电手套，安装前注意释放静电。

三、了解组装流程

计算机组装流程如图 2—2 所示。

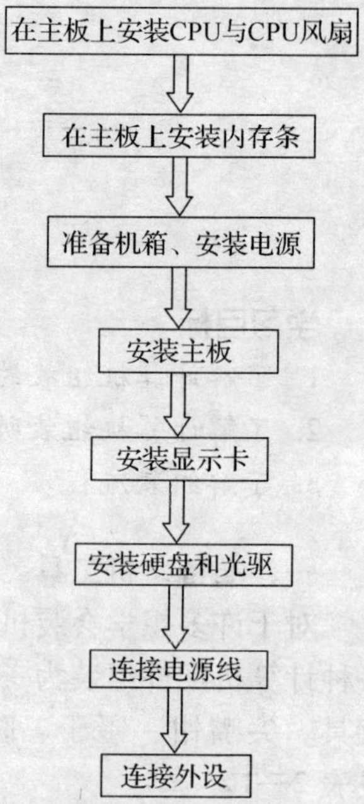

图 2—2　计算机组装流程

1. 安装 CPU 及散热风扇。
2. 安装内存条。
3. 安装电源。
4. 固定主板。
5. 安装显示卡、声卡、网卡等。
6. 安装硬盘和光驱。
7. 连接电源线和数据线。
8. 初步盖上机箱，进行一次通电测试。
9. 盖上机箱，暂不把螺钉拧紧，再次通电测试，若未发现问题则把螺钉拧紧。

模块二　安装主机硬件

学习目标

1. 掌握安装 CPU 及散热器的方法和步骤。
2. 掌握安装内存、电源、主板的方法和步骤。
3. 掌握安装硬盘、光驱的方法和步骤。
4. 掌握安装显示卡、声卡、网卡的方法和步骤。
5. 掌握连接机箱内部连线的方法。

一、安装 CPU 及散热器

1. 安装 CPU

(1) 稍向外向上用力拉开 CPU 插座上的锁杆与插座呈 90°，以便让 CPU 能够插入 CPU 插座。

(2) 将 CPU 上针脚有缺针的部位对准插座上的缺口。

(3) 按正确方向将 CPU 插入插座中，然后按下锁杆，图 2—3 所示是安装好后的 CPU。

(4) 在 CPU 的核心上均匀涂上足够的散热膏(硅脂)。但要注意不要涂得太多，只要均匀地涂上薄薄一层即可。

图 2—3 安装 CPU

注意

一定要在 CPU 上涂散热膏或加块散热垫，这有助于将废热由处理器传导至散热装置上。没有在处理器上使用导热介质会导致死机甚至烧毁 CPU。此外，散热装置的接触面有任何细微的偏差，甚至只是一小点的灰尘，都会导致无法有效地将废热从处理器上传导出来。

2. 安装 CPU 风扇

在主板上找到 CPU 和支撑机构的位置。

(1) 将散热片妥善定位在支撑机构上。

(2) 将散热风扇放置在散热片的顶部，向下压风扇直到它的四个卡子插入支撑机构对应的孔中。

(3) 将两个压杆压下以固定风扇，如图 2—4 所示。

注意

每个压杆都只能沿一个方向压下。

二、安装内存

下面以 DDR 内存安装为例来进行说明。

(1) 将内存插槽两端的白色卡子向两边扳动，将其打开。

(2) 插入内存条，内存条的 1 个凹槽必须直线对准内存插槽上的 1 个凸点（隔断），如图 2—5 所示。

图 2—4 安装 CPU 风扇

图 2—5 安装内存

（3）向下按入内存，在向下按的时候需要稍稍用力，紧压内存的两个白色的固定杆确保内存条被固定住。

注意

内存两端的缺口，正好和内存插槽两端的白色卡子对应，如果内存插到位，该卡子会卡在内存的缺口中。如果内存插到底，两端的卡子还是不能自动合拢，可用手将其扳到位。

三、安装电源

一般情况下，在购买机箱的时候可以买已装好电源的机箱。不过，有时机箱自带的电源品质太差，或者不能满足特定要求，则需要更换电源。由于计算机中的各个配件基本上都已模块化，因此更换起来会很容易。

1. 将电源放进机箱上的电源位置。
2. 将电源上的螺钉固定孔与机箱上的固定孔对正。
3. 先拧上一颗螺钉（固定住电源即可），然后将后3颗螺钉孔对正位置，再拧上剩下的螺钉。

注意

在安装电源时，首先要做的就是将电源放入机箱内，在这个过程中要注意电源放入的方向，有些电源有两个风扇，或者有一个排风口，则其中一个风扇或排风口应该对着主板，放入后稍稍调整，让电源上的4个螺钉和机箱上的固定孔分别对齐，如图2—6所示。

图2—6　安装电源

ATX电源提供多组插头，如图2—7所示。

四、安装主板

在主板上装好CPU和内存后，即可将主板装入机箱中。

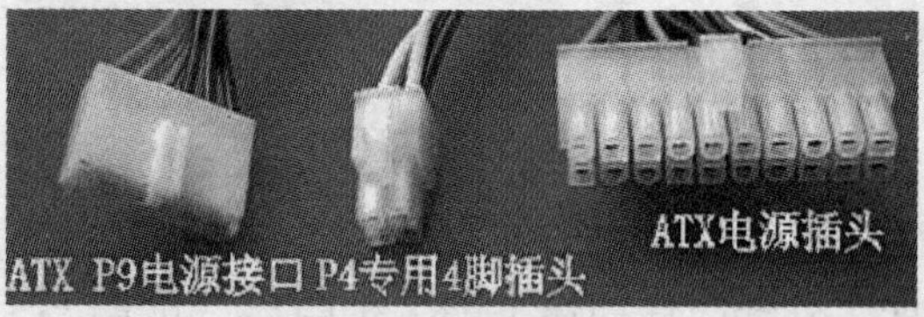

图2—7　电源插头

在安装主板前先来认识一下机箱，机箱的整个框架由金属构成。其5英寸固定架可以安装5英寸设备，比如光驱等；3英寸固定架用来固定小软驱、3英寸硬盘等；电源固定架用来固定电源。而机箱下部那块大的铁板用来固定主板，在此称为底板，上面有很多固定孔是用来上铜柱或塑料钉来固定主板的，现在的机箱在出厂时一般都已经将固定柱安装好。而机箱背面的槽口是用来固定板卡及打印口和鼠标口的，在机箱的四面还有四个塑料脚垫。不同的机箱固定主板的方法不是很一样，本书中所安装的机箱，全部采用螺钉固定，稳固程度很高，但要求各个螺钉的位置必须精确。主板上一般有5~7个固定孔，首先要选择合适的孔与主板匹配，选好以后，把固定螺钉在底板上旋紧。然后把主板小心地放在上面，注意将主板上的键盘口、鼠标口、串并口等和机箱背面挡片的孔对齐，使所有螺钉对准主板的固定孔，依次把每个螺钉安装好。总之，要求主板与底板平行，决不能碰在一起，否则容易造成短路损坏主板，如图2—8所示。其具体安装步骤如下。

1. 将机箱或主板附带的固定主板用的螺柱和塑料钉旋入主板和机箱的对应位置。

2. 将机箱上的 I/O 接口的密封片撬掉。

3. 将主板对准 I/O 接口放入机箱，如图 2—9 所示。

图 2—8　安装主板 1

图 2—9　安装主板 2

4. 将主板固定孔对准螺柱和塑料钉，然后用螺钉将主板固定好。

5. 将电源插头（见图 2—7）插入主板上的相应插口中。这是 ATX 主板上普遍具备的 ATX 电源接口，只需将电源上同样外观的插头插入该接口即可完成对 ATX 电源的连接。

注意

可根据主板接口情况，将机箱后相应位置的挡板去掉。这些挡板与机箱是直接连接在一起的，需要先用旋具将其顶开，然后用尖嘴钳将其扳下。外加插卡位置的挡板可根据需要决定，而不要将所有的挡板都取下。

五、安装硬盘和光驱

1. 安装硬盘

安装硬盘先要来认识一下硬盘接口，如图 2—10 所示。

（1）把硬盘放到插槽中，单手捏住硬盘（注意手指不要接触硬盘底部的电路板，以防身上的静电损坏硬盘），对准安装插槽后，轻轻地将硬盘往里推，直到硬盘的四个螺钉孔与机箱上的螺钉孔对齐为止。

（2）硬盘到位后，拧紧螺钉固定。

（3）先将 IDE 数据线在硬盘上的 IDE 口上插好，然后再将其插入主板的 IDE 接口中，最后再将 ATX 电源上的扁平电源线插头在硬盘的电源插座上插好，如图 2—11 所示。

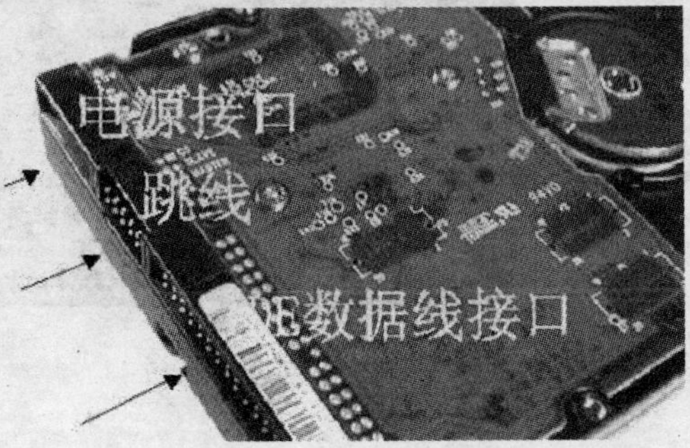

图 2—10　硬盘接口

图 2—11　硬盘 IDE 数据线

注意

1. 硬盘在工作时其内部的盘片会高速旋转，因此必须保证硬盘安装到位，确保固定。硬盘的两边各有两个螺钉孔，因此最好能拧 4 个螺钉，并且在拧螺钉时，四个螺钉的紧度要均衡，切勿一次性拧好一边的两个螺钉，然后再去拧另一边的两个。如果一次就将某个螺钉或某一边的螺钉拧得过紧的话，硬盘受力可能会不对称，影响数据的安全，如图 2—12 所示。

2. IDE 数据接口上一般都有一个缺口用来和 IDE 硬盘线上的防插反凸块对应，以防止插反。

3. 主板上都有两个 IDE 插口——IDE1 和 IDE2，在一般情况下将硬盘连接在 IDE1 口上，而将光驱等设备连接在 IDE2 口上。

2. 安装光驱

（1）将光驱装入机箱。先拆掉机箱前方的一个 5 英寸固定架面板，然后把光驱放入。

提示

把光驱从机箱前方放入机箱时要注意光驱的方向，现在的机箱大多数只需要将光驱水平推入机箱即可。但是有些机箱内有轨道，那么在安装光驱的时候就需要安装滑轨。安装滑轨时应注意开孔的位置，并且螺钉要拧紧，滑轨上有前后两组共 8 个孔位，大多数情况下，靠近弹簧片的一对与光驱的前两个孔对齐，当滑轨的弹簧片卡到机箱里，听到“咔”的一声响，光驱就装入机箱了，如图 2—13 所示。

图 2—12　安装硬盘

图 2—13　安装光驱 1

（2）固定光驱

1）在固定光驱时，要用细纹螺钉固定，每个螺钉不要一次拧紧，要留一定的活动空间。

2）把 4 颗螺钉都旋入固定位置后，调整一下，最后再拧紧螺钉，如图 2—14 所示。

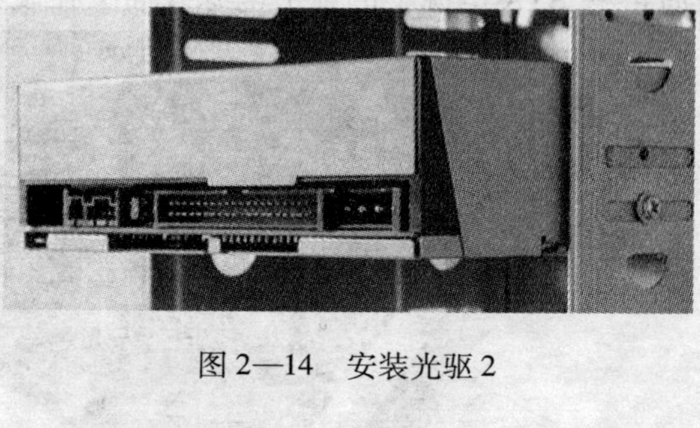

图 2—14　安装光驱 2

注意

如果在上第一颗螺钉的时候就固定死，那么当上其他 3 颗螺钉的时候，有可能因为光驱有微小位移而使光驱上的固定孔和框架上的开孔之间错位，导致螺钉拧不进去，而且容易滑丝。

（3）安装连接线。依次安装好 IDE 数据线和电源线。

注意

光驱的跳线非常重要，特别是当光驱与硬盘共用一条数据线时，如果设置不正确就会无法识别光驱。一般安装一个光驱的时候只需要将其设置为主盘即可。

六、安装显示卡、声卡和网卡

1. 安装显示卡

（1）安装前的准备。显示卡是由许多精密的集成电路及其他元器件构成的，这些集成电路很容易受到静电影响而损坏，所以在安装前需做好一些准备。

1）将计算机的电源关闭，并且拔除电源插头。

2）拿显示卡时要尽量避免金属接线部分，且最好能够戴上防静电手套。

3）将主板中的 ATX 电源插座上的插头拔除时，确认电源的开关是关闭状态。

安装显示卡主要可分为硬件安装和驱动安装两部分。硬件安装就是将显示卡正确地安装到主板上的显示卡插槽中，同时还要注意 AGP 插槽的类型。

（2）安装步骤

1）从机箱后壳上移除对应 AGP 插槽上的扩充挡板及螺钉。

2）将显示卡小心地对准 AGP 插槽并且插入 AGP 插槽中。务必确认将卡上的金手指的金属触点很牢固地与 AGP 插槽接触在一起。

3）用螺钉固定，使显示卡稳定地固定在机箱上，如图 2—15 所示。

图 2—15　安装显示卡

4）将显示器上的 VGA 线插头插在显示卡的 VGA 输出插座上。

5）确认无误后，才可开启电源，即完成显示卡的安装。

2. 安装声卡

声卡上有很多接口，这些接口、作用及结构见表 2—3 和图 2—16。

表 2—3　　声卡中接口及作用

接口名称	接　口　作　用
游戏杆/MIDI 插口	用于连接游戏杆、手柄、转向盘等外界游戏控制器或 MIDI 键盘、电子琴
后置输出插孔	将音频信号输出到有源音箱或功率放大器
线性输出插孔（LINE OUT）	将音频信号输出到有源音箱、耳机或功率放大器
线性输入插孔（LINE IN）	用于将随身听或影碟机等外部设备的声音信号输入计算机
电话应答设备接口（telephone answering device，TAD）	用来提供标准语音 MODEM 的连接并向 MODEM 传送话筒信号，所以配合 MODEM 卡和软件，可使计算机具备电话自动应答功能

续表

接口名称	接 口 作 用
模拟 CD 音频输入接口（CD - IN）	使用 CD 音源线将来自 CD/DVD 光驱的模拟音频信号接入
辅助设备接口（AUX - IN）	用于将电视卡、解压卡等设备的声音信号输入声卡并通过音箱播放
数字 CD 音频输入接口（CD - SPDIF）	用来接收来自光驱的数字音频信号
音频扩展接口（SPDIF - EXT）	接到数字 I/O 子卡，实现数字信号的输入和输出，并可输出 AC - 3 信号等

了解了这些接口就可以开始进行声卡的安装工作。

（1）在主板上找到一个空余的 PCI 插槽，并从机箱后壳上移除对应 PCI 插槽上的扩充挡板及螺钉。

（2）将声卡小心地对准主板上 PCI 插槽并且插入 PCI 插槽中。务必确认将卡上的金手指的金属触点很牢固地与 PCI 插槽接触在一起。

（3）用螺钉固定，使声卡牢固地固定在机箱上。

（4）确认无误后，才可开启电源，即完成声卡的安装。

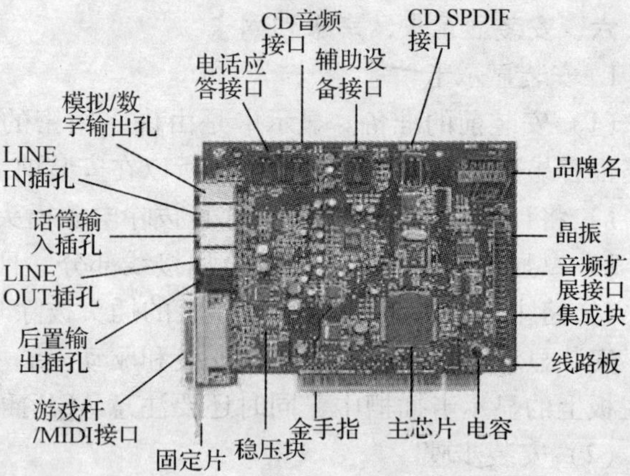

图 2—16 声卡结构

3. 安装网卡

（1）确认机箱电源在关闭的状态下。

（2）将网卡插入主板的某个空闲的扩展槽中。

（3）对准插槽，用两只手的大拇指把网卡插入插槽内，一定要把网卡插紧。

（4）用螺钉固定并拧紧。

（5）将做好的网线上的水晶头连接到网卡的 RJ45 接口上，即完成网卡的安装。

七、连接及整理机箱内部连线

1. RESET 接头

主板上 RESET 针的作用是：将计算机瞬时短路，使计算机重新启动。RESET 键是一个开关，按下时产生短路，手松开时又恢复开路，瞬间的短路就使计算机重新启动。

RESET 接头连着机箱的 RESET 键，它要接到主板上的 RESET 插针上。

2. ATX 电源的开关接线

（1）ATX 结构的机箱上有一个总电源的开关接线，是个两芯的插头，它和 RESET 的接头一样，按下时短路，松开时开路，按一下，计算机的总电源就被接通了，再按一下就关闭，但是可以在 BIOS 里设置为开机时必须按电源开关 4 s 以上才会关机。

（2）电源指示灯的接线，插针通常标记为 Power，连接时注意绿色线对应于第一针（+）。当连接好后，打开计算机，电源灯就一直亮着，表明指示电源已经打开，如图 2—17 所示。

（3）硬盘指示灯的两芯接头为红色接线。在主板上，这样的插针通常标着 IDE LED 或

HD LED 的字样，连接时红线要对准第一针。这条线接好后，当计算机在读写硬盘时，机箱上硬盘灯会亮。有一点要说明，这个指示灯只能指示 IDE 硬盘，而无法指示 SCSI 硬盘。

3. 其他接线

还需将机箱上的电源、硬盘、喇叭、复位等控制连接端子线插入主板上的相应插针上。

图 2—17　电源指示

注意

1. 连接这些指示灯线和开关线是比较烦琐的，因为不同的主板在插针的定义上是不同的，究竟哪几根是用来插接指示灯的，哪几根是用来插接开关的都需要查阅主板说明书才能清楚，最好在将主板放入机箱前就将这些线连接好。

2. 主板的电源开关、RESET（复位开关）这几种设备是不分方向的，只要弄清插针就可以插好。而 HDD LED（硬盘灯）、POWER LED（电源指示灯）等，由于使用的是发光二极管，所以插反是不会亮的，一定要仔细核对说明书上对该插针正负极的定义，其前面板线如图 2—18 所示。

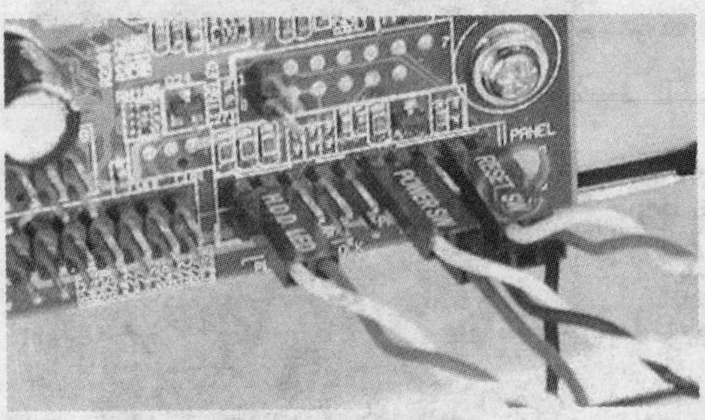

图 2—18　前面板线

模块三　连接外部设备

学习目标

1. 掌握连接液晶显示器、键盘与鼠标的方法和步骤。
2. 掌握连接计算机音箱的方法和步骤。
3. 掌握开机测试的步骤。

一、连接液晶显示器

1. 安装显示器

在搬动显示器时，应先观察显示器，并把显示器侧放。在显示器的底部有安装底座的安装孔。此外，还可看到显示器的底座上有突起的塑料弯钩，是用来固定显示器底部的。

（1）将底座上突出的塑料弯钩与显示器底部的小孔对准，要注意插入的方向。

（2）将显示器底座按正确的方向插入底部的插孔内。

（3）用力推动底座，听见“咔”的一声，说明显示器底座已固定在显示器上了。

2. 连接显示器的连线

（1）取出电源连接线，将显示器电源连接线的另外一端连接到电源插座上。

（2）把显示器后部的信号线与机箱后面的显示卡输出端相连接，显示卡的输出端是一个 15 孔的三排插座，插的时候要注意方向，厂商在设计插头时为了防止插反，将插座的外框设计为梯形，如图 2—19 所示，因此一般情况下是不容易插反的。连接图如图 2—20 所示。

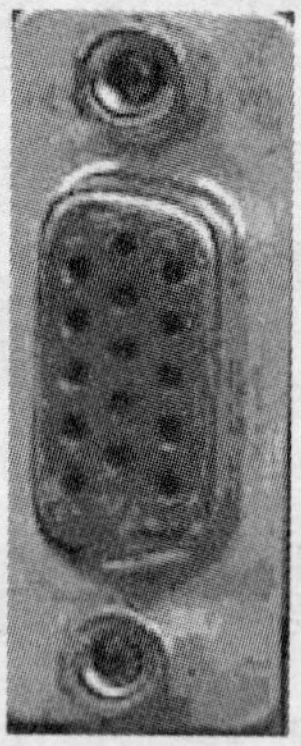

图 2—19　显示器插座

图 2—20　显示器与机箱连线

二、连接键盘与鼠标

键盘和鼠标是计算机中最重要的输入设备，必须将其正确安装。

键盘和鼠标的安装很简单，只要将其插头对准插入主板上的键盘和鼠标插座的缺口方向即可，如图 2—21 所示。

图 2—21　连接键盘和鼠标

注意

1. 现在最常见的是 PS/2 和 USB 接口的键盘和鼠标。

2. 键盘后的塑料块可以拨动，使键盘有点角度，便于操作。键盘接口用是一个五针的圆形插头。连接键盘接口的时候要注意其方向性，即插头上的小舌头一定要对准插孔中的方形孔。

3. 鼠标可以分为串口、PS/2、USB 三类，传统的鼠标是串口连接的，PS/2 接口的鼠标是目前市场上的主流产品，USB 接口的鼠标现在也经常使用。键盘有 PS/2 接口，也有 USB 接口。

三、连接计算机音箱

在多媒体计算机中音箱已成为必不可少的放音设备。而随着音箱技术的发展，多声道 PC 有源音箱日渐成为主流。所以现在的 PC 音箱大都使用 2.1 式和 4.1 式及 5.1 式的。例如，4.1 音箱一般由 1 个低音炮和 4 个卫星音箱组成，再配上较专业的 4.1 声卡，就能获得环绕声较强的音响效果。

下面以“漫步者 R4.1”音箱为例来进行说明音箱的连接。漫步者 R4.1 由低音炮 R401T 和 4 个无源音箱 R80NT 组成。先来观察其主音箱（低音炮）的背面，最左端是电源线插座和电源开关。

1. 连接 4 个卫星音箱

在音箱背部的输出插孔，可以发现“+R－”“－L+”等字样，它们分别代表“右环绕音箱的正负极”和“左环绕音箱的正负极”2个音箱的连接位置。在连接的时候，要注意音箱的正负极和线的颜色对应，避免两接头相碰短路，如图2—22所示。

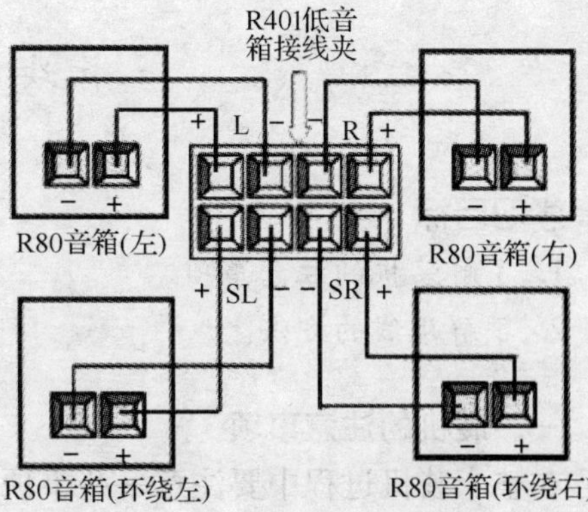

图2—22　音箱连线

2. 连接音源

如果使用的是真正的4声道及以上的音源（声卡），可将音箱“输入方式”选择开关拨到“4声道”一侧，这时组成的是4.1系统，线路输入A口作为左右声道（或称前置声道）输入，线路输入B口作为环绕声道输入。而如果使用的是普通立体声（2声道）音源，要将“输入方式”选择开关拨到2声道一侧，此时组成的是虚拟4.1系统，环绕音箱放虚拟环绕声，音源可从线路输入A口或B口。

3. 放音

插上电源，把主音量调节旋钮调至适当的位置，打开电源开关，根据需求来调节低音音量旋钮。

注意

放音时应使用适当的音量，因为过大的声音可能会损伤人的听觉系统或破坏音响系统。当音源的输出信号较大时，开大音量，可能会出现失真，应把音源的输出音量和本系统的音量调节到适当的位置。环绕声道的音量也不宜过大，过大的环绕声也将影响听音效果。

四、开机测试

计算机组装完成之后，要仔细地检查，再进行开机测试。

1. 检查CPU、风扇、电源是否接好。

2. 检查在安装的过程中，是否有螺钉或者其他金属杂物遗落在主板上。

3. 检查内存条的安装是否到位。

4. 检查所有的电源线、数据线和信号线是否已连接好。

在确认上述均没有问题后，才可以让计算机接通电源，启动计算机。检查电源指示灯是否正常点亮，如果能点亮，并听到“嘟”的一声，并且屏幕上显示自检信息，这表示计算机的硬件工作正常；如果不能点亮，要根据报警的声音检查内存、显示卡或者其他设备的安装是否正确，如果都无反应，要检查主板南、北桥芯片和CPU风扇能否在通电的情况下加温，如果没有加温反应，要重新安装CPU。

注意

由于计算机在加电启动时产生的瞬间冲击电流很大，极易烧毁元器件，因此开机时应先开外设（如显示器、打印机和调制解调器等）的电源，再开主机。关机时的过程则恰恰相反，应先关主机的电源，然后再关外设的电源。

模块四　疑难与技巧

学习目标

1. 了解装机的注意事项。

2. 了解跳线的方法。

一、装机的注意事项

在整个装机过程中要注意一些事项。

1. 防止静电

由于穿着的衣物会相互摩擦，很容易产生静电，而这些静电则可能将集成电路内部击穿造成设备损坏。因此，最好在安装前，用手触摸一下接地的导电体或洗手以释放身上携带的静电。

2. 防止液体进入计算机内部

在安装计算机元器件时，严禁液体进入计算机内部的板卡上。因为这些液体可能造成计算机内部电路短路而使器件损坏，所以要注意不要将饮料等摆放在机器附近，也要避免头部的汗水滴落，还要注意不要让手心的汗沾湿板卡。

3. 使用正常的安装方法，不可粗暴安装

在安装的过程中一定要注意正确的安装方法，对于不懂不会的地方要仔细查阅说明书，不要强行安装，稍微用力不当就可能使引脚折断或变形。对于安装后位置不到位的设备不要强行使用螺钉固定，因为这样容易使板卡变形，日后易发生断裂或接触不良的现象。

4. 准备工作做得越好，接下来的工作就会越轻松

把所有零件从盒子里拿出来（不要从防静电袋子中拿出来），按照安装顺序排好，查看说明书是否有特殊的安装需求。

5. 以主板为中心，把所有东西排好

在主板装进机箱前，先装上处理器与内存。此外在装 AGP 与 PCI 卡时，要确定其安装牢不牢固，松脱的器件会造成运作不正常，甚至损坏。

6. 测试准备

建议只装主板、CPU、风扇、硬盘、光驱及显示卡。其他如 DVD、声卡、网卡等，在确定没有问题的时候再安装。此外第一次安装好后把机箱关上，但不要固定螺钉，以防出现安装故障而重复开启机箱。

二、跳线

1. 跳线分类

跳线主要有键帽式跳线、DIP 式跳线和软跳线三种。

（1）键帽式跳线。键帽式跳线由两部分组成：底座部分和键帽部分，如图 2—23 所示。

前者是向上直立的两根或三根不连通的针，相邻的两根针决定一种开关功能。对跳线的操作只有短接和断开两种。当使用某个跳线时，即短接某个跳线时，将一个能让两根针连通的键帽戴上，这样两根针就连通了，对应该跳线的功能也就有了；否则，可以将键帽只戴在

一根针上，键帽的另一根管空着。这样，因为两根针没有连通，对应的功能也就被禁止，而且键帽不会丢失。因为戴键帽只表示接通，所以没有插反的问题。

提示

键帽式跳线分为两针的和三针的，两针的使用比较方便，应用更广泛，短接就表示具有某个功能，断开就表示禁止某个功能；三针的比较复杂，比如有针1、2、3，那么短接针1、2表示一种功能，而短接针2、3表示另外一种功能。

（2）DIP式跳线。DIP式跳线也被称为DIP组合开关，DIP开关不仅可以单独使用一个按钮开关表示一种功能，还可以组合几个DIP开关来表示更多的状态、更多的功能。如图2—24所示，DIP开关的一个可以两边扳动的钮就决定了两种开关状态，一面表示开（ON），另外一面表示关（OFF）。而对于组合状态的使用，有多少DIP开关就能表示2的多少次幂的状态，就有多少个数值可以选择。因此，进入DIP开关时必须对照说明书中的表格设置数值。

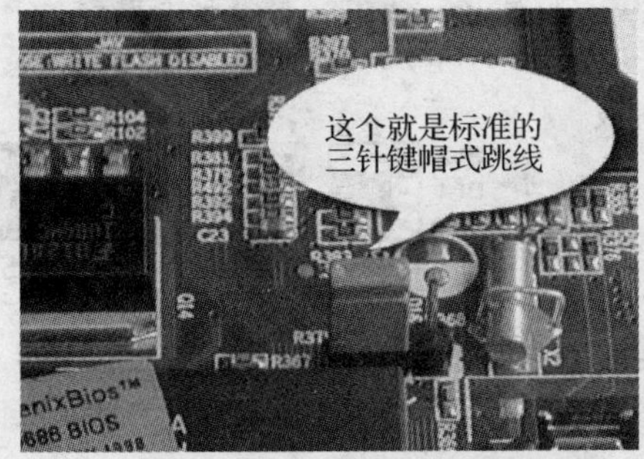

图2—23　键帽式跳线

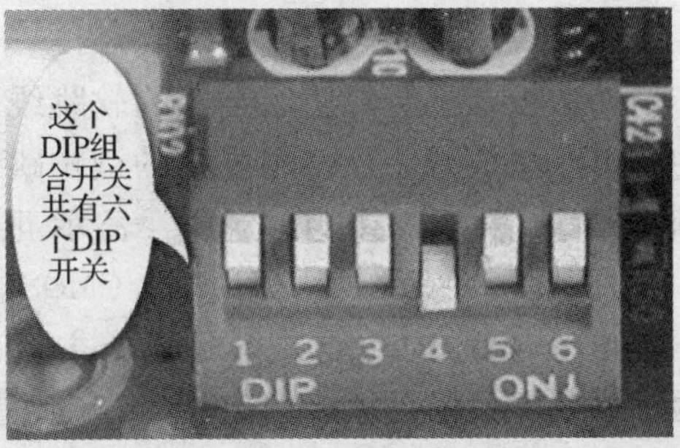

图2—24　DIP式跳线

（3）软跳线。软跳线并没有实质的跳线，也就是对CPU相关的设置不再使用硬件跳线，而是在CMOS Setup程序中进行设置，如图2—25所示，根本不需要再打开机箱，非常方便。

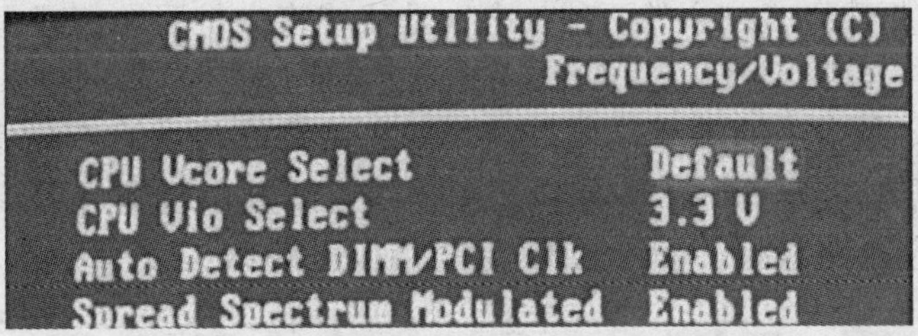

图2—25　软跳线

2. 设置跳线

在计算机配件中，主板、硬盘、光驱、声卡都存在跳线，以主板跳线最为复杂，硬盘次之。

（1）主板跳线。主板上的跳线一般包括CPU设置跳线、CMOS清除跳线、BIOS禁止写跳线等。其中，以CPU设置跳线最为复杂，如果主板比较旧，就必须在主板上设置内核电压跳线、外频跳线、倍频跳线。根据主板说明书和CPU频率，设置上述对应跳线。

通常情况下，主板上对应 CPU 电压的是一组跳线，如图 2—26 所示，每个跳线都对应着一个电压值，找到合适的电压值，插上一个键帽短接，就选择了这个电压值。同理，外频跳线（见图 2—27）和倍频跳线（见图 2—28）分别用于设置合适的外频和倍频。

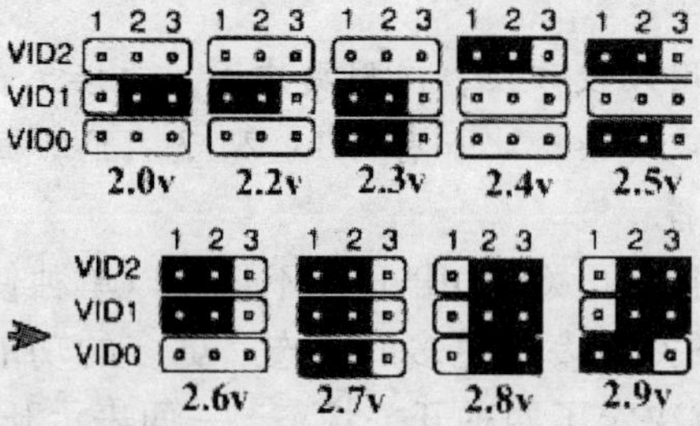

图 2—26　电压跳线

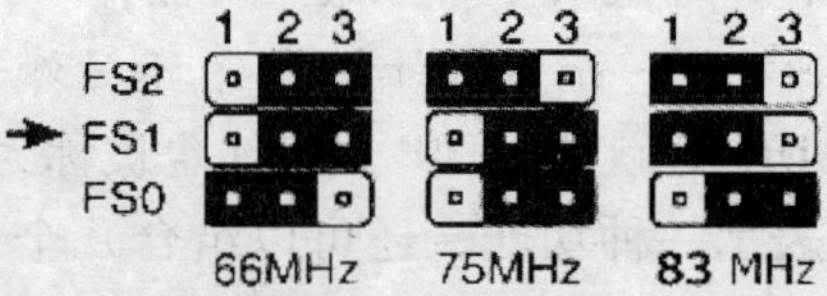

图 2—27　外频跳线

注意

每组跳线中只能选择一个跳线短接。

新的主板几乎全部使用类似的软跳线，只剩下主板上的 CMOS 跳线开关还使用原始的键帽跳线，多是三针的跳线。通常，短接针 1、2，表示正常使用主板 CMOS，而短接针 2、3 则表示清除 CMOS 内容。

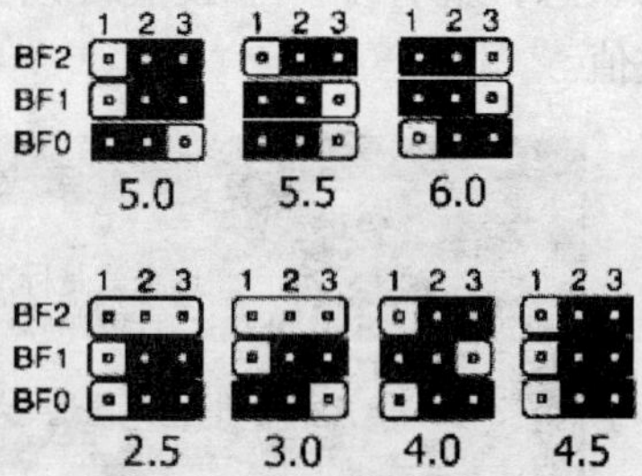

图 2—28　倍频跳线

禁止写 BIOS 的功能并不是每个主板都有的，一般为两针跳线，具体是短接才能写 BIOS 还是断开才能写 BIOS，还要看主板说明书。

有些主板会让用户自己选择软跳线还是 DIP 跳线，如华硕的 P4T，若将主板上的 10 个 DIP 开关全设置为 OFF，就表示使用 BIOS 中的软跳线设置；否则，就选择 DIP 跳线，其中开关 6 ~ 10 表示外频设置，主板说明书上有个表格，需要对照表格操作，选择合适的外频，DIP 开关 1 ~ 4 表示倍频，它有 2^4（16）种状态，最多可以让使用者选择 16 种电压值。说明书上提供了 14 种倍频选择，剩余的两种状态，是留着将来扩展功能或是厂家没有公开的跳线或参数。

（2）硬盘跳线。硬盘上的跳线是比较简单的，其跳线位置多在硬盘后面，如图 2—29 所示。其跳线在数据线接口和电源线接口之间，白色的键帽清晰可见。而硬盘表面和这个“之间”的位置对应电路板的一面，在硬盘电路板上跳线说明书中都有关于跳线设置的说明。

虽然不同品牌的硬盘跳线有所不同，但因为硬盘属于 IDE 接口设备，所以一般都分为三种跳线设置，它们分别是“Master”“Slave”“Cable Select”（简称 CS）。“Master”（主）表示主盘，是一个 IDE 通道上第一个被系统检测的设备，一个主板通常有两个 IDE 设备通道，而一个通道上最多能连接两个 IDE 设备，它们有主从之分。“Slave”（从）表示从盘，是一个 IDE 通道上第二个被系统检测的设备。“Cable Select”（线缆选择）表示使用特殊的硬盘数据线连接主板，跳线就决定了硬盘的主从位置。

注意

如果硬盘跳线设置错误，会导致一个IDE通道上的两个设备冲突，使计算机不能正常引导，但不会导致硬件损伤。一般只有在一个通道上的两个设备的设置相同时才会引起冲突，比如都设置成主盘或都设置成从盘。

因为硬盘跳线还没有统一的标准，不同硬盘生产厂商硬盘跳线可能会有所不同，在此以希捷硬盘为例来做具体跳线说明。

通常可以在硬盘的电路板上、硬盘正面或IDE接口旁边上找到跳线说明图示，如图2—29所示。

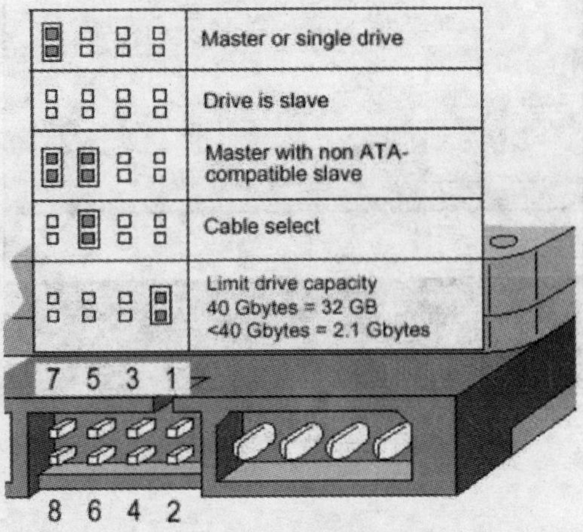

图2—29 希捷硬盘跳线

希捷硬盘的跳线设置一般可以在盘体的反面找到，短接的跳线框上长方框，主要有四种设置方式："Master or Single drive"（表示设置硬盘为主盘或该通道上只单独连接一个硬盘，即该硬盘独占一个IDE通道，这个通道上不能有从盘）；"Drive is slave"（表示当前硬盘为从盘）；"Master with non ATA compatible slave"（表示存在一个主盘，而从盘是不与ATA接口硬盘兼容的硬盘，这包括老式的不支持DMA33的硬盘或SCSI接口硬盘）；"Cable select"（使用数据线选择硬盘主从）。

注意

硬盘跳线的图示虽然明确，但分清楚哪一边是开始端并不容易，一种方法是借助硬盘电路板说明；另一种方法是借助开机自检中关于硬盘的检测信息来确定设置是否正确。

（3）光驱跳线。光驱跳线与硬盘跳线很类似，其跳线位置多在光驱后面，数据线接口和电源线接口之间，如图2—29所示。一般只有Master、Slave、Cable Select三种，很少有其他情况，各个品牌的光驱几乎都是这样，相对来说很规范，使得设置比较简单。通常可以在IDE接口上部找到跳线说明图示，如图2—30所示。

设置完光驱后，可以通过开机自检信息进行检查。人们一般的习惯是将光驱设置在第二个通道的主盘位置。虽然光驱设置在主从盘位置问题不大，但如果要加装刻录机或DVD光驱，设置错误就不能正常开机。

（4）声卡跳线。PCI声卡一般只有连接光驱的CD模拟输出接口的几种音频线接口和SPDIF音频数字接口（与光驱数字接口连接），根本没有任何跳线需要设置。旧的ISA声卡的跳线也比较简单，通常只有一两个跳线，比如是否使用声卡上功率放大器和解决麦克风不兼容问题的跳线，如图2—31所示的JP1跳线。当麦克风在声卡上不能正常使用时，可以尝试改变这个跳线。对于功率放大（AMP）跳线，控制是否采用声卡上的功率放大器，它一般使用在没有功率放大器的音箱上，这类音箱现在已经很少使用，因此该跳线也就没有存在的意义了。

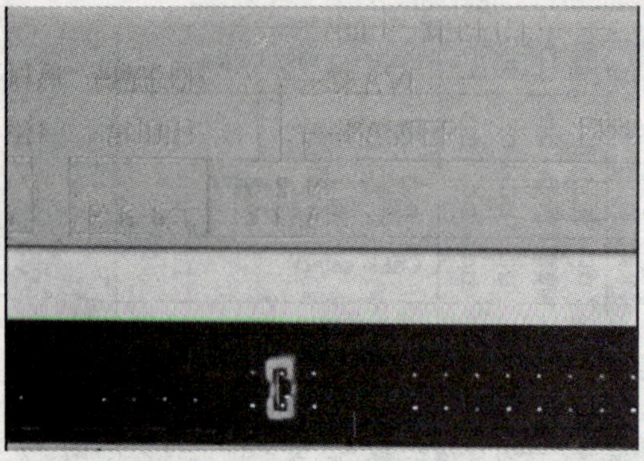

图 2—30　光驱跳线

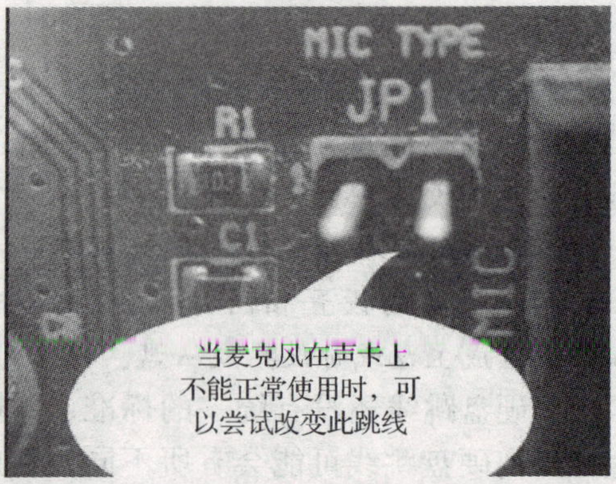

图 2—31　声卡 JP1 跳线

单 元 练 习

1. 组装计算机前应该进行哪些准备工作？
2. 简述计算机组装的流程。
3. 简述为什么要先安装 CPU 和内存再安装主板。
4. 简述安装后的初检应该注意的问题。

第三单元　BIOS 设置与硬盘分区管理

模块一　BIOS 设置

学习目标

1. 理解 BIOS 系统健康状态检测。

2. 掌握 BIOS 设置界面、BIOS 设置的基本操作、退出 BIOS 设置。

3. 掌握设置系统日期和时间、存储设备参数，系统引导顺序、BIOS 密码、清除 BIOS 密码。

一、什么是 BIOS

BIOS 是英文“Basic Input Output System”的缩略语，直译的中文名称就是“基本输入输出系统”。其实，它是一组固化到计算机主板上一个 ROM 芯片上的程序，保存着计算机最重要的基本输入输出的程序、系统设置信息、开机后自检程序和系统自启动程序。其主要功能是为计算机提供最底层的、最直接的硬件设置和控制。

二、进入 BIOS 设置界面

1. 计算机开机刚启动，出现如图 3—1 所示画面。

2. 按住 Delete（或者 Del）键直到进入 BIOS（基本输入/输出系统）设置界面，如图 3—2 所示。

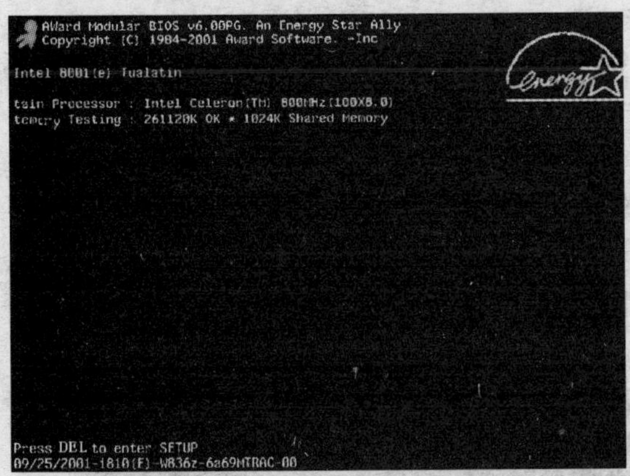

图 3—1　进入 BIOS 界面

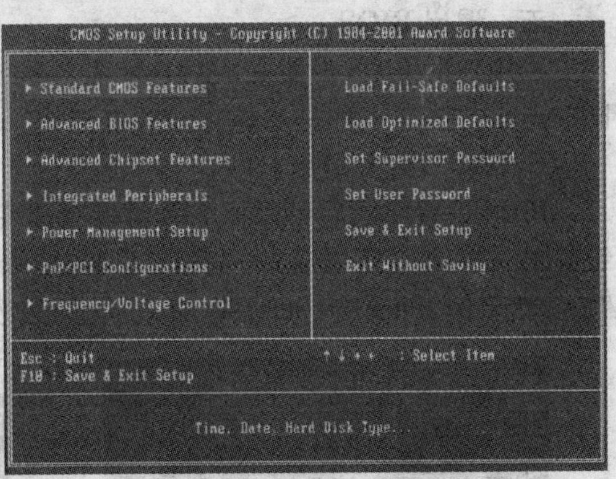

图 3—2　BIOS 设置界面

三、BIOS 设置的基本操作

在主菜单上用方向键选择要操作的项目，然后按 Enter 键进入该项子菜单，在子菜单中用方向键选择要操作的项目，然后按 Enter 键进入该子菜单的下一级菜单，再用方向键选择设置，完成后按 Enter 键确认。BIOS 其他相关操作键及功能见表 3—1。

表 3—1　　　　　　　　　　BIOS 其他相关操作键及功能表

操作键	功　　能
按方向键“↑、↓、←、→”	移动到需要操作的项目上
按 Enter 键	选定此选项
按 Esc 键	从子菜单回到上一级菜单或者退出菜单
按“+”或“PU”键	增加数值或改变选择项
按“-”或“PD”键	减少数值或改变选择项
按 F1 键	主题帮助，仅在状态显示菜单和选择设定菜单时有效
按 F5 键	从 CMOS 中恢复前次的 CMOS 设定值，仅在选择设定菜单时有效
按 F6 键	从故障保护默认值表加载 CMOS 值，仅在选择设定菜单时有效
按 F7 键	加载优化默认值
按 F10 键	保存改变后的 CMOS 设定值并退出

四、载入 BIOS 设置

1. 选择 Load Fail-Safe Defaults（载入最安全的默认值）选项按 Enter 键后选择“OK”选项。

注意

使用此菜单载入工厂默认值作为稳定的系统使用。

2. 选择 Load Optimized Defaults（载入高性能默认值）选项，如图 3—3 所示。

注意

使用此菜单可以载入最好的性能，但有可能影响稳定的默认值。

五、退出 BIOS

当用户对 BIOS 设置完成后，就需要退出 BIOS 设置界面。BIOS 设置界面提供了两种不同的退出方法：一种是“保存设置并退出”；另一种是“不保存设置退出”。

1. 保存设置并退出

BIOS 设置完成后可以按 F10 键保存改变后的 BIOS 设定值并退出；或按 Esc 键退回上一级菜单，退回主菜单后选“Save & Exit Setup”后按 Enter 键，在弹出的确认窗口中输入“Y”然后按 Enter 键，即保存对 BIOS 的修改并退出 BIOS 设置程序，如图 3—4 所示。

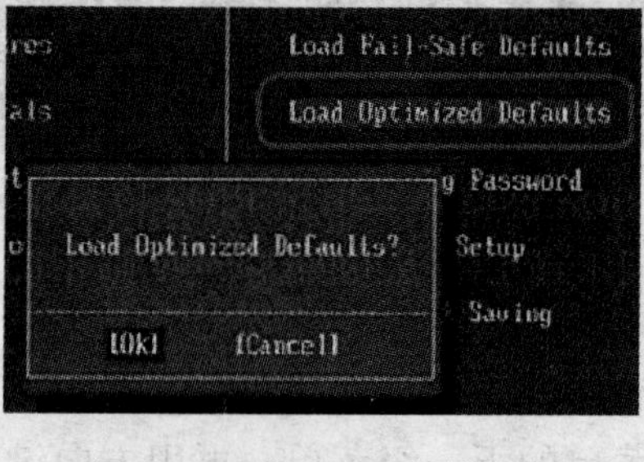

图 3—3　载入 BIOS 预设值

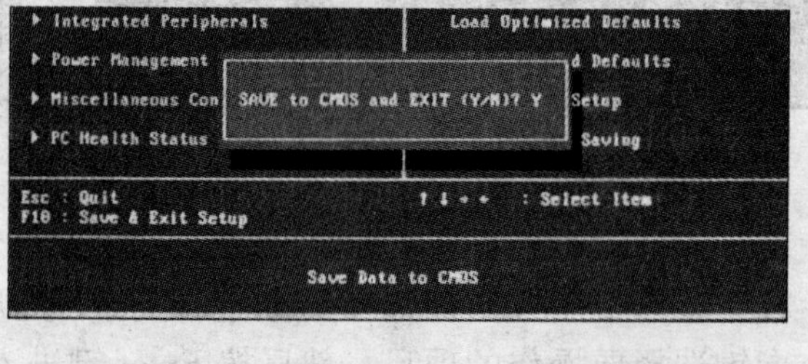

图 3—4　保存并退出 BIOS 设置界面

2. 不保存设置退出

如果不想保存对 BIOS 的设定值可以按 Esc 键，直到出现 Exit Without Saving 弹出的确认窗口，在其中输入“Y”然后按 Enter 键，即不保存对 BIOS 的修改并退出 BIOS 设置程序。

六、设置系统日期和时间及存储设备参数

1. 设置系统日期

（1）在主菜单中用方向键选择 Standard CMOS Features 选项（标准 CMOS 功能设定）然后按 Enter 键，即进入了“Standard CMOS Features”选项子菜单，如图 3—5 所示。

（2）在 Date（mm：dd：yy）（日期设定）选项上设定计算机中的日期，格式为“星期，月/日/年”。星期由 BIOS 定义，只读。

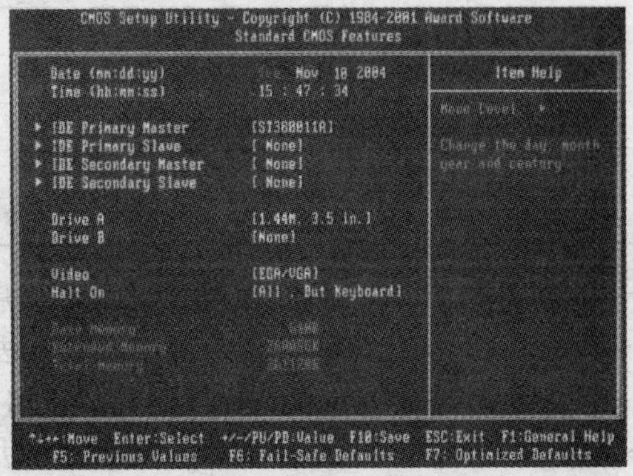

图 3—5 “Standard CMOS Features”菜单

2. 设置系统时间

（1）用前面的方法进入“Standard CMOS Features”选项子菜单。

（2）在 Time（hh：mm：ss）（时间设定）选项上设定计算机的时间，格式为“时/分/秒”。

3. 设置系统存储设备参数

（1）用前面的方法进入“Standard CMOS Features”选项子菜单。

（2）IDE Primary Master（第一主 IDE 控制器）选项设定主硬盘型号。按 Page Up 或 Page Down 键选择硬盘类型：Press Enter、Auto 或 None。如果光标移动到“Press Enter”选项，按 Enter 键后会弹出一个子菜单，显示当前硬盘信息；Auto 是自动设定；None 是设定为没有连接设备。

（3）Primary Slave（第一从 IDE 控制器）选项设定从硬盘型号。设置方法可参考 IDE Primary Master 选项的设置方法。

（4）Secondary Master（第二主 IDE 控制器）选项设定主光驱型号。设置方法可参考 IDE Primary Master 选项的设置方法。

（5）IDE Secondary Slave（第二从 IDE 控制器）选项设定从光驱型号。设置方法可参考 IDE Primary Master 选项的设置方法。

（6）Drive A（软盘驱动器 A）选项设定主软盘驱动器类型。可选项有：None，360 K、5.25 in，1.2 M、5.25 in，720 K、3.5 in，1.44 M、3.5 in，2.88 M、3.5 in。None 是设定为没有连接设备。1.44 M、3.5 in 是容量为 1.44 M 的 3.5 英寸软盘（多为这个规格的选项）。

（7）Drive B（软盘驱动器 B）设定从软盘驱动器类型。设置可方法参考 Drive A 选项的设置方法。

七、设置系统引导顺序

1. 在主菜单中用方向键选择“Advanced BIOS Features”选项（高级 BIOS 功能设定）然后按“Enter”键，即进入了“Advanced BIOS Features”选项的子菜单，如图 3—6 所示。

2. 选择 First Boot Device 选项（设置第一启动盘）设定 BIOS 第一个搜索载入操作系统的引导设备。默认设为 Floppy（软盘驱动器），安装系统时建议设为 CD - ROM。安装系统正常使用后建议设为 HDD - 0。启动选项及功能见表 3—2。

表 3—2　　　　启动选项及功能表

选项名称	引导功能
Floppy	系统首先尝试从软盘驱动器引导
LS120	系统首先尝试从 LS120 引导
HDD - 0	系统首先尝试从第一硬盘引导
SCSI	系统首先尝试从 SCSI 引导
CDROM	系统首先尝试从 CD - ROM 驱动器引导
HDD - 1	系统首先尝试从第二硬盘引导
HDD - 2	系统首先尝试从第三硬盘引导
HDD - 3	系统首先尝试从第四硬盘引导
ZIP	系统首先尝试从 ATAPI ZIP 引导
LAN	系统首先尝试从网络引导
Disabled	禁用此次序

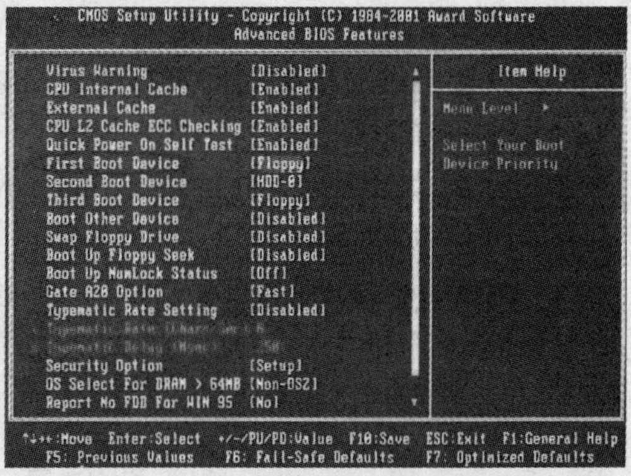

图 3—6　“Advanced BIOS Features” 菜单

3. Second Boot Device 选项（设置第二启动盘）设定 BIOS 在第一启动盘引导失败后第二个搜索载入操作系统的引导设备。设置方法可参考第二步的操作。

4. Third Boot Device 选项（设置第三启动盘）设定 BIOS 在第二启动盘引导失败后第三个搜索载入操作系统的引导设备。设置方法可参考第二步的操作。

5. Boot Other Device 选项（其他设备引导）将此选项设置为 Enabled，允许系统在从第一、第二、第三设备引导失败后，尝试从其他设备引导。设定值有 Disabled（禁用）和 Enabled（开启）。

八、系统健康状态检测

1. 进入 PC Health Status 选项（计算机健康状态设定）主菜单中，如图 3—7 所示。

图 3—7　进入“PC Health Status”菜单中

2. 查看计算机各项健康状态，如图 3—8 所示，具体介绍见表 3—3。

表 3—3　　　　健康状态选项及功能表

健康状态选项	系统健康状态	健康状态选项	系统健康状态
FAN Fail Alarm Selectable	监视风扇设置	PWN Temperature	电路温度
Shutdown When CPUFAN Fail	CPU 风扇监视设置	CPU FAN Speed	CPU 风扇转速
CPU FanEQ Speed Control	CPU 风扇速度控制	SYS FAN Speed	系统风扇转速
Active Temperature	CPU 风扇设置温度	AUX FAN Speed	辅助风扇转速
CPU Shutdown Temperature	自动关闭系统 CPU 温度设置	CPU Core Voltage	CPU 电压
CPU Warning Temperature	CPU 报警温度设置	DDR Voltage	内存电压
PWN Shutdown Temperature	自动关闭系统电路温度设置	AGP VDDQ Voltage	VGA 辅助电源
PWN Warning Temperature	电路报警温度设置	DDR VTT Voltage	内存模钮的 VTT 电压
System Temperature	系统温度	ATX +3. 3 V	3. 3 V 电源监控
CPU Temperature	CPU 温度		

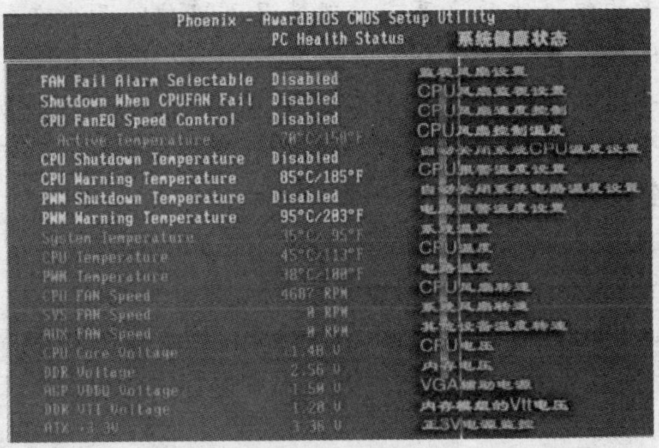

图 3—8 “PC Health Status” 菜单

九、设置 BIOS 密码

1. 设置进入 BIOS 的密码

（1）进入 Advanced BIOS Features 主菜单，选择 Security Option 子菜单的 Setup 或 System 选项，如图 3—9 所示。

图 3—9 Security Option 子菜单

（2）在 Security Option 菜单选项上的默认选项是“Setup”，这时用户可在 Set Supervisor Password 或 Set User Password 菜单选项上选定相应一项设定一个密码就可以了，如图 3—10 所示。把光标移到“Set User Password”上按 Enter 键，出现如图 3—11 所示的提示字样，这时用户可以输入 1 ~ 8 位字符的任意密码（包括英文、数字、空格键，要注意英文的大小写是有区别的）。

图 3—10 选择设置 Set Supervisor Password 或 Set User Password

（3）连续输入两次相同的密码，再把光标移到 Save & Exit Setup 选项上保存退出后，BIOS 密码设置就立即生效，下次进入 BIOS 时就会弹出对话框要求输入密码。

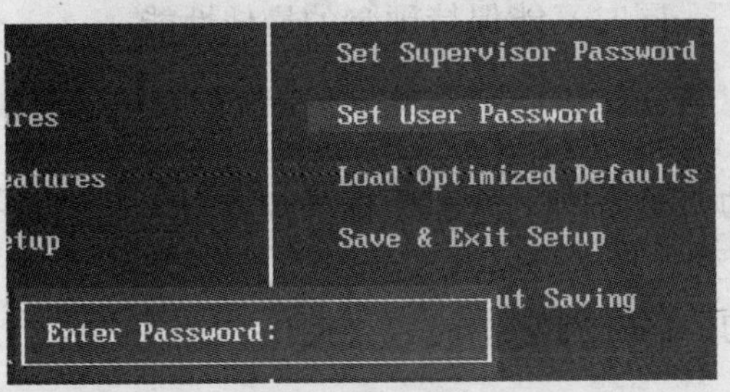

图 3—11 在弹出的对话框中输入密码

2. 设置开机密码

把 Security Option 菜单上的选项改为 System，再用前面介绍的方法设置密码。设置完成后，无论是开机后进入操作系统或 BIOS 之前，系统都会要求输入正确的密码，否则将无法开机。

注意

关于 Set Supervisor Password（设置超级用户密码）和 Set User Password（设置用户密码）

菜单，顾名思义，前者的权限比后者高。一般情况下单独对两者之一进行设置时，效果相同。但当同时对两者进行设置后，就会发现如用 Set User Password 进入 BIOS 时，只能修改“Set User Password”一项；如用 Set Supervisor Password 进入 BIOS 时就可以修改所有的菜单选项，包括 Set User Password 项。

十、清除 BIOS 密码

平时操作计算机的用户也常常会进行清除 BIOS 密码的操作。

1. 进入 BIOS 把光标移到相应的密码设置菜单选项。

2. 在 Set Supervisor Password 或 Set User Password 上连续按两次 Enter 键，当出现 Password Disabled（去除密码）提示时，按任意键退出并保存，即可清除 BIOS 密码。

模块二　硬盘分区管理

学习目标

1. 理解硬盘分区、合理规划分区。

2. 掌握新建硬盘分区、调整分区大小、转换分区格式、合并相邻分区、删除多余分区的操作方法。

一、硬盘分区的概念

硬盘分区实质上是对硬盘的一种格式化，然后才能使用硬盘保存各种信息。创建分区时，就已经设置好了硬盘的各项物理参数，指定了硬盘主引导记录（即 Master Boot Record，一般简称为 MBR）和引导记录备份的存放位置。而对于文件系统以及其他操作系统管理硬盘所需要的信息则是通过之后的高级格式化，即 Format 命令来实现的。其实完全可以只创建一个分区使用全部或部分的硬盘空间。但不论划分了多少个分区，也不论使用的是 SCSI 硬盘还是 IDE 硬盘，必须把硬盘的主分区设定为活动分区，才能够通过硬盘启动操作系统。

二、合理规划分区

现今硬盘存储空间越来越大，不合理分区会造成浪费而且会造成计算机性能的降低。好的硬盘分区方案规划可以使每个分区“物尽其用”，同时又能保持硬盘的最佳性能。

1. 分区基础

（1）主分区、扩展分区、逻辑分区

1）主分区。主分区也就是包含操作系统启动所必需的文件和数据的硬盘分区，要在硬盘上安装操作系统，则该硬盘必须要有一个主分区。

2）扩展分区。扩展分区也就是除主分区外的分区，但它不能直接使用，必须再将其划分为若干个逻辑分区才行。

3）逻辑分区。逻辑分区也就是平常在操作系统中所看到的 D、E、F 等盘，是在扩展分区的基础之上又进行逻辑性的分区。

（2）分区格式。目前 Windows 所用的分区格式主要有 FAT32、NTFS 等，其中几乎所有的操作系统都支持 FAT32。但采用 FAT32 分区格式的硬盘实际利用效率低，且单个分区的最大容量只能为 32GB，FAT32 的磁盘管理性能也不如 NTFS。因此如今该分区格式已经很少用了。

NTFS 的优点是安全性、稳定性和磁盘性能极其出色。目前主流的操作系统，如 Windows XP 与 Windows 7 都建议使用 NTFS 分区。

2. 硬盘分区规划

要对硬盘进行分区，首先需要有一个分区方案。如今的硬盘容量基本上都在 120 GB 以上，如果将这样的“海量硬盘”只分一个区或者分成很多个小区，这在一定程度上会影响硬盘的易用性和性能发挥。不同的用户有不同的实际需要，分区方案也各有不同。在此以 120 GB 为例进行说明，一般分区方案见表 3—4。

表 3—4　　分区方案

盘符	容　量	分区格式	用　途
C	15 ~ 20GB	NTFS	安装 Windows XP
D	20 ~ 30GB	NTFS	存放应用软件及游戏软件
E	40 ~ 50GB	NTFS	存放电影、歌曲
F	15 ~ 20GB	NTFS	存放照片、备份资料及系统

三、新建硬盘分区

新建硬盘分区常用的工具软件是 DM，它是一款非常强大的硬盘初始化工具，可以在 1 min内把一个大硬盘进行分区并格式化完毕。在此以该软件为例说明新建硬盘分区的操作方法。

1. 启动 DM 后，出现一些说明文字，直接按 Enter 键即可进入 DM 主界面，如图 3—12 所示。选择“（A）dvanced 高级选项”选项，按 Enter 键进入该选项下一级菜单。

2. 选择“（A）dvanced 高级方式安装磁盘”选项，然后按 Enter 键进入分区状态，如图 3—13 所示。

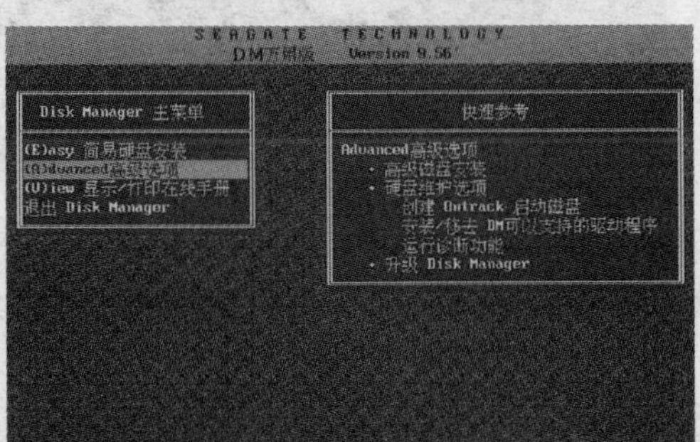

图 3—12　启动 DM 界面

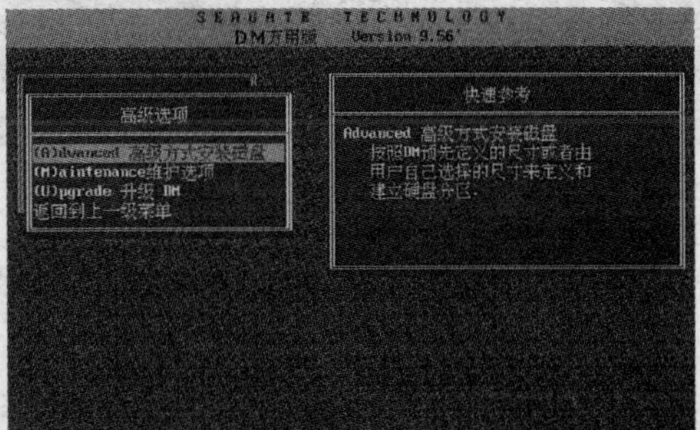

图 3—13　选择高级方式安装磁盘

3. 在界面右边“Drive List”（设备列表）下方显示当前系统安装的硬盘。如果系统装有多个硬盘，按 Enter 键后会让用户选择需要对哪个硬盘进行分区操作。选中需要分区的硬盘，在此直接按 Enter 键即可，如图 3—14 所示。

4. 在出现如图 3—15 所示的界面中进行分区格式的选择，一般选择 FAT32 分区格式。将光标定位到“Windows 95 OSR2，98，98SE，Me，2000”选项，按 Enter 键之后，系统询问是否使用 FAT32 格式。如果选择“NO”，则对硬盘采用 FAT16 格式。在前面制定分区方案时，选用的是 FAT32，因此将光标定位到“Yes”上，按 Enter 键继续。

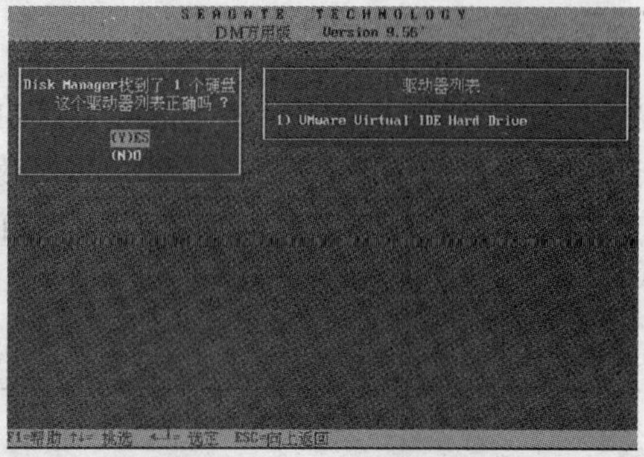

图 3—14　选择磁盘

图 3—15　选择分区格式

5. 接着进入分区大小设置界面。DM 提供了三种分区方案，由于需要自定义分区大小，因此需要选择“Option（C） Define your own”（由你自己决定）选项，如图 3—16 所示。按 Enter 键之后便进入了分区大小设置界面。

6. 依次输入每个分区大小的数值，如图 3—17 所示。

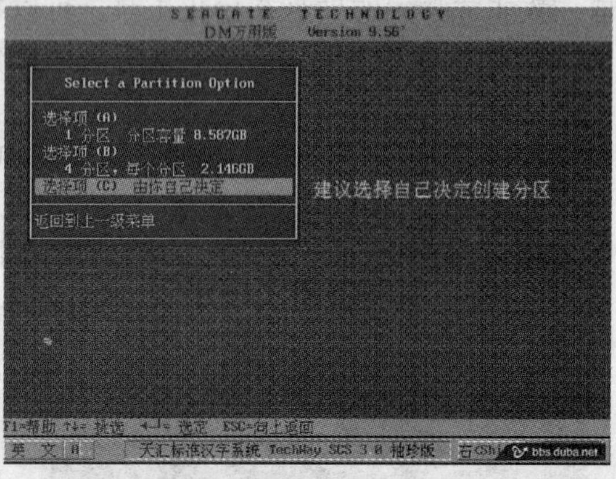

图 3—16　选择分区大小

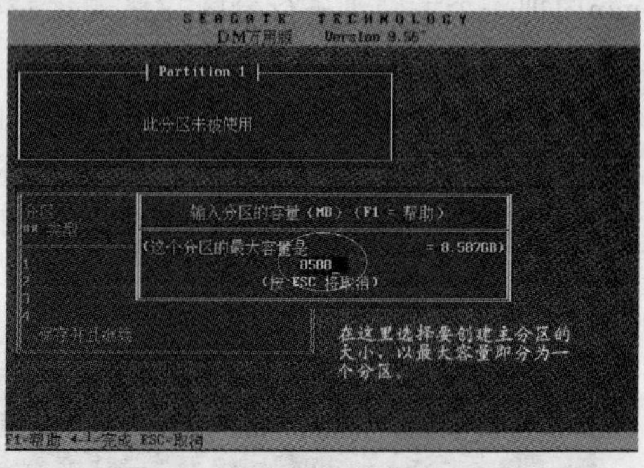

图 3—17　输入每个分区的大小

7. 在确认分区无误后，将光标定位到“Save and Continue”（保存并继续）选项，然后按 Enter 键保存设置的结果。

8. 出现提示窗口，询问是否进行快速格式化，建议选择“（Y） ES”选项。然后在出现的提示窗口中，询问分区是否按照默认的簇进行格式化，选择“（Y） ES”选项。

9. 在出现的确认界面，按 Enter 键即可开始正式对硬盘进行分区及格式化操作。操作结束，重新启动计算机即可。

四、转换分区格式

在前面的说明中，使用的分区格式为 FAT32 格式，如果需要使用 NTFS 格式，用户就需要对分区进行格式的转换。

1. 单击“开始”菜单，选择“运行”命令。

2. 在文本框中输入 cmd，单击“确定”按钮。

3. 输入 convert X:/fs:ntfs，按 Enter 键（X 为用户想要转换的分区盘符）。例如 convert e:/fs:ntfs，如图 3—18 所示。

4. 转换后重新启动计算机即可。

五、删除及合并相邻分区

在进行分区的调整、删除或重新划分之前，一定要先将涉及的所有分区中的数据备份到安全的地方。在此以另一台计算机为例进行说明。

1. 右击“计算机”，在弹出的快捷菜单中选择“管理”选项，弹出“计算机管理”窗口，如图 3—19 所示。单击窗口左侧“存储”下拉菜单，选择“磁盘管理”选项，就可以看到当前计算机中的所有磁盘分区的详细信息。

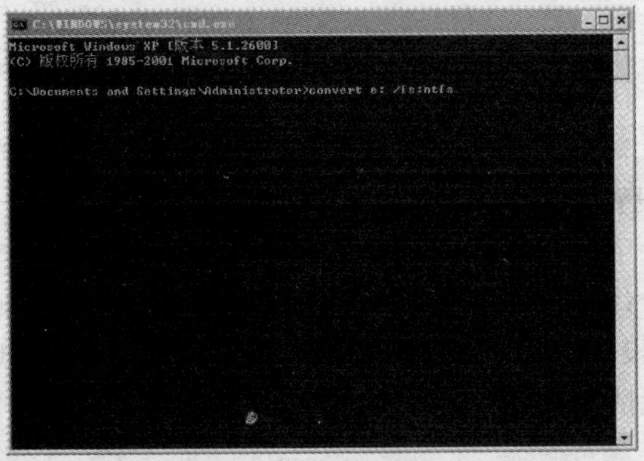

图 3—18　转换分区命令

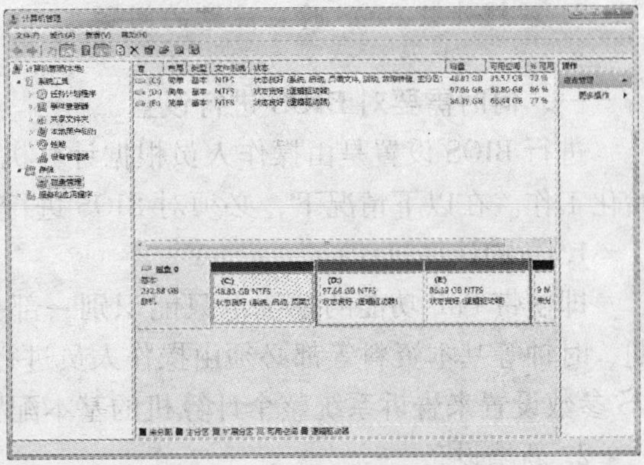

图 3—19　“计算机管理”窗口

2. 假设在此将 D 盘重新划分为两个分区，需右击右下角的 D 盘图标，在弹出的快捷菜单中选择“删除逻辑驱动器”选项，然后在打开的“删除逻辑驱动器”对话框中单击“是”按钮，将该驱动器删除，此时 D 盘图标会显示为“可用空间”图标。如果用户一次删除了多个驱动器，操作系统会自动将这些被删除的驱动器可用空间合并到一起。

3. 右击“可用空间”图标，在弹出的快捷菜单中选择“新建逻辑驱动器”选项，在弹出的“新建磁盘分区向导”对话框中直接单击“下一步”按钮，弹出“选择分区类型”对话框，在此选择“逻辑驱动器”选项，单击“下一步”按钮。

4. 在弹出的“指定分区大小”对话框中，用户可以根据自己的需要在“分区大小”框中输入欲创建分区的大小。

5. 设置完毕后单击“下一步”按钮，进入“指派驱动器号和路径”对话框。点选“指派下列驱动器号”前的单选按钮后，再从后面的下拉列表为该分区指派一个驱动器号即可，然后单击“下一步”按钮。

6. 在弹出的“格式化分区”对话框中，系统会提示用户“要在这个磁盘分区上储存数据，您必须先将其格式化”。选择“按下面的设置格式化这个磁盘分区”选项，然后在“文件系统”中指定分区格式，一般选择 FAT32 或 NTFS，“分配单位大小”可采用默认值；“卷标”就是为分区所定义的名字，用户可以自己随意定义。当然，为了加快分区的格式化速度，还应该勾选“执行快速格式化”复选按钮。

7. 做了以上设置后，单击“下一步”按钮，系统会显示“正在完成新建磁盘分区向导”对话框，当系统提示用户“已成功完成新建磁盘向导”，此时用户可以在这里查看相关的设置信息。

8. 单击“完成”按钮关闭向导，系统会自动对刚创建的分区进行格式化操作。

模块三 疑难与技巧

学习目标

1. 利用本单元讲述的内容理解为何要对 BIOS 进行设置。

2. 掌握设置开机密码与取消密码的操作方法。

3. 理解升级 BIOS 时应注意的问题。

一、何时需要对 BIOS 进行设置

进行 BIOS 设置是由操作人员根据计算机实际情况而人工完成的一项十分重要的系统初始化工作。在以下情况下，必须对 BIOS 进行设置。

1. 新购计算机

即使带 PnP 功能的系统也只能识别一部分计算机外围设备，而对软硬盘参数、当前日期、时钟等基本资料等都必须由操作人员进行设置。因此新购买的计算机必须通过进行 BIOS 参数设置来告诉系统整个计算机的基本配置情况。

2. 新增设备

由于系统不一定能认识新增的设备，所以必须通过 BIOS 设置来告诉它。另外，一旦新增设备与原有设备之间发生了 IRQ、DMA 冲突，也往往需要通过 BIOS 设置来进行排除。

3. CMOS 数据意外丢失

在系统后备电池失效、病毒破坏了 BIOS 数据程序、意外清除了 BIOS 参数等情况下，常常会造成 CMOS 数据意外丢失。此时只能重新进入 BIOS 设置程序完成 BIOS 参数设置才能恢复 CMOS 数据。

4. 系统优化

对于内存读写等待时间、硬盘数据传输模式、内/外高速缓存的使用、节能保护、电源管理、开机启动顺序等参数，BIOS 中预定的设置对系统而言并不一定是最优的，此时往往需要经过多次实验才能找到系统优化的最佳组合。

二、设置开机密码与取消开机密码

1. 设置开机密码

用户设置开机密码要在 BIOS 中设置。

（1）开机时，按 Delete 键，进入 BIOS 菜单。

（2）选择“Set Supervisor Password”菜单选项，输入密码后按 Enter 键确定。

（3）在“Advance BIOS Feature”选项中的“Security Option”选择“System”选项。

2. 取消开机密码

取消开机密码要在 BIOS 中设置。

（1）开机时，按住 Delete 键进入 BIOS 菜单。

（2）选择“Set Supervisor Password”菜单选项，然后按 Enter 键 2 次即可取消密码。

三、升级 BIOS 时应注意的问题

1. 要有良好的纯 DOS 启动盘。
2. 确保在电源稳定的时候升级。
3. 找到正确 BIOS 升级文件及升级程序。
4. 备份原有 BIOS 程序。
5. 关掉 BIOS 病毒防护，打开软驱引导系统选项。

单 元 练 习

一、填空题

1. 系统 BIOS 是在________的基础之上。在 BIOS 的基础之上是________及________。
2. 在 BIOS 设置主画面中有两个密码设置，分别是________和________。
3. 在 BIOS 设置中，设置密码时，输入的口令不能超过________个字符。
4. 根据目前流行的操作系统来看，常用的分区格式有三种，分别是________、________和________。
5. Windows XP 建议使用的分区格式为________。
6. Windows XP 可以把________分区转变为________分区。其命令是________。

二、简答题

1. 简述 BIOS 的主要内容由哪几部分组成。
2. 简述高级用户与普通用户密码的区别。
3. 简述在什么情况下要进行 BIOS 设置。
4. 简述分区、主分区、扩展分区之间的关系。

第四单元　安装和备份操作系统

模块一　安装操作系统

学习目标

1. 理解安装操作系统前的准备工作。

2. 掌握全新安装 Windows XP 及 Windows 7 的方法。

一、安装前的准备工作

1. Windows XP 的版本

Windows XP 于 2001 年 8 月 24 日正式发布（RTM，Release to Manufacturing），零售版于 2001 年 10 月 25 日上市。Windows XP 的外部版本是 2002，内部版本是 5.1（即 NT5.1），正式版的 Build 是 5.1.2600。微软最初发行了两个 32 位版本：专业版（Windows XP Professional Edition）和家庭版（Windows XP Home Edition）。64 位专业版于 2003 年 3 月 28 日发布。后来在 2005 年又发行了媒体中心版（Windows XP Media Center Edition）和平板计算机版（Windows XP Tablet PC Edition）等。

（1）32 位版本的 Windows XP

1）Windows XP Home Edition 版本。Home Edition 是面向家庭用户的版本。由于是面向家庭用户，因此在功能上有一定的缩水，主要表现为没有组策略、远程桌面、EFS 文件加密、多语言、连接 Netware 服务器的功能，只支持 1 个 CPU 和 1 个显示器（注意是物理上的 1 个 CPU，可以支持单 CPU 多核心——如双核、四核，专业版支持 2 个 CPU 和 9 个显示器），不具备访问控制和 IIS 服务以及不能归为域等。Windows XP Home Edition 只支持一个处理器。

2）Windows XP Professional Edition 版本。Professional 是面向企业、开发人员的版本，与 Home Edition 相比提供更加全面的功能，是 Windows XP 的全功能版本。市面上所采用的盗版均以 Professional Edition 的 VOL 版本为基础进行修改。Windows XP Professional Edition 支持双 CPU 系统。

3）Windows XP Media Center Edition 版本。Windows XP Media Center Edition（媒体中心版本）是专门为个人计算机设计的。这些个人计算机包括 HP Media、Center 计算机，以及 Alienware Navigator 系列。这些计算机拥有遥控器，拥有开启 Windows XP Media Center 上的媒体的功能。Windows XP Media Center Edition 版本必须捆绑在这些计算机上，并不单独销售。

4）Windows XP Tablet PC Edition 版本。为平板可旋转式的笔记本（Tablet PC）设计的 Windows XP Tablet PC Edition 带有支持触屏手写的特性，同样必须捆绑在这些平板笔记本上，并不单独销售。

5）Windows XP Starter Edition 版本。为了压制东南亚地区高盗版率所带来的威胁，微软在东南亚地区国家如马来西亚、印尼、泰国发布了相关语言的入门版的 Windows XP，即 Windows XP Starter Edition。该版本以非常低的价格来吸引一些买不起高价的 Windows XP（专业版与家庭版）的家庭用户或一些学校和政府机构。不过入门版的 Windows XP 有功能上的限制，如只支持最高 256 MB 内存，只能同时运行 3 个程序，最高分辨率为 800×600 等。Windows XP Starter Edition 无简体中文版本。

6）Windows XP Embedded（嵌入式）版本。为了提升嵌入式系统市场的占有率，微软继前两代的嵌入式操作系统 Windows NT Embedded 与 Windows 2000 SAK 之后，发布了 Windows XP 嵌入式版本，即 Windows XP Embedded。与前两代的微软的嵌入式操作系统相比，Windows XP Embedded 在功能上有很大的加强。

7）Windows XP Professional Edition N 和 Windows XP Home Edition N 版本。这是 2005 年夏，微软公司根据欧盟的裁决在欧盟成员国发布的不带 Windows Media Player 的 Windows XP 版本。

8）Windows Fundamentals for Legacy PCs（Windows flp）版本。这是微软公司在停止对 Windows 98 操作系统的支持后，针对低端机推出的 Windows XP 版本。

（2）64 位版本的 Windows XP。64 位版本的 Windows XP 根据不同的微处理器架构，分为两个不同版本。

1）IA－64 版的 Windows XP。这是针对英特尔（Intel）的 IA－64 架构的安腾 2（Itanium2）纯 64 位微处理器的 Windows XP 64－Bit Edition Version 2003 for Itanium－based Systems。它拥有 64 位寻址能力的强大的操作系统，主要面向顶级的高端 IA－64 架构的工作站，用于高端的科学运算、石油探测工艺、立体绘图、复杂的动画制作等，是一种用在高效能运算（High Performance Computing）的强大的操作系统。该系统支持双处理器，最低支持 1 GB 的内存，最高支持 16 GB 的内存。

2）X86－64 版的 Windows XP。该系统是针对超微（AMD）的 X86－64 架构的 Opteron 与 Athlon 64 所属的 64 位扩展微处理器的 Windows XP 64－Bit Edition for 64－Bit Extended Systems。由于英特尔也发布了 X86－64 架构的 EM64T 技术的 Xeon 与 Pentium 4 的 64 位扩展微处理器，故微软将该版本的 Windows XP 64－Bit Edition 改为 Windows XP Professional X64 Edition，它支持 AMD 与 Intel 的 X86－64 架构。可以使用在一般 X86－64 架构的工作站、台式计算机以及笔记本计算机，用途与 32 位 Windows XP Professional 一样，但具有 64 位寻址能力。该系统支持双处理器，最低支持 256 MB 的内存，最高支持 16 GB 的内存。

2. Windows XP 的安装要求。

Windows XP 的安装要求见表 4—1。

表 4—1　　Windows XP 的安装要求

硬件	Windows XP 32 位专业版本	Windows XP 64 位版本
最小 CPU 速度	233 MHz	733 MHz
推荐 CPU 速度	300 MHz	无
最小 RAM	64 MB	1 GB
推荐最小 RAM	128 MB	无
硬盘需求	1.5 GB 可用空间	1.5 GB 可用空间

3. Windows XP 的安装方式

（1）光盘直接安装。

（2）GHOST 安装。

（3）硬盘安装。

二、全新安装 Windows XP

1. 系统安装前的设置

在安装 Windows XP 之前，需要进行一些相关的设置，例如 BIOS 启动项的调整，硬盘分区的调整以及格式化等。

（1）在安装系统之前首先需要在 BIOS 中将光驱设置为第一启动项，如图 4—1 所示。

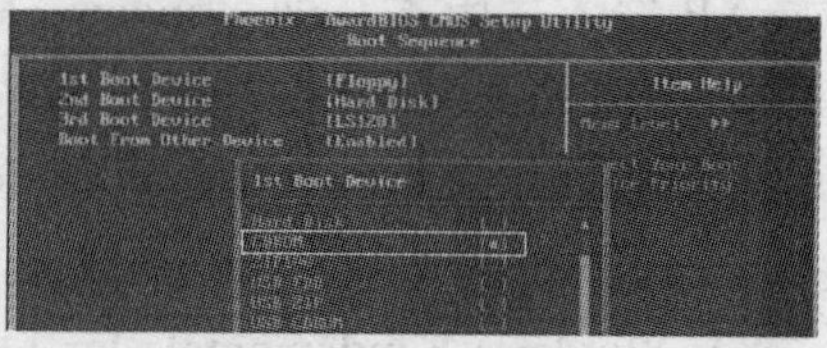

图 4—1　BIOS 中选择第一启动项为 CDROM

（2）重启计算机之后就会出现“Press any key to boot from CD”提示信息。这时按任意键即可从光驱启动系统。

（3）从光驱启动系统后，就会出现如图 4—2 所示的安装欢迎界面。根据屏幕提示，按 Enter 键继续进入下一步安装。

（4）接着出现 Windows 的用户许可协议界面。如果同意此协议要继续安装 Windows XP，可按 F8 键，不同意此协议要退出则按 Esc 键，如图 4—3 所示。

图 4—2　Windows XP 安装欢迎界面

图 4—3　许可协议

（5）同意协议，选择需要安装 Windows XP 的分区，按 Enter 键即可进入下一步的安装，如图 4—4 所示。

（6）选择安装所使用的文件系统，这里推荐使用 NTFS 分区，如图 4—5 所示。

（7）安装程序自动复制文件并进行安装，如图 4—6 所示。

2. 系统安装时的设置

在完成系统安装前的设置之后，系统就会安装到硬盘上去，虽然 Windows XP 的安装过程基本上不需要人工干预，但是有些地方，如输入序列号、设置时间、网络、管理员密码等项目还是需要人工干预的。

（1）文件复制完成后，安装程序会提示重启计算机，重启完成后进入安装界面，如图 4—7 所示。Windows XP 采用的是图形化的安装方式，在安装页面中，左侧标出了正在进行的内容，右侧则是用文字列举相对于以前版本来说 Windows XP 所具有的新特性。

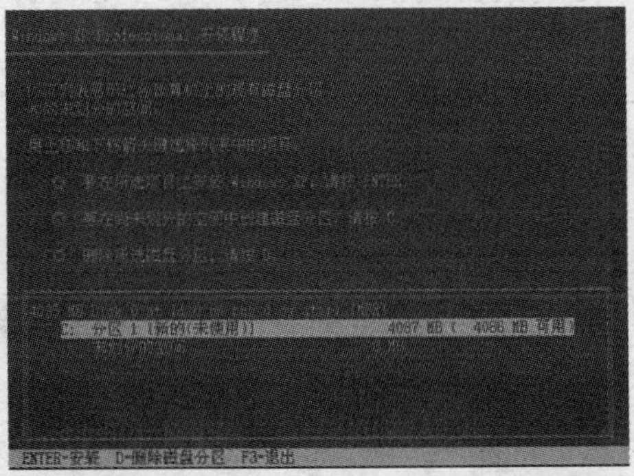

图 4—4 选择安装 Windows XP 的分区

图 4—5 选择文件系统

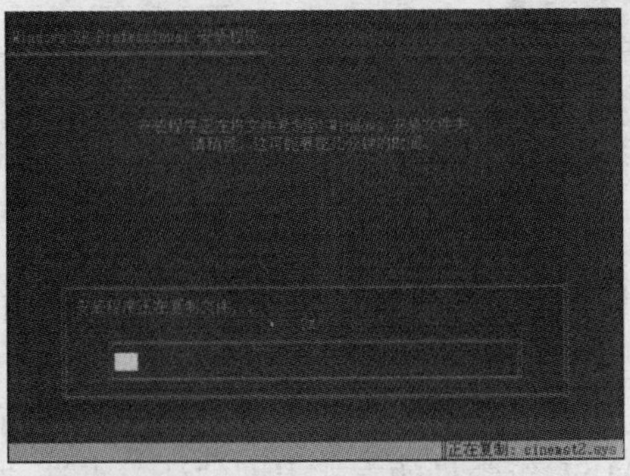

图 4—6 安装程序复制文件

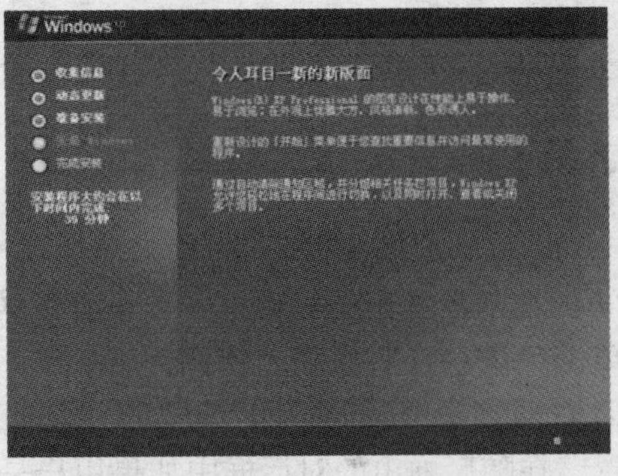

图 4—7 进入安装界面

(2) Windows XP 支持多区域以及多语言，所以在安装过程中，第一个需要设置的就是区域以及语言选项。如果没有特殊需要的话，这一步直接单击“下一步”按钮即可，如图 4—8 所示。

(3) 在随后弹出的对话框中输入个人信息，个人信息包括姓名和单位这两项。对于企业用户来说，这两项内容可能会有特殊的要求，对于个人用户来说，在这里填入自己希望的任意内容即可，单击“下一步”按钮，如图 4—9 所示。

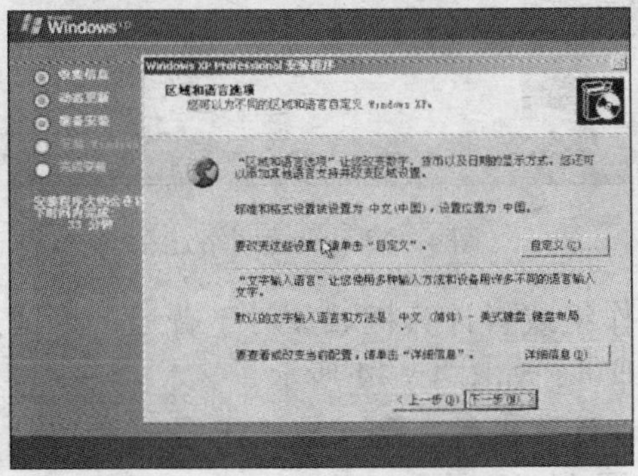

图 4—8 区域和语言选项

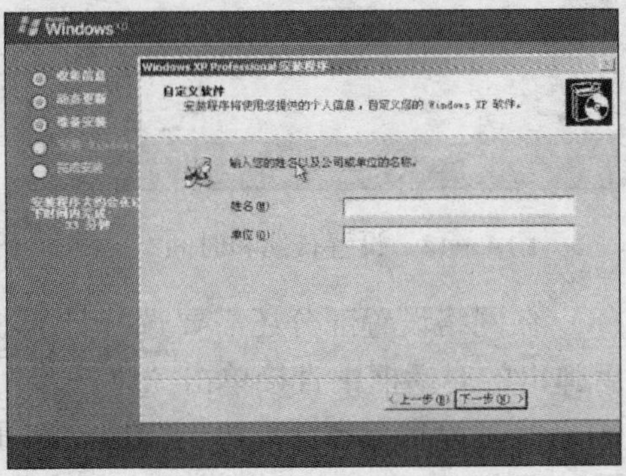

图 4—9 输入个人信息

（4）在随后弹出的对话框中输入序列号，在这里需要输入 Windows XP 的序列号才能进行下一步的安装，一般来说可以在系统光盘的包装盒上找到该序列号，输入完成后，单击“下一步”按钮，如图 4—10 所示。

（5）在安装过程中 Windows XP 会自动设置一个系统管理员账户。在随后弹出的对话框中就需要为这个系统管理员账户设置密码。由于系统管理员账户的权限非常大，所以这个密码要尽量设置得复杂一些，设置完成后单击“下一步”按钮，如图 4—11 所示。

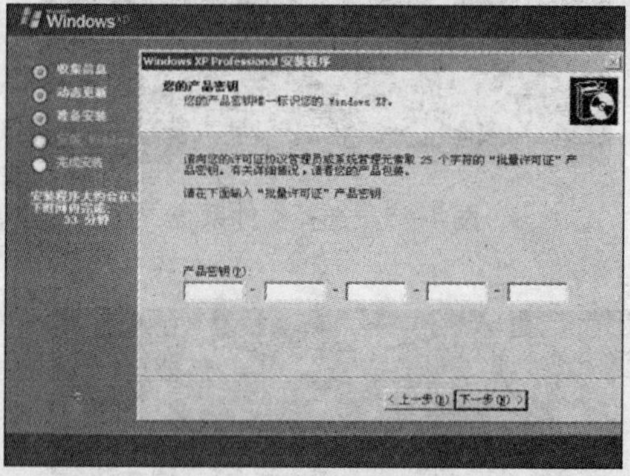

图 4—10　输入序列号

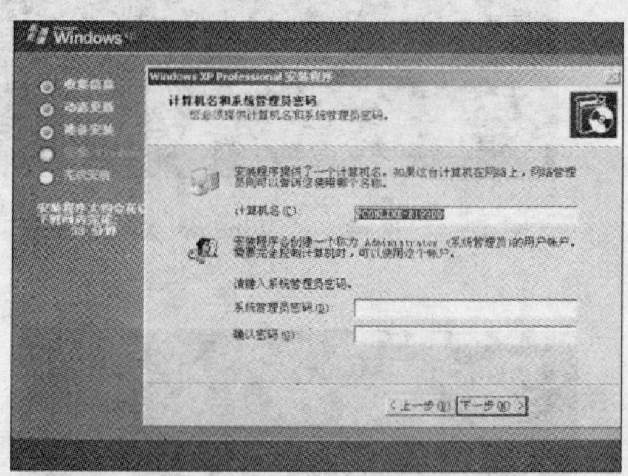

图 4—11　设置系统管理员密码

（6）在随后弹出的对话框中要设置系统的日期及时间。当然，如果是在中国使用的话，直接单击“下一步”按钮，如图 4—12 所示。

（7）网络是 Windows XP 系统的一个重要组成部分。在安装过程中需要对网络进行相关的设置。在随后弹出的对话框中如果用户是通过 ADSL 等常见的方式上网的话，点选“典型设置”单选按钮即可，然后单击“下一步”按钮，如图 4—13 所示。

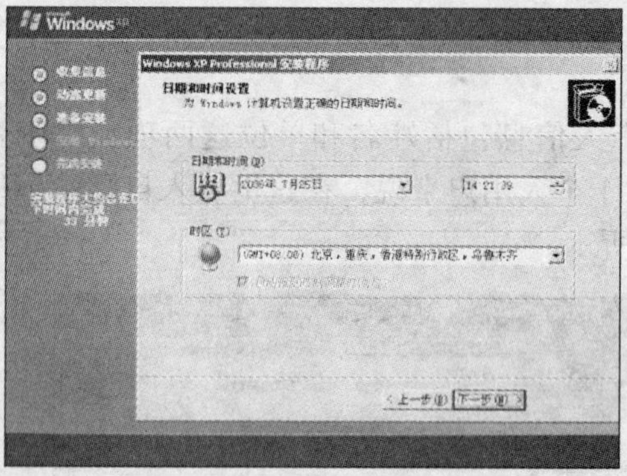

图 4—12　设置日期和时间

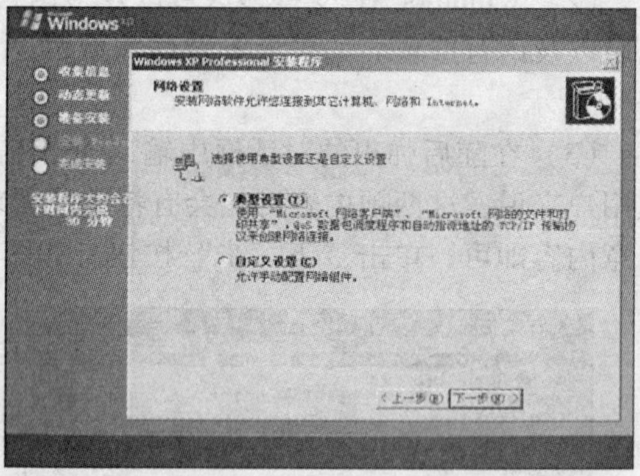

图 4—13　设置网络连接

（8）在网络设置部分还需要选择计算机的工作组或者计算机域。对于普通的家庭用户在随后弹出的对话框中直接单击“下一步”按钮即可，如图 4—14 所示。

（9）此时提示重启计算机，则用户在重新启动计算机后，Windows XP 的安装也就基本完成了。进入 Windows XP 操作系统启动界面，如图 4—15 所示。

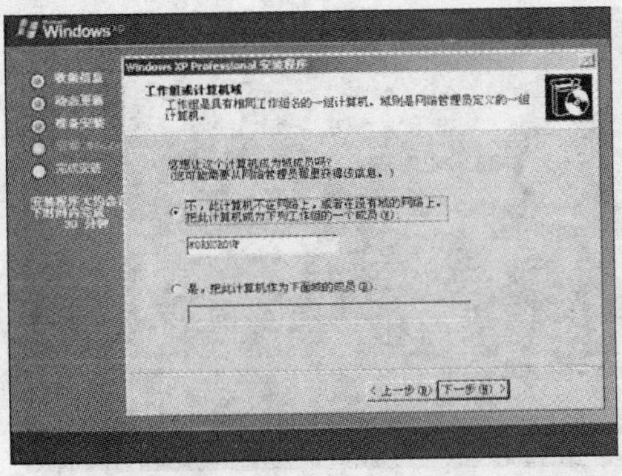

图 4—14　设置工作组或域

图 4—15　Windows XP 启动界面

3. 首次启动和初始设置

首次启动都要进行一些初始设置。

（1）在安装完成后，Windows XP 会自动调整屏幕的分辨率。

（2）在屏幕分辨率设置结束后，就可以看到 Windows XP 的欢迎页面，在此可直接单击“下一步”按钮，如图 4—16 所示。

（3）Windows XP 具有较高的安全性，它提供了一个简单的网络防火墙以及系统自动更新功能。在这里建议开启“网络防火墙”和“自动更新”，单击“下一步”按钮，如图 4—17 所示。

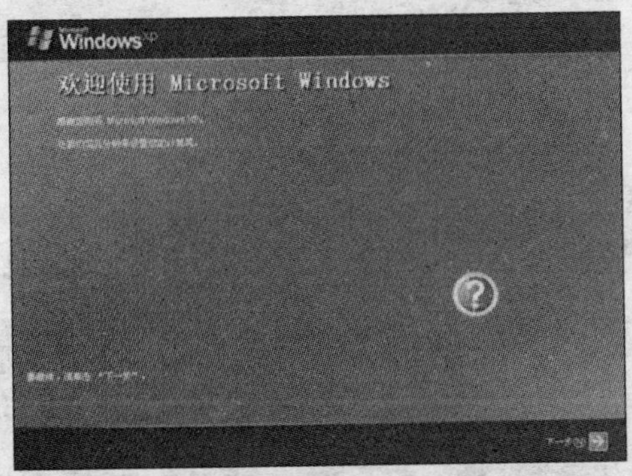

图 4—16　欢迎使用 Windows XP

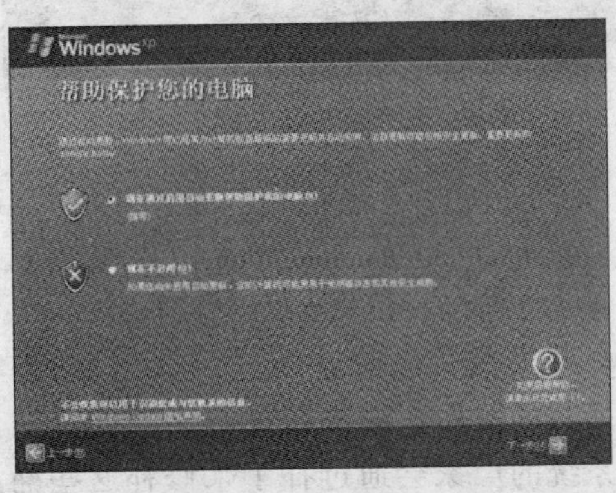

图 4—17　开启“自动更新”

（4）设置网络连接，在这里需要选择计算机连到网络的方式，一般家庭用户选择“数字用户线（DSL）”即可，如果是局域网用户的话可选择“局域网 LAN”，单击“下一步”按钮，如图 4—18 所示。

（5）选择了局域网后，就需要对 IP 地址以及 DNS 地址等项目进行设置，这里要按照具体的网络配置填入相应的内容，单击“下一步”按钮，如图 4—19 所示。

（6）在 Microsoft 上注册，在这里可以选择要不要在 Microsoft 上注册，这里的注册并不是 Windows XP 的激活，所以是否注册都无关紧要，单击“下一步”按钮，如图 4—20 所示。

（7）创建用户账户，在这里需要创建用户账户，可以任意为账户命名，如图 4—21 所示。

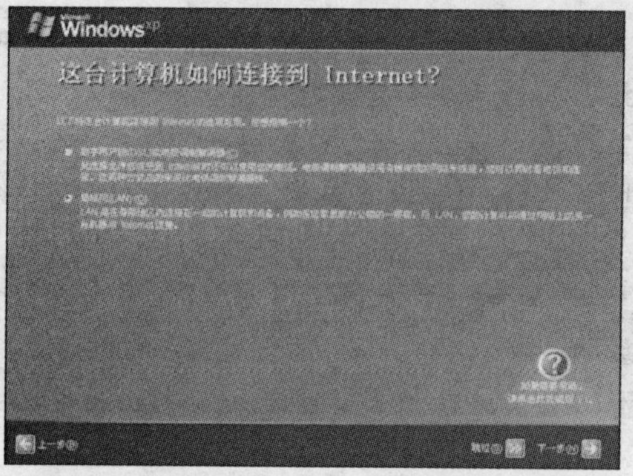

图 4—18　选择网络类型

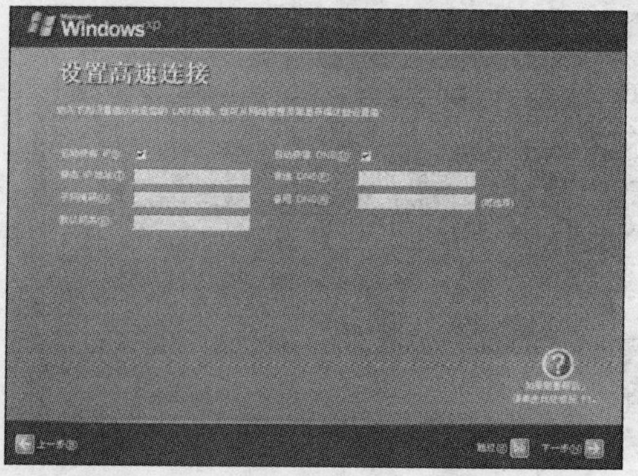

图 4—19　局域网连接设置

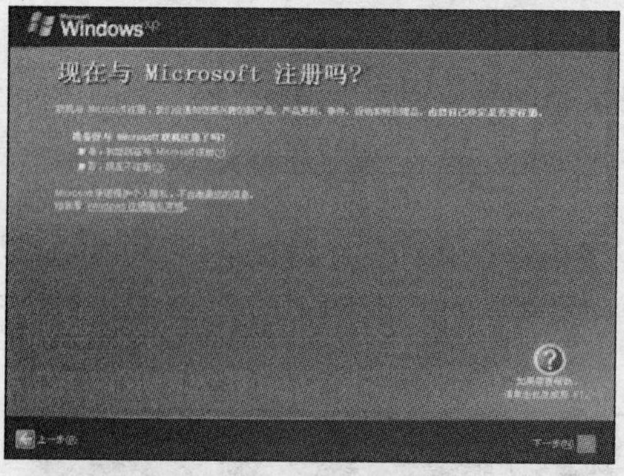

图 4—20　在 Microsoft 上注册

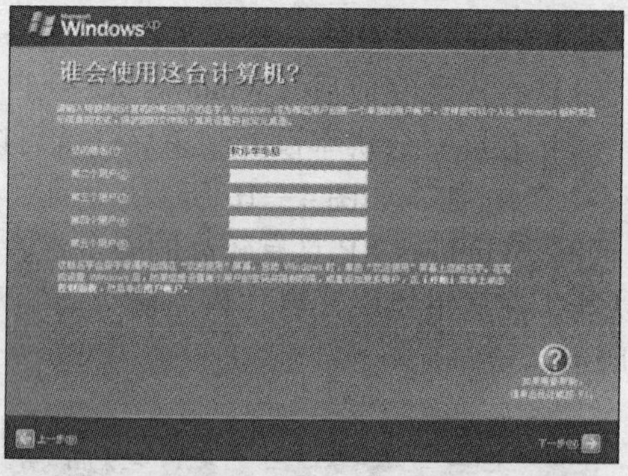

图 4—21　创建用户账号

（8）完成以上操作后，单击“下一步”按钮，就可进入 Windows XP 操作系统界面，如图 4—22 所示。

图 4—22　Windows XP 操作系统界面

4. 安装 Windows XP 补丁

所有的操作系统都存在一定的安全漏洞，操作系统的厂家会通过补丁来修补这些漏洞。所以，在新的操作系统安装完毕后，用户还需要安装补丁来提高系统的安全性。

（1）右击“我的电脑”图标，在弹出的快捷菜单中，选择“属性”命令。弹出“系统属性”对话框，如图 4—23 所示。

（2）选择“自动更新”选项卡，并点选“自动（建议）”单选按钮，单击“确定”按钮，保存并退出。这样就可以自动下载并安装 Windows XP 的补丁，如图 4—24 所示。

三、全新安装 Windows 7

1. 安装 Windows 7

（1）将 Windows 7 安装光盘放入光驱，在计算机启动时进入 BIOS 并把第一启动设备设置为光驱，按 F10 键保存设置并退出 BIOS。计算机自动重启后出现提示“Press any key boot from CD or DVD”，这里按任意键则从光驱启动计算机。

（2）计算机从光驱启动后出现提示“Windows in loading files…”，即开始加载安装程序文件。安装程序文件加载完成后出现 Windows 7 安装界面，由于 Windows 7 安装光盘是简体中文，所以这里全部选择默认即可，单击“下一步”按钮，如图 4—25 所示。

图 4—23 “系统属性”对话框

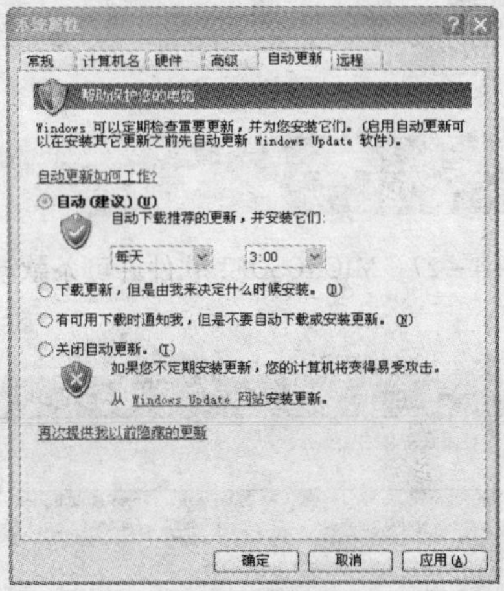

图 4—24 “自动更新”选项卡

（3）单击“现在安装”按钮开始安装。如图 4—26 所示。在出现的有 MICROSOFT 软件许可条款的对话框中，勾选“我接受许可条款”复选按钮，然后单击“下一步”按钮，如图 4—27 所示。

图 4—25 Windows 7 安装界面

图 4—26 开始安装 Windows 7

（4）当出现安装类型选择界面时，由于是全新安装，所以在此应该选择“自定义（高级）”选项，如图 4—28 所示。当出现安装位置选择界面时，在这里选择安装系统的分区，如果要对硬盘进行分区或格式化操作，应单击驱动器选项（高级）命令，如图 4—29所示。

（5）这里可以对硬盘进行分区，也可对分区进行格式化。选择好安装系统的分区后，单击“下一步”按钮，如图 4—30 所示。由于 Windows 7 在安装时会自动对所在分区进行格式化，所以这里无需对安装系统的分区进行格式化。

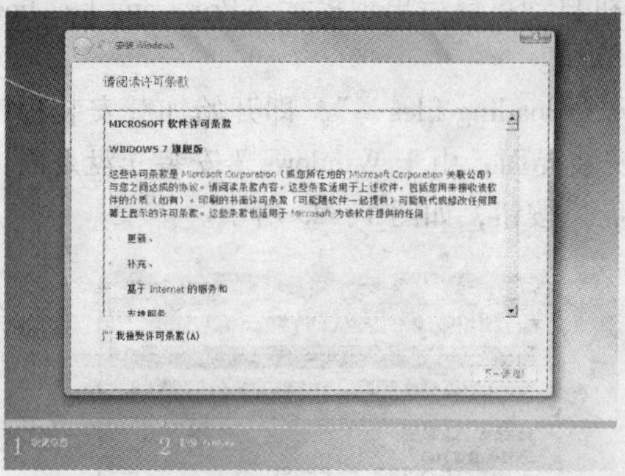

图 4—27　MICROSOFT 软件许可条款

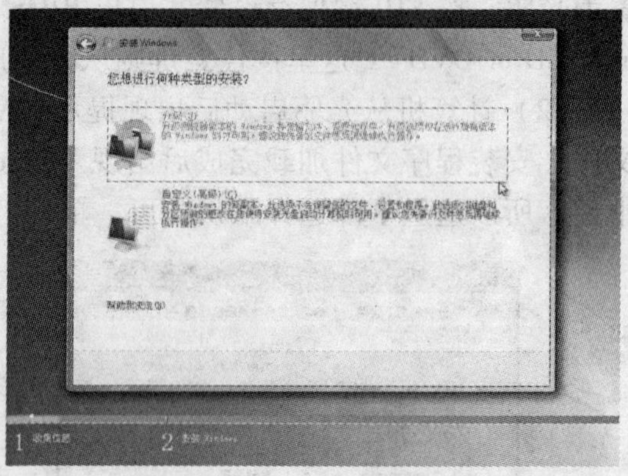

图 4—28　选择安装类型

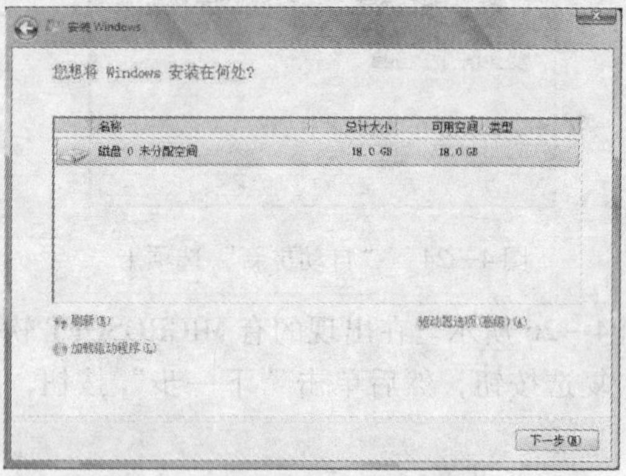

图 4—29　选择安装分区

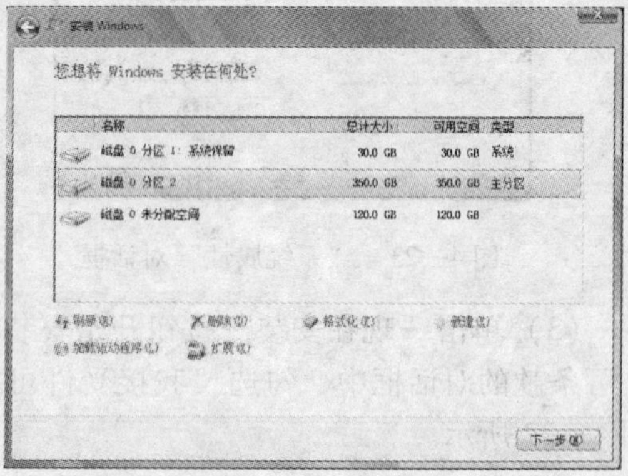

图 4—30　对硬盘进行分区与格式化

（6）Windows 7 操作系统开始安装，如图 4—31 所示。安装完成后，计算机需要重新启动，如图 4—32 所示。

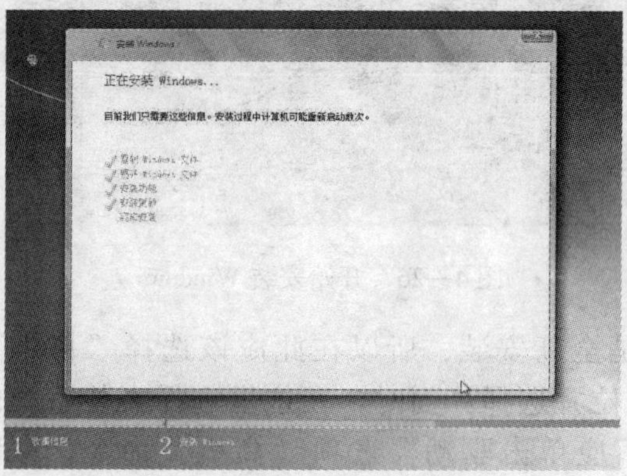

图 4—31　开始安装

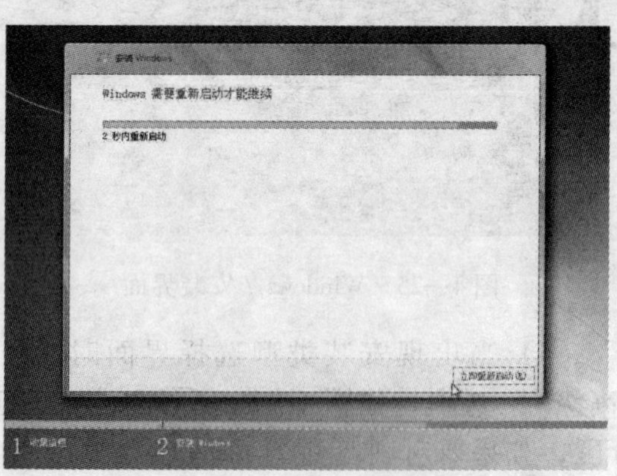

图 4—32　重新启动计算机

（7）计算机重新启动后进入“安装程序正在更新注册表设置”界面，如图 4—33 所示。接着进入“安装程序正在启动服务”界面，如图 4—34 所示。

图 4—33　安装程序正在更新注册表设置

图 4—34　安装程序正在启动服务

（8）进入最后的完成安装阶段，如图 4—35 所示。完成安装阶段后，计算机需要重新启动，此时 Windows 7 即安装完成，如图 4—36 所示。

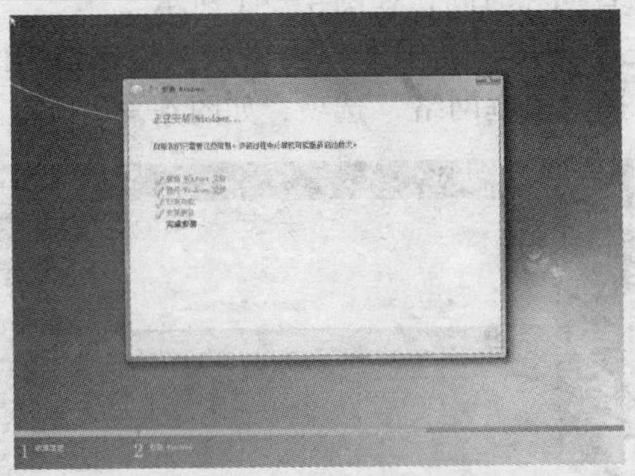

图 4—35　进入最后完成阶段

图 4—36　Windows 7 完成安装重启

2. 首次启动和初始设置

（1）计算机重新启动后，安装程序要为首次使用计算机做准备，如图 4—37 所示。

（2）紧接着的界面要求输入用户名和计算机名称，单击“下一步”按钮，如图 4—38 所示。

图 4—37　首次使用计算机做准备

图 4—38　输入用户名与计算机名

（3）为账户设置密码，如果这里不设置密码（留空），以后计算机启动时就不会出现输入密码的提示，而是直接进入系统，如图 4—39 所示。

（4）设置系统更新方式，在此建议选择推荐的选项，如图 4—40 所示。

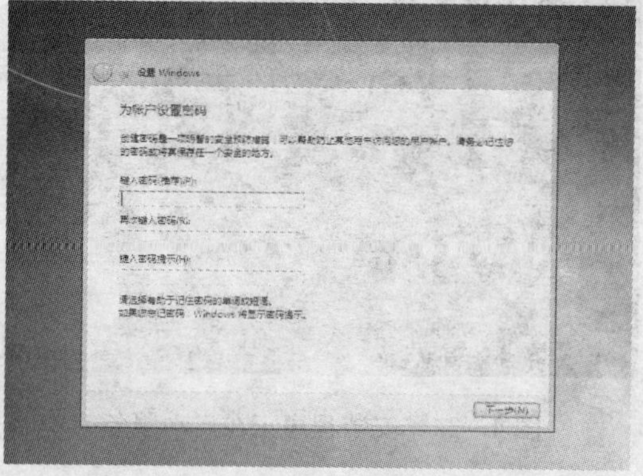

图 4—39　设置用户密码

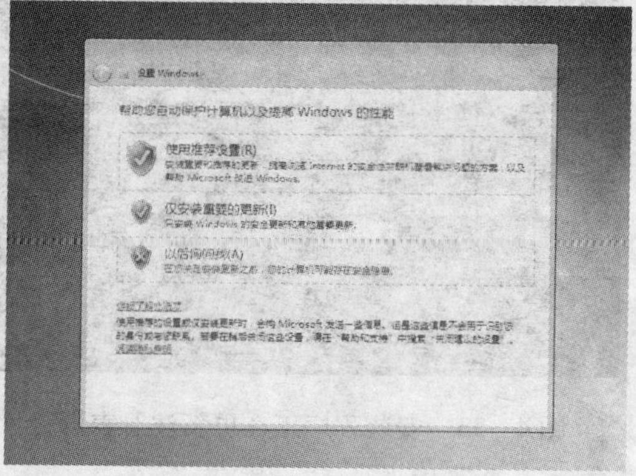

图 4—40　设置系统更新方式

（5）在查看时间和日期设置中设置计算机的日期和时间，如图 4—41 所示。

（6）设置网络位置，有家庭、工作和公用三个选项，其中家庭网络最宽松，公用网络最严格，根据用户的实际情况进行选择，在此选择“家庭网络”选项，如图 4—42 所示。

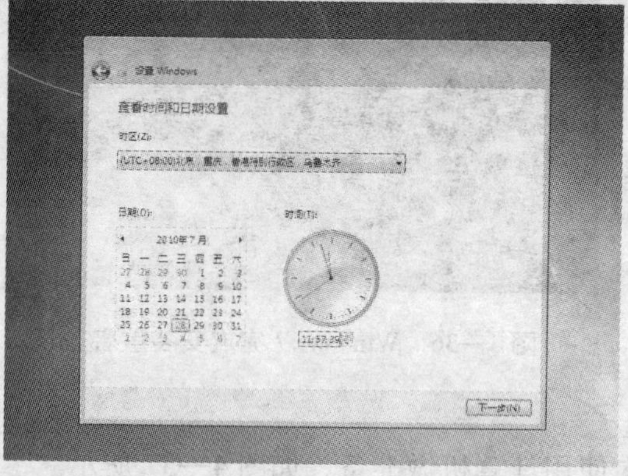

图 4—41　设置计算机的日期与时间

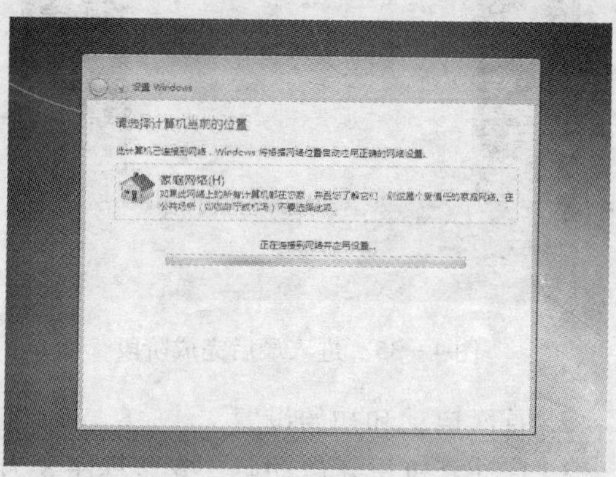

图 4—42　设置网络位置

（7）Windows 7 完成设置，如图 4—43 所示。进入正在准备桌面界面，如图 4—44 所示。

图 4—43　完成设置

图 4—44　正在准备桌面界面

（8）进入“欢迎”登录界面，开始登录系统，如图4—45所示。最后进入Windows 7系统桌面，如图4—46所示，启动Windows 7系统完成。

图4—45 “欢迎”登录界面

图4—46 进入Windows 7工作界面

3. 安装Windows 7补丁

在Windows 7安装过程中，已经开启推荐自动更新选项，如果网络正常，即可自动下载及安装Windows 7补丁。

模块二 安装与管理驱动程序

学习目标

1. 理解驱动程序及硬件的管理。
2. 掌握安装硬件驱动程序的操作方法。

一、了解驱动程序

1. 驱动程序的概念

驱动程序的英文名称为device driver，全称为设备驱动程序，是一种可以使计算机和设备通信的特殊程序，可以说相当于硬件的接口，操作系统只有通过这个接口，才能控制硬件设备的工作，假如某设备的驱动程序未能正确安装，则硬件不能正常工作。因此，驱动程序也被称为硬件和系统之间的桥梁。

刚安装好的操作系统，很可能驱动程序安装得不完整。硬件越新，这种可能性越大。比如操作系统显示的桌面“图标很大且颜色难看”就是没有安装好显示卡驱动程序的原因。

随着电子技术的飞速发展，计算机硬件的性能越来越强大。驱动程序是直接工作在各种硬件设备上的软件，“驱动”这个名称也十分形象地指明了其功能。正是通过驱动程序，各种硬件设备才能正常运行，达到既定的工作效果。

硬件如果缺少了驱动程序的“驱动”，那么本来性能非常强大的硬件就无法根据软件发出的指令进行工作，硬件就是空有一身本领却无从发挥，毫无用武之地。这时候，计算机就正如古人所说的“万事俱备，只欠东风”，这“东风”的角色就落在了驱动程序身上。如此看来，驱动程序在计算机应用上起着举足轻重的作用。

从理论上讲，所有的硬件设备都需要安装相应的驱动程序才能正常工作。但像CPU、内存、主板、软驱、键盘、显示器等设备并不需要安装驱动程序也可以正常工作，而显示卡、声卡、网卡等却一定要安装驱动程序，否则便无法正常工作。这是为什么呢？

这主要是由于CPU、内存、主板等硬件对于一台计算机来说是必需的，所以早期的设计人员将这些硬件列为BIOS能直接支持的硬件。换句话说，上述硬件安装后就可以被BIOS和操作系统直接支持，不再需要安装驱动程序。从这个角度来说，BIOS也是一种驱动程序。但是由于BIOS的存储量非常有限，不能存储太多的程序。所以，对于其他的硬件，例如网卡、声卡、显示卡等就必须安装驱动程序，不然这些硬件就无法正常工作。

2. 获取硬件驱动程序

要想获取硬件驱动程序，必须先知道计算机中都装有哪些硬件设备，并且对这些设备的型号、厂商等要作进一步的了解。通常情况下，可以通过计算机中的“设备管理器”来对设备进行详细的查看。

（1）查看驱动程序信息。查看驱动程序信息是一项很重要的工作，在此以查看网卡为例说明。

1）右击“我的电脑”，在弹出的快捷菜单中，选择“属性”命令，弹出“系统属性”对话框。选择“硬件”选项卡，单击“设备管理器”按钮，弹出“设备管理器”窗口，如图4—47所示。

2）在“设备管理器”窗口中，找到“网络适配器”设备，然后单击该硬件设备前的“+”号，这时可以看到该网卡的名称，然后在该设备名称上右击，在弹出的快捷菜单中选择“属性”选项。弹出网卡“属性”对话框，如图4—48所示。

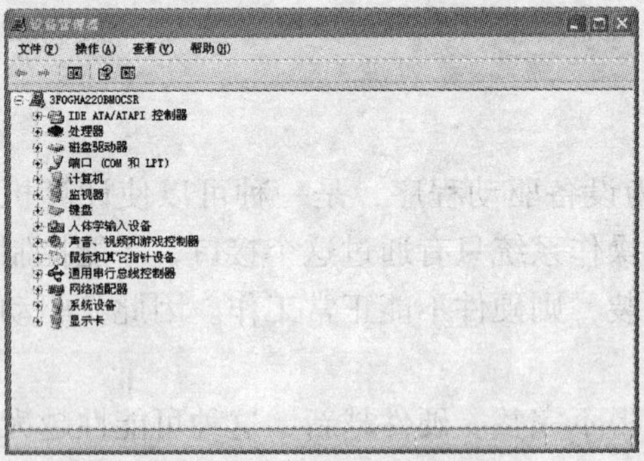

图4—47 “设备管理器”窗口

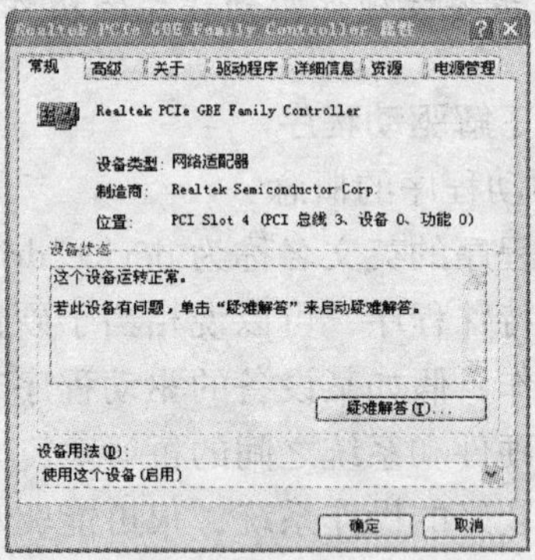

图4—48 网卡“属性”对话框

3）选择“驱动程序”选项卡，在此可以对当前网卡的驱动程序提供商、驱动程序日期、驱动程序的版本、数字签名程序等信息作进一步的查看，如图4—49所示。

（2）获取驱动程序

1）使用操作系统提供的通用驱动程序。

2）使用附带的驱动程序盘中提供的驱动程序。

3）直接登录http：//www. mydrivers. com网站，查找驱动程序。

3. 查看工作不正常的设备

右击“我的电脑”，在弹出的快捷菜单中，选择“属性”选项，弹出“系统属性”对话框。选择“硬件”选项卡，单击“设备管理器”按钮，在弹出的“设备管理器”窗口中可以看到不正常设备前的一些特殊标志，这些标志及含义见表4—2。

4. 安装驱动程序的顺序

安装计算机的驱动程序的顺序如下：

（1）安装主板驱动程序。

（2）安装显示卡驱动程序。

（3）安装声卡驱动程序。

（4）安装网卡驱动程序。

（5）安装外部设备驱动程序。

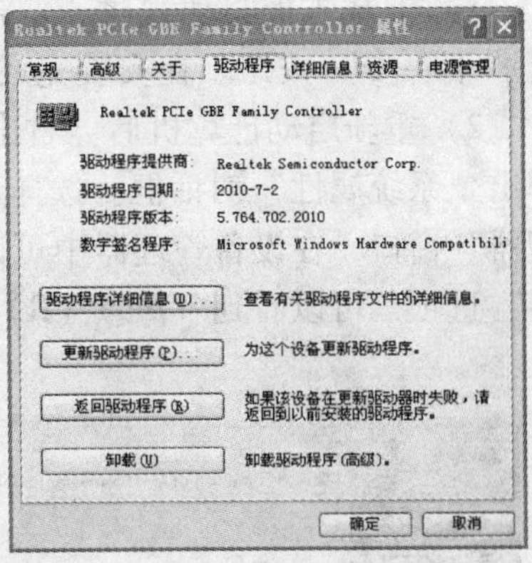

图4—49 “驱动程序”选项卡—查看驱动程序信息

表4—2 **工作不正常的设备特殊标志表**

特殊标志	含 义
黄色问号	该硬件设备还没有被操作系统所识别，无法为之安装匹配的驱动程序
黄色感叹号	该硬件能够被操作系统识别，但可能驱动程序没有正确安装或是与其他硬件存在资源冲突，一般这种情况出现在安装了同芯片但不同厂商生产的板卡驱动时，虽然能够识别安装但并不完全匹配
红色叉号	该硬件可能被手动禁用或已经损坏，或者与系统存在严重冲突

二、安装硬件驱动程序

驱动程序能使计算机识别BIOS不能支持的各种硬件设备，从而保证其正常运行，以便充分发挥硬件设备性能。简单地说驱动程序就是用来驱动硬件工作的特殊程序。

1. 安装主板驱动程序

（1）主板兼容性。由于目前硬件更新换代的速度远远快于软件的速度，所以在使用新主板的时候往往会带来一系列的兼容问题。如很多主板芯片组无法被操作系统正确识别，这直接造成了本来能够支持的新技术不能正常使用以及兼容性问题大量出现。在这种情况下，各大芯片厂商提供了相关的主板驱动程序，以配合操作系统使用。其作用有两点：一是让操作系统正确识别新款芯片组以充分应用，二是让操作系统支持新款芯片组所支持的新技术。

（2）确定主板芯片组的型号。目前，主板芯片组主要有Intel、NVIDIA、VIA、ATI、SiS、ULi等几家，它们都有各自的主板驱动程序。因此在安装主板驱动程序前，首先要确定当前主板所使用的芯片组品牌和型号。可以通过查看主板的包装盒、说明书来获知主板信息。

（3）Intel主板驱动程序简介。Intel的主板驱动程序称为“Intel Chipset Software Installation Utility”，支持Windows 9X/Me/2000/XP。通过主板驱动程序，可以使操作系统正确识别Intel各种型号的芯片组。

（4）安装主板驱动程序示例。当以上几个问题都解决以后就可以开始安装主板驱动程序。下面就以Intel主板为例进一步说明安装主板驱动程序的操作。

1）下载主板驱动程序，双击安装文件 Setup. exe 即可运行。在出现的欢迎界面中，单击“下一步”按钮。在安装完成后需要重启计算机。如图 4—50 所示。

2）重新启动计算机后，右击“我的电脑”，在弹出的快捷菜单中，选择“属性”命令，弹出“系统属性”对话框。选择“硬件”选项卡，单击“设备管理器”按钮，弹出“设备管理器”窗口，在设备管理器中可以检查驱动程序安装成功与否，选择“IDE ATA/ATAPI 控制器”选项，可以看到“Intel（R）82801DB……”选项，即表示安装成功，如图 4—51 所示。

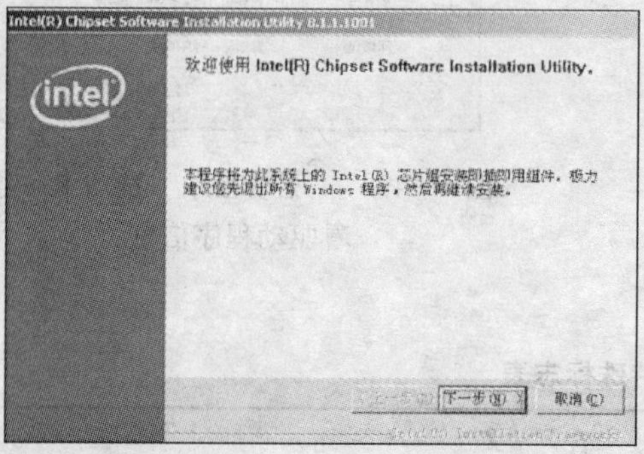

图 4—50　启动安装程序

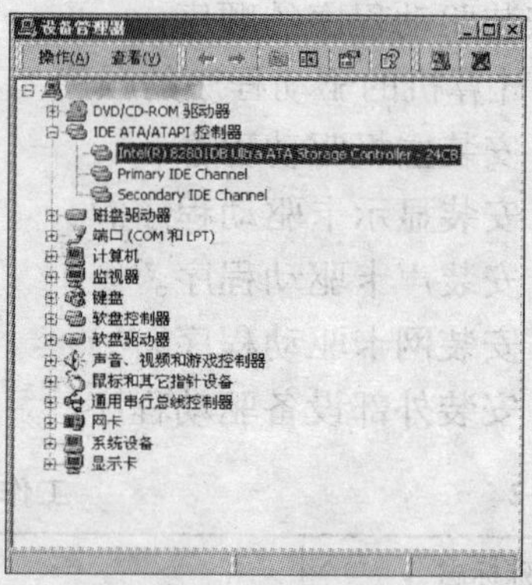

图 4—51　驱动程序安装完毕

提示

各种芯片组驱动程序的安装大同小异。其安装过程也是标准的 Windows 程序安装方式，只是主板驱动程序安装后需要重新启动计算机。

2. 安装显示卡驱动程序

安装完主板驱动程序后，接着要安装显示卡驱动程序。

（1）找到正确的显示卡驱动程序。

（2）双击显示卡驱动程序中的安装文件“Setup. exe”即可安装显示卡驱动程序。

（3）重新启动计算机，使新装的显示卡驱动程序生效。

3. 安装声卡驱动程序

接着要安装声卡驱动程序。

（1）找到正确的声卡驱动程序。

（2）双击声卡驱动程序中的安装文件“Setup. exe”即可安装声卡驱动程序。

（3）重新启动计算机，使新安装的声卡驱动程序生效。

4. 安装外围设备驱动程序

（1）找到正确的外围驱动程序。

（2）双击驱动程序中的安装文件“Setup. exe”即可安装外围设备驱动程序。

（3）重新启动计算机，使新安装的外围设备驱动程序生效。

三、驱动程序及硬件管理

1. 手动更新驱动程序（以显示卡为例）

（1）用前面说过的方法打开“设备管理器”窗口。

（2）右击需要更新驱动程序的设备，在弹出的快捷菜单中选择“更新驱动程序”选项。

如图 4—52 所示。

（3）在弹出的“硬件更新向导”对话框 1 中点选其中的“否，暂时不”单选按钮，再单击“下一步”按钮，如图 4—53 所示。

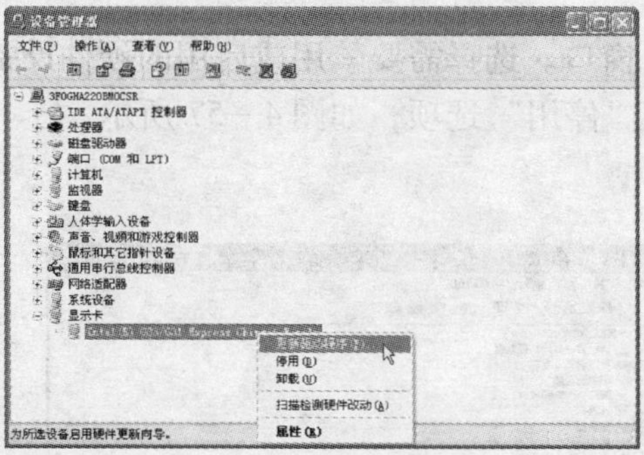

图 4—52　选择“更新驱动程序”选项

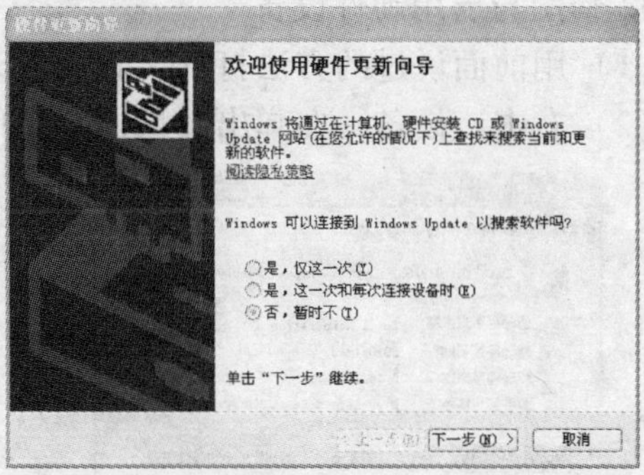

图 4—53　“硬件更新向导”对话框 1

（4）在弹出的“硬件更新向导”对话框 2 中会提示选择安装软件的位置，在此可以点选“自动安装软件”单选按钮，也可以点选“从列表或指定位置安装”单选按钮，如图 4—54 所示。

注意

在安装驱动程序之前要把驱动程序光盘放到光驱内，如果驱动光盘里没有这个显示卡需要的驱动程序，系统会提示找不到。如果光盘内有对应型号的显示卡驱动程序就会出现安装对话框。这时可以按照对话框的提示一步步安装。

（5）在弹出的“硬件更新向导”对话框 3 中单击“浏览”按钮，选择指定位置安装，在弹出的对话框中，选择驱动程序所在位置后，单击“下一步”按钮，重新启动计算机即可完成显示卡驱动程序的安装，如图 4—55 所示。

图 4—54　“硬件更新向导”对话框 2

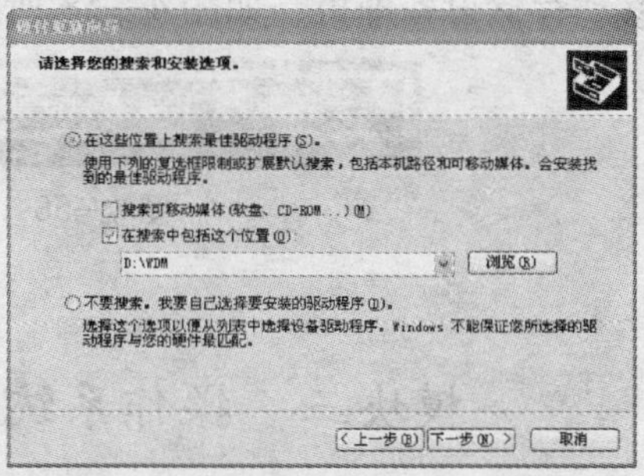

图 4—55　“硬件更新向导”对话框 3

2. 恢复与卸载驱动程序

如果新安装的驱动程序并不能很好地工作，或者用户安装的驱动程序不正确，这时在安装新的驱动程序前，就需要先卸载当前的驱动程序，然后才能重新安装新的驱动程序。

（1）用前面说过的方法打开“设备管理器”窗口。

（2）右击需要恢复驱动程序的设备，在弹出的快捷菜单中选择“属性”选项。

（3）在弹出相应属性的对话框中选择“驱动程序”选项卡，单击“返回驱动程序”按钮，则恢复相应的“驱动程序”。也可以在此单击“卸载”按钮，卸载原来安装过的驱动程序，以备重新安装，如图 4—56 所示。

3. 禁用与启用硬件设备

（1）用前面说过的方法打开“设备管理器”窗口。选择需要禁用或启用的硬件设备。

（2）右击该设备，在弹出的快捷菜单中选择“停用”选项，如图 4—57 所示。

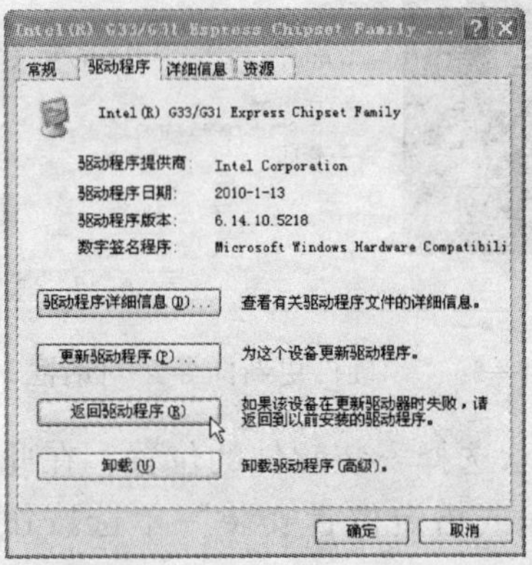

图 4—56　恢复与卸载驱动程序

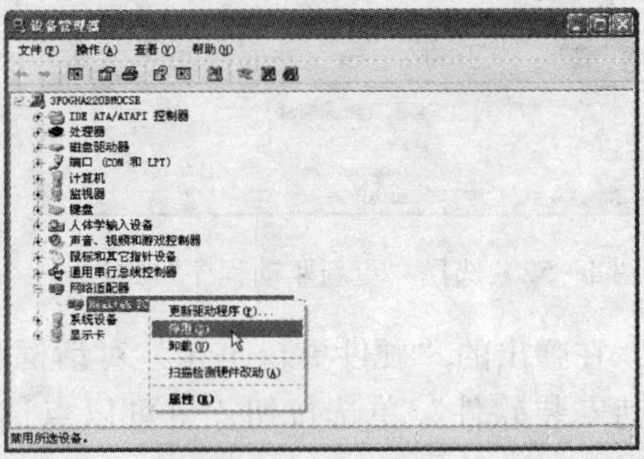

图 4—57　停用硬件

（3）如果需要启用该设备，则选择“启用”选项。

提示

当一个设备在“停用”之后，才会出现“启用”选项。在“启用”之后，才会出现“停用”选项。“停用”选项和“启用”选项不会同时出现在快捷菜单中。

4. 卸载可移动存储

在任务栏的“通知区域”中，单击安全删除硬件图标。在弹出的列表中选择需要卸载的可移动存储设备即可，如图 4—58 所示。

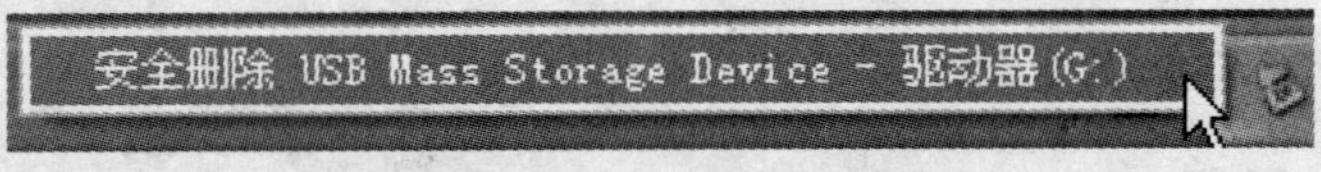

图 4—58　卸载可移动存储设备

模块三　操作系统与驱动程序的备份与还原

学习目标

理解操作系统、驱动程序的备份与还原，掌握操作系统驱动程序备份与还原的操作方法。

一、操作系统备份与还原

1. 选择备份系统的时机

安装好整个操作系统和应用程序后，在无病毒、无垃圾文件、无当前漏洞的情况下做备份，这样在系统崩溃时或中病毒时用户就能在短时间内恢复系统。

2. 使用“系统还原”功能备份与还原系统

在 Windows XP 系统中，可以利用系统自带的“系统还原”功能还原系统，通过对还原点的设置，记录对系统所做的更改，当系统出现故障时，使用系统还原功就能将系统恢复到更改之前的状态。

（1）使用“系统还原”备份系统

1）使用该功能前，先确认 Windows XP 是否开启了该功能。右击“我的电脑”，在弹出的快捷菜单中选择“属性”选项，在弹出的“属性”对话框中选择“系统还原”选项卡，取消对“在所有驱动器上关闭系统还原”复选按钮的勾选，再确保“需要还原的分区”处于“监视”状态。

2）单击“开始”按钮，在弹出的开始菜单中选择“所有程序→附件→系统工具→系统还原”选项，在弹出的“系统还原向导”对话框中单击“下一步”按钮，进入“创建一个还原点”对话框，在“还原点描述”文本框中填写对还原点的一些描述，如填入还原点的名称，单击“下一步”按钮，则新的还原点已经创建，再单击“关闭”按钮，即可完成还原点创建，如图 4—59、图 4—60 所示。

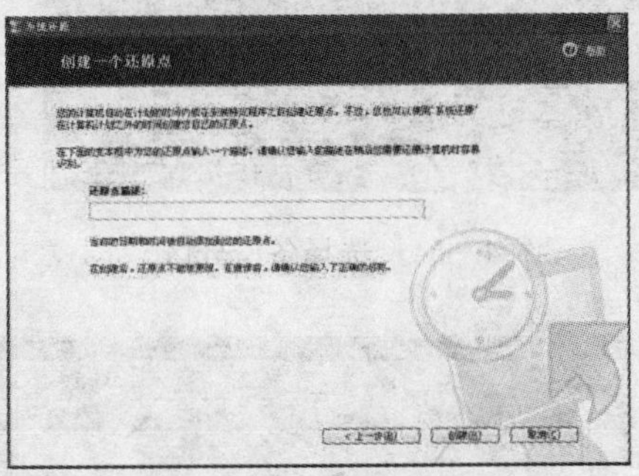

图 4—59　创建还原点

图 4—60　还原点创建完成

提示

在创建系统还原点时要确保硬盘有足够的可用空间，否则可能导致创建失败。设置多个还原点方法同上。

（2）使用“系统还原”还原系统。用上述的方法打开“系统还原向导”对话框，点选“恢复我的计算机到一个较早的时间”单选按钮，单击“下一步”按钮，选择好日期后单击“下一步”按钮，“系统还原向导”即可还原到相应日期的系统，如图 4—61、图 4—62 所示。

3. 使用 GHOST 应用程序

（1）使用 GHOST 备份操作系统。GHOST（幽灵）软件是美国赛门铁克公司推出的一款出色的硬盘备份还原工具，可以实现 FAT16、FAT32、NTFS、OS2 等多种硬盘分区格式的分区及硬盘的备份、还原等操作。俗称克隆软件。其使用方法是要先将操作系统备份以备今后还原时使用。

1）启动 GHOST，出现 GHOST 欢迎界面。单击“OK”按钮继续，如图 4—63 所示。

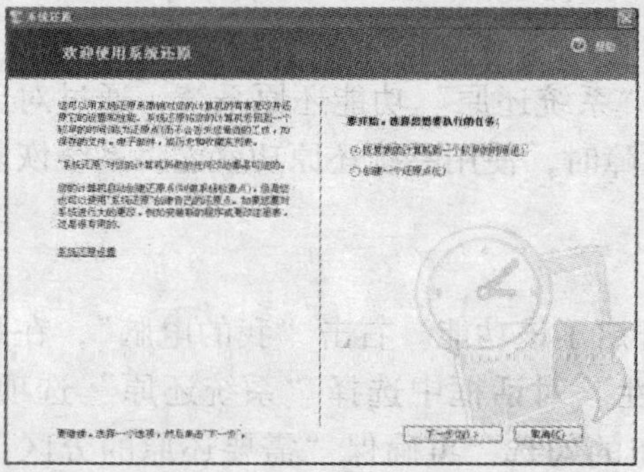

图 4—61　选择恢复还原操作

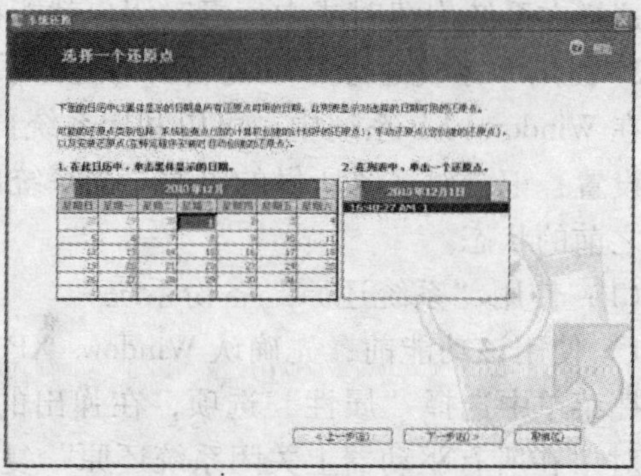

图 4—62　选择还原点时间

2）GHOST 启动后，用方向键选择“Local→Partition→To Image”选项，然后按 Enter 键，如图 4—64 所示。

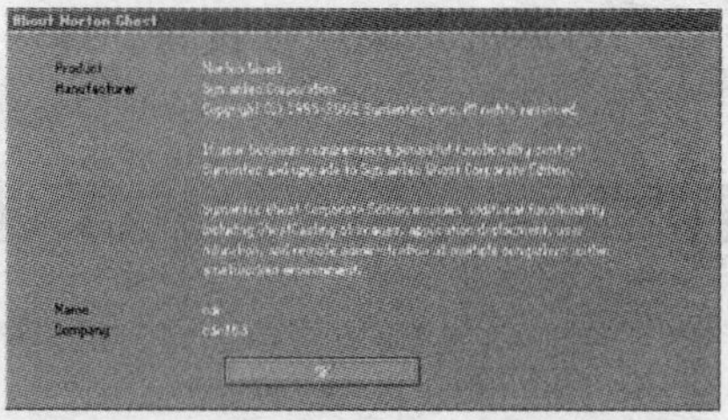

图 4—63　GHOST 欢迎界面

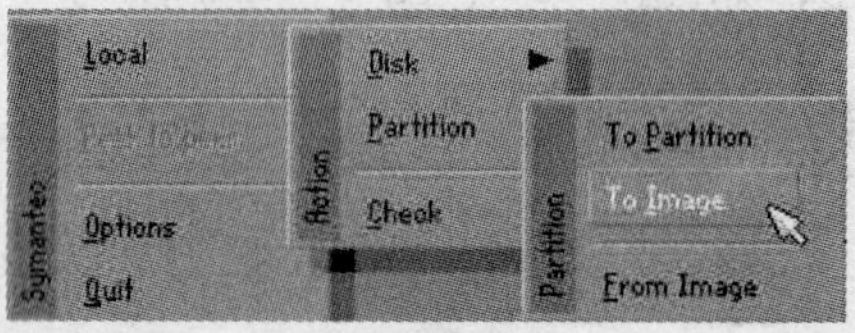

图 4—64　选择备份分区

3）出现选择本地硬盘界面，再按 Enter 键，如图 4—65 所示。

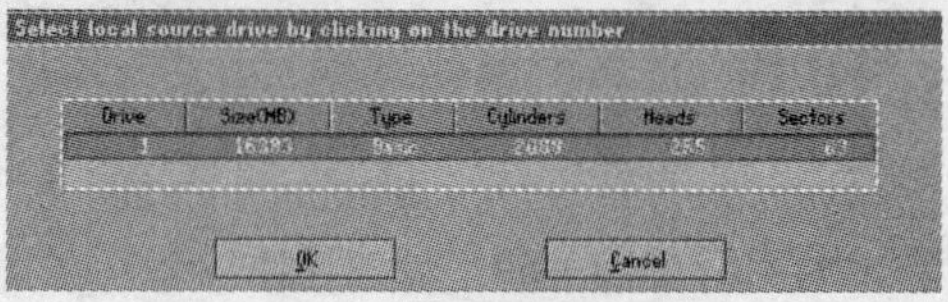

图 4—65　选择本地硬盘

4）在出现选择源分区界面（源分区就是要制作成镜像文件的分区）中，用上下方向键将蓝色光条定位到要制作镜像文件的分区上，按 Enter 键确认要选择的源分区，再按 Tab 键将光标定位到“OK”按钮上（此时“OK”按钮变为白色），再按 Enter 键。如图 4—66、图 4—67 所示。

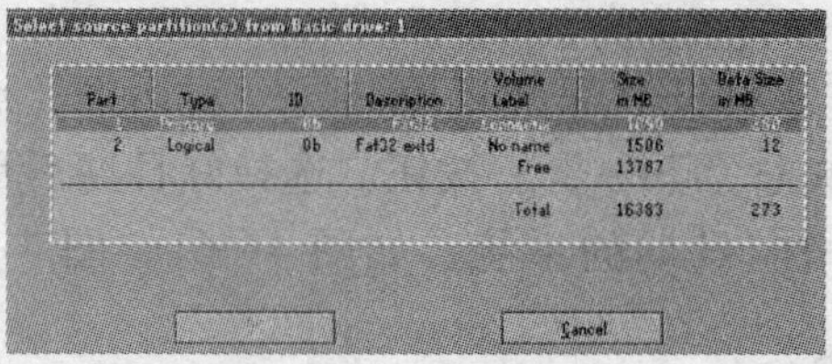

图 4—66　选择源分区

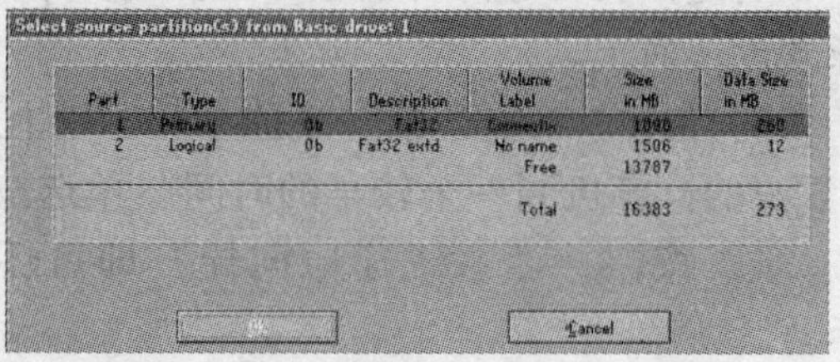

图 4—67　按“OK”按钮进入下一步

5）进入镜像文件存储目录，默认存储目录是 GHOST 文件所在的目录，在“File name”文本框中输入镜像文件的文件名，也可带路径输入文件名（此时要保证输入的路径是存在的，否则会提示非法路径），如输入 D：\ sysbak \ cwin98，表示将镜像文件 cwin98. gho 保存到 D：\ sysbak 目录下，输入文件名后，再按 Enter 键，如图 4—68 所示。

6）接着弹出“是否要压缩镜像文件”提示信息框，有“No”（不压缩）、“Fast”（快速压缩）、“High（高压缩比压缩）”三个选项，压缩比越低，保存速度越快。一般选择“Fast”即可，用向右方向键移动到“Fast”按钮上，按 Enter 键确认即可，如图 4—69 所示。

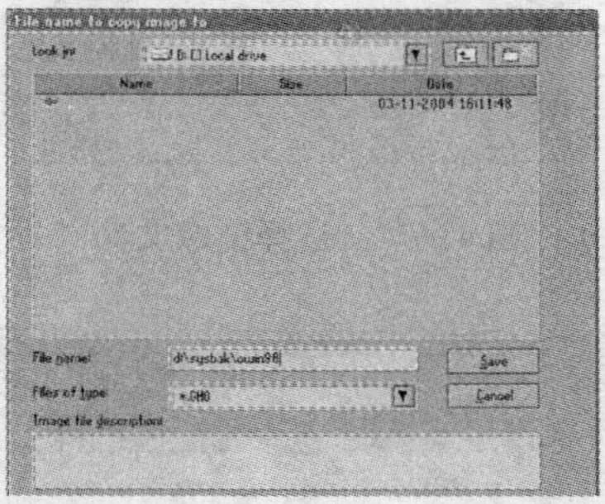

图 4—68　选择及输入要保存的路径及镜像文件名

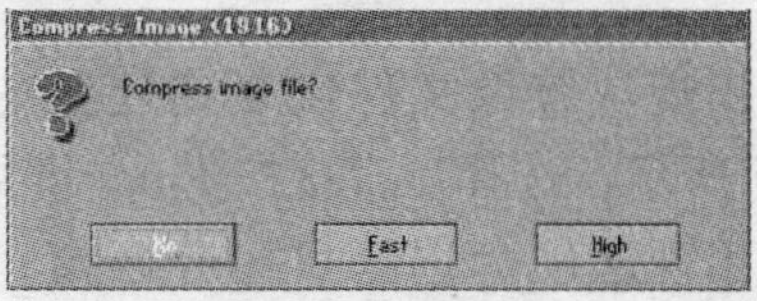

图 4—69　选择压缩模式

7）接着又出现一个信息提示框，提示用户是否开始生成镜像文件，用方向键移动到“Yes”按钮上，按 Enter 键确认即可，如图 4—70 所示。

8）GHOST 开始制作镜像文件，如图 4—71 所示。

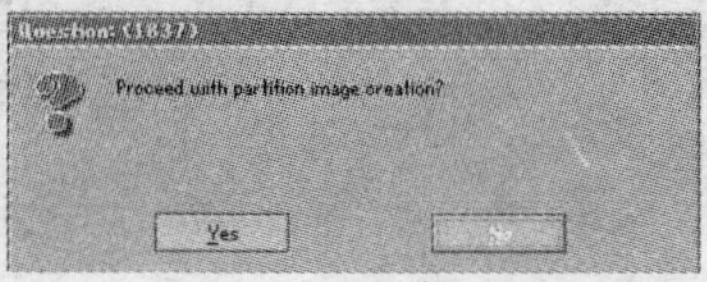

图 4—70　确认开始制作镜像

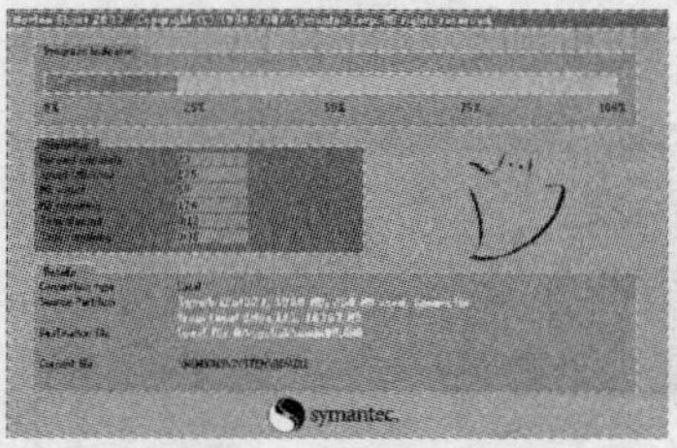

图 4—71　开始制作镜像

9）建立镜像文件成功后，会弹出提示信息框，提示用户创建镜像文件成功，如图4—72 所示，在此按 Enter 键即可回到 GHOST 界面。

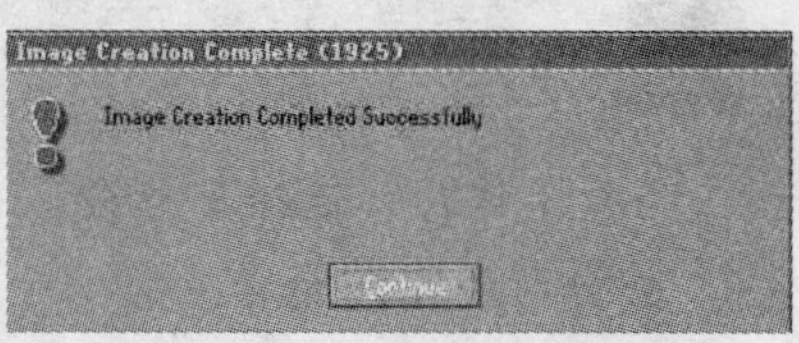

图 4—72　创建镜像文件成功

（2）使用 GHOST 还原操作系统。制作好镜像文件后，在今后的使用中如遇到操作系统崩溃就可以对其进行还原操作，这样就能快速恢复到制作镜像文件时的系统状态。

1）启动 GHOST 程序，在弹出 GHOST 欢迎界面中。选择“OK”按钮，按 Enter 键继续。

2）在出现了 GHOST 主菜单后，用方向键移动到菜单选择“Local→Partition→From Image”选项，如图 4—73 所示，然后按 Enter 键。

3）出现“镜像文件还原位置”窗口，在“File name”文本框中输入镜像文件的完整路径及文件名（也可以用方向键配合 Tab 键分别选择镜像文件所在路径），如“D：\ sysbak \ cwin98. gho”，再按 Enter 键，如图 4—74 所示。

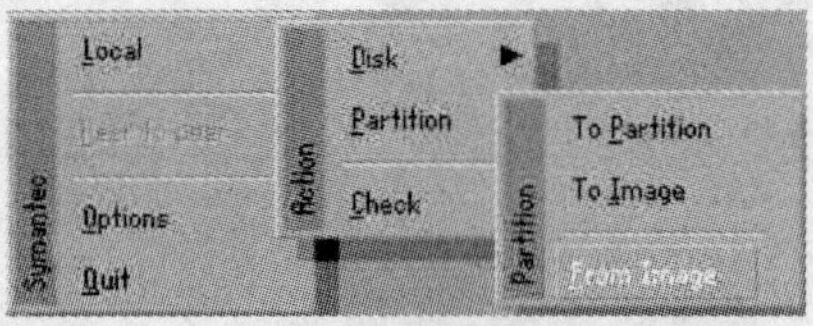

图 4—73　选择恢复分区

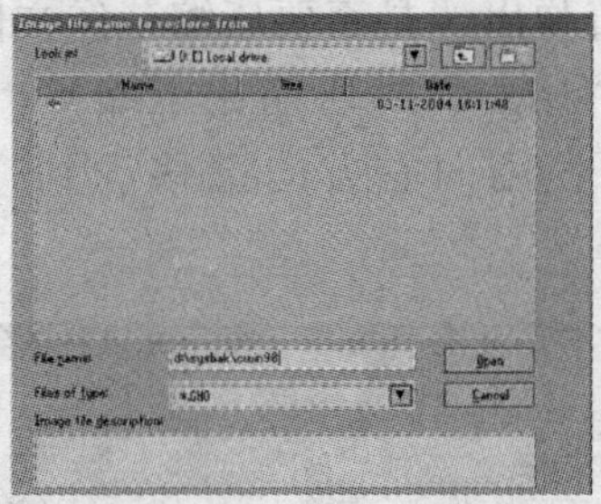

图 4—74　选择镜像文件

4）出现从镜像文件恢复到硬盘的窗口，如图 4—75 所示，选择后直接按 Enter 键即可。

5）出现从硬盘选择目标分区窗口，用方向键选择目标分区（即要还原到哪个分区），按 Enter 键。

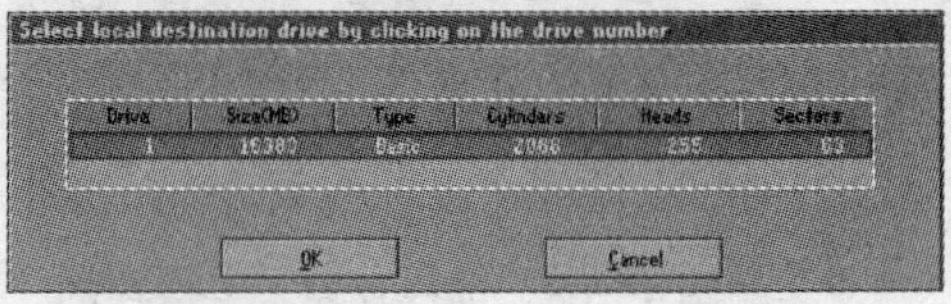

图 4—75　选择本地硬盘

6）在出现的信息提示框中，提示用户是否开始还原，可用方向键移动到“Yes”按钮上，按 Enter 键确定，GHOST 即可开始还原分区，如图 4—76 所示。

7）还原完毕，出现信息提示框，在此使用方向键将光标移动到“Reset Computer”按钮上，按 Enter 键重新启动计算机，如图 4—77 所示。整个还原过程结束。

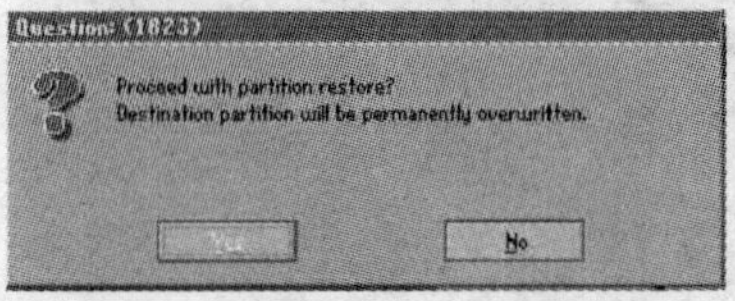

图 4—76　确认后开始还原分区

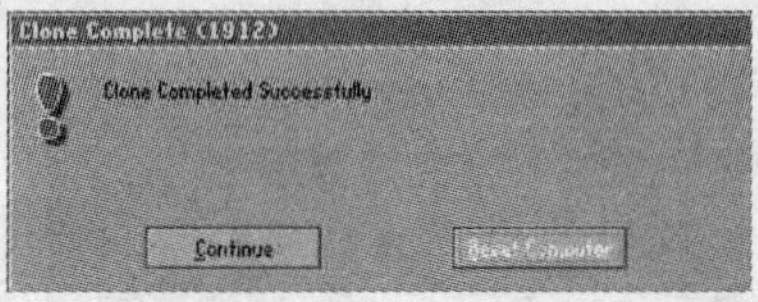

图 4—77　还原完毕重新启动计算机

注意

在还原操作时，选择目标分区一定要选正确，否则，目标分区原来的数据将全部消失。

4. 备份与还原注册表

注册表是 Windows 的一个内部数据库，是一个巨大的树状分层结构。它容纳了应用程序和计算机系统的全部配置信息、系统和应用程序的初始化信息、应用程序和文档文件的关联关系、硬件设备的说明、状态和属性以及各种状态信息和数据。

（1）注册表包含的内容。注册表中存放着各种参数，直接控制着 Windows 的启动、硬件驱动程序的装载以及一些 Windows 应用程序的运行，在整个 Windows 系统中起核心的作用。注册表通常包括下面的内容：

1）软、硬件的有关配置和状态信息，注册表中保存了应用程序和资源管理器外壳的初始条件、首选项和卸载数据。

2）联网计算机的整个系统的设置和各种许可、文件扩展名与应用程序的关联关系，硬件部件的描述、状态和属性等。

3）性能记录和其他底层的系统状态信息，以及其他一些数据。

如果注册表受到了破坏，轻者使 Windows 在启动的过程出现异常，重者可能会导致整个系统的完全瘫痪。因此正确地认识、使用特别是及时备份以及有问题时恢复注册表，对 Windows 用户来说就显得非常重要。

（2）备份注册表

1）单击“开始”按钮，在弹出的“开始”菜单中，选择“运行”选项，在弹出的“运行”对话框中输入“regedit”命令，单击“确定”按钮，如图 4—78 所示，打开注册表。

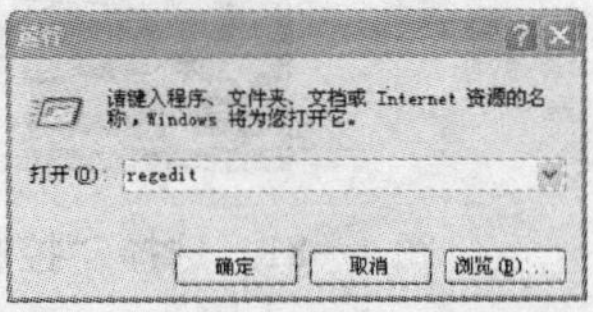

图 4—78　打开注册表命令

2）在弹出的“注册表编辑器”窗口中，单击“文件”选项，在弹出的“文件”下拉菜单中选择“导出”选项，如图 4—79 所示。

3）在弹出的“导出注册表文件”对话框中选择存放位置及输入备份注册表的文件名。单击“保存”按钮，如图 4—80 所示，即可完成对注册表的备份操作。

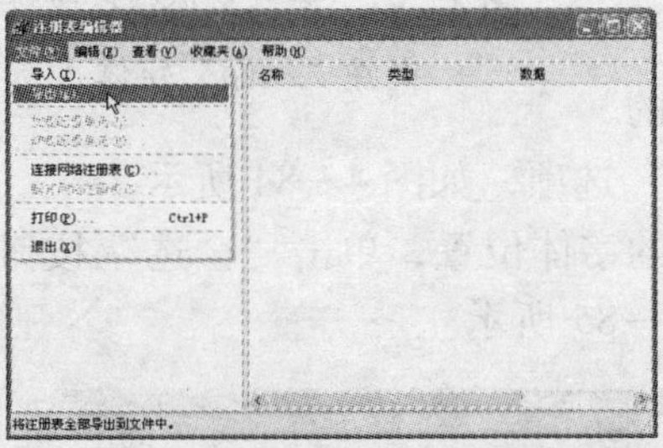

图 4—79　选择“导出”选项

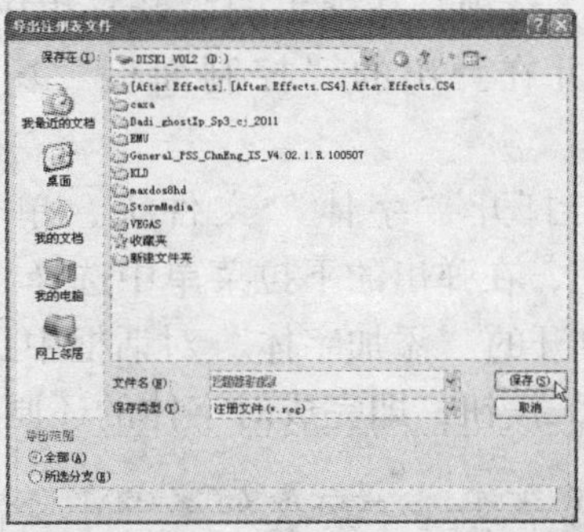

图 4—80　“导出注册表文件”对话框

（3）还原注册表

1）单击“开始”按钮，在弹出的“开始”菜单中选择“运行”选项，在弹出的“运行”对话框中输入“regedit”命令，单击“确定”按钮打开注册表。

2）在弹出的“注册表编辑器”窗口中，单击“文件”选项，在弹出的“文件”下拉菜单中选择“导入”选项。

3）在弹出的“导入注册表文件”对话框中选择存放注册表的位置及注册表文件。单击“确定”按钮，即可完成对注册表文件的还原操作。

5. 备份与还原字体文件

（1）备份字体文件

1）单击“开始”按钮，在弹出的“开始菜单”中，选择“设置”选项，在弹出的级联菜单中选择“控制面板”选项。在弹出的“控制面板”窗口中选择“字体”文件夹，如图 4—81 所示。

2）双击打开“字体”文件夹，全选字体文件，单击标题栏上的“编辑”选项，在弹出的下拉菜单中选择“复制”选项，如图 4—82 所示。

图 4—81　选择“控制面板”中的“字体”文件夹

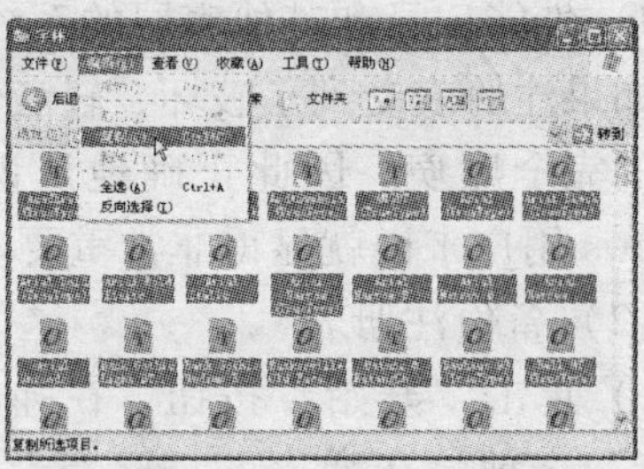

图 4—82　全选并复制字体

3）选择要将字体备份到的文件夹，右击，在弹出的快捷菜单中选择“粘贴”选项，完成对字体的备份操作，如图 4—83 所示。

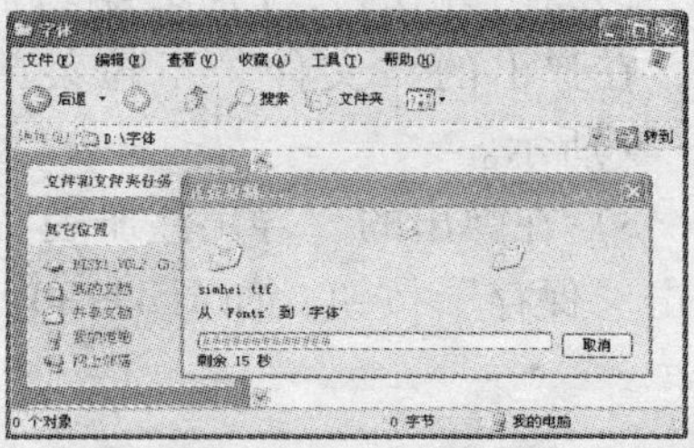

图 4—83　选择备份字体文件夹并“粘贴”字体

（2）还原字体文件

1）单击“开始”按钮，在弹出的“开始菜单”中选择“设置”选项，在弹出的级联菜单中选择“控制面板”选项，并在弹出的“控制面板”窗口中选择“字体”文件夹。

2）双击打开“字体”文件夹，单击标题栏上的“文件”按钮，在弹出的下拉菜单中选择“安装新字体”选项，如图 4—84 所示。

3）在打开的“添加字体”对话框中，选择备份过的字体位置，单击“全选”按钮，再单击“确定”按钮，即完成对字体的还原操作，如图 4—85 所示。

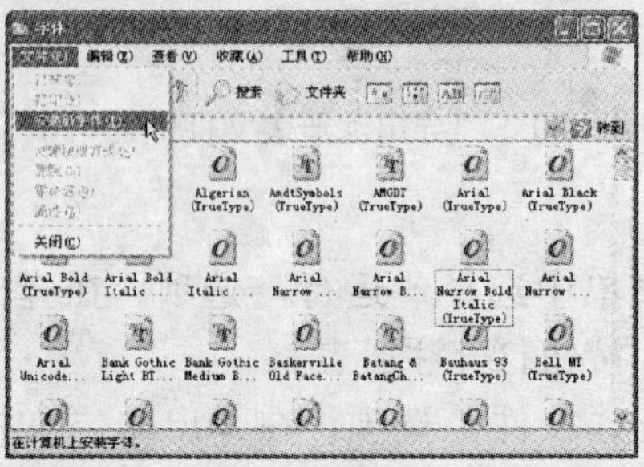

图 4—84　选择“安装新字体”命令

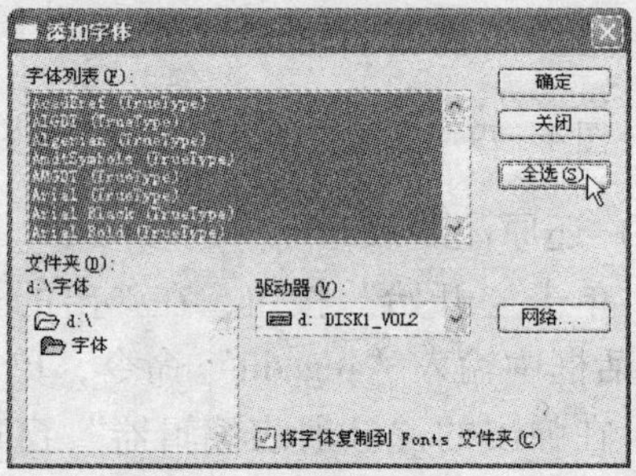

图 4—85　还原字体操作

二、驱动程序备份与还原

1. 驱动程序的备份

（1）登录 http：//www. drivergenius. com/下载“驱动精灵”软件并安装。

（2）运行“驱动精灵”程序，单击“备份还原”按钮，选择“备份驱动”选项卡。勾选其中需要备份驱动程序的设备的复选按钮，单击“开始备份”按钮，即可开始进行驱动程序的备份操作，如图 4—86 所示。

2. 驱动程序的还原

运行“驱动精灵”程序，单击“备份还原”按钮，选项“还原驱动”选项卡。勾选其中需要还原驱动程序的设备的复选按钮，单击“开始还原”按钮，即可开始进行驱动程序的还原操作，如图 4—87 所示。

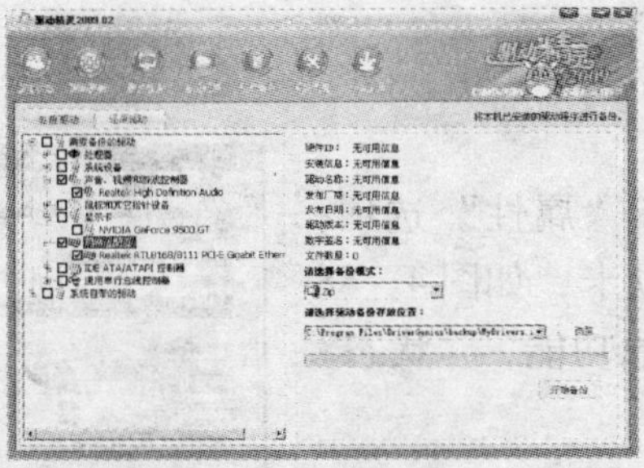

图 4—86　备份驱动程序

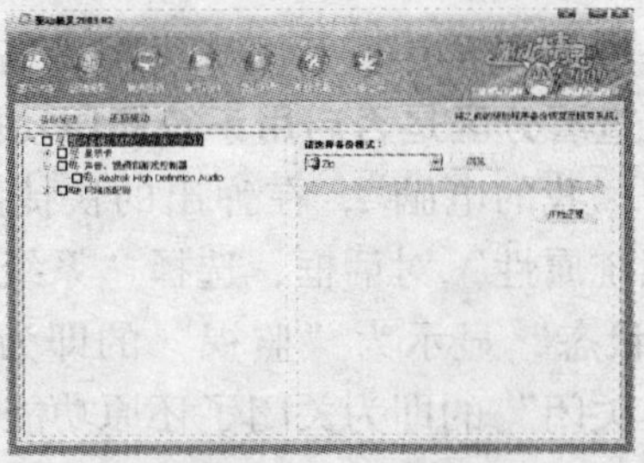

图 4—87　还原驱动程序

模块四　疑难与技巧

学习目标

1. 理解安装 Windows XP、Windows 7 时的分区及安装快完成时黑屏死机的处理方法。

2. 理解单独安装设备驱动程序及安装注意事项。

3. 理解查看分区启用与关闭“系统还原”及减少还原点占用的磁盘空间让系统备份更加简单的方法。

一、安装 Windows XP、Windows 7 时的分区

Windows XP 系统文件所占用的硬盘空间并不大。但 Windows 7 系统文件所占用的硬盘空间比较大。所以，在安装 Windows XP 时，建议至少有 10 ~ 15 G 空间作为安装操作系统的空间。对于 Windows 7 来讲，建议至少有 20 ~ 25 G 空间作为安装系统的空间。其余分区可根据用户自己的文件存储情况自行决定。

二、安装快完成时黑屏死机的解决方法

对于目前的 Windows XP 或 Windows 7 系统，在安装时，都会边安装边检测硬件，在出现黑屏死机时，建议可以先从安装光盘或文件着手，看是否文件有错误。然后再从计算机的各个硬件着手，使用替换法查找黑屏原因，基本检查顺序为内存、主板、显示卡、声卡、硬盘、CPU。

三、单独安装驱动程序的设备

Windows XP 和 Windows 7 系统中都自带一部分硬件驱动程序，但这些硬件驱动程序并不一定都能给用户的硬件带来最好的性能提升。所以，大部分时候，用户需要自己再单独安装这些驱动程序。通常主板、显示卡以及一些外部设备如打印机、扫描仪、摄像头需要用户自行安装驱动程序。声卡、网卡如用户的系统中没有驱动程序，或者有驱动程序，但用户并不满意此驱动程序带来的硬件性能，那么用户也可以自行下载并安装此设备的驱动程序。

四、安装驱动程序的注意事项

1. 正确地选择驱动程序，包括驱动程序的厂商，芯片型号，发行日期以及是否为测试版等。

2. 注意驱动程序的安装顺序。

3. 每个驱动程序安装完成后都要重新启动计算机。

五、查看分区是否启用系统还原功能

右击“我的电脑”，在弹出的快捷菜单中选择“属性”选项，弹出“系统属性”对话框，选择“系统还原”选项卡，如图4—88所示。“状态”显示为“监视”的即为启用了还原功能，“状态”显示为“关闭”的即为关闭了还原功能。

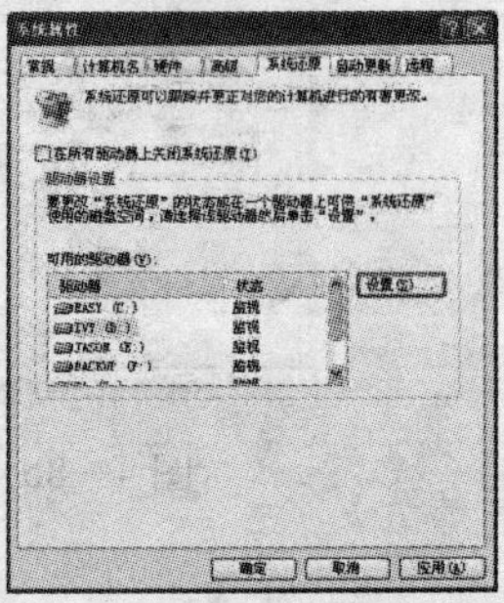

图4—88　查看分区“系统还原”状态

六、让系统备份更加简单

减少还原点占用的磁盘空间才能让系统备份更加简单。

1. 关闭“系统还原”

在不需要进行“系统还原”的分区中可以关闭“系统还原”。

（1）右击“我的电脑”，在弹出的快捷菜单中选择“属性”选项，弹出“系统属性”对话框，选择“系统还原”选项卡。

（2）选择要关闭“系统还原”的分区，单击“设置”按钮，关闭当前分区的“系统还原”功能。或者直接勾选“在所有驱动器上关闭还原”复选按钮，如图4—89所示。

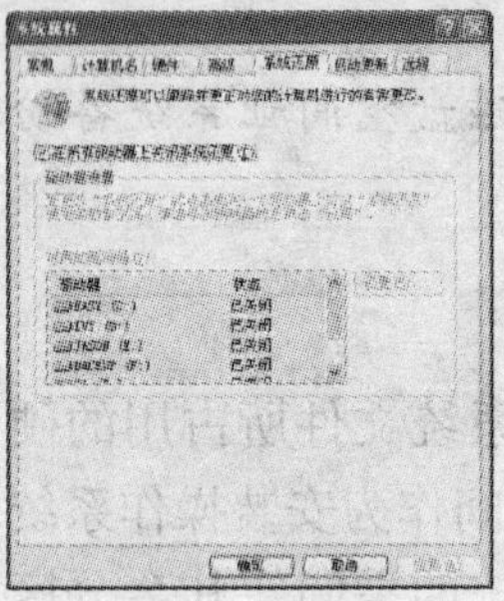

图4—89　关闭“系统还原”功能

2. 释放多余还原点

Windows XP中的还原点包括系统自动创建还原点和用户手动创建还原点。使用时间加长，还原点会增多，硬盘空间减少，此时，可释放多余的还原点。

右击“我的电脑”，在弹出的快捷菜单中选择“属性”选项，弹出“系统属性”对话框，选择“常规”选项卡，单击“磁盘清理”按钮，如图4—90所示。在弹出的“磁盘清理”对话框中选择“其他选项”选项卡，在“系统还原”选项区中单击“清理”按钮，在弹出的提示信息对话框中单击“Y”按钮即可，如图4—91所示。

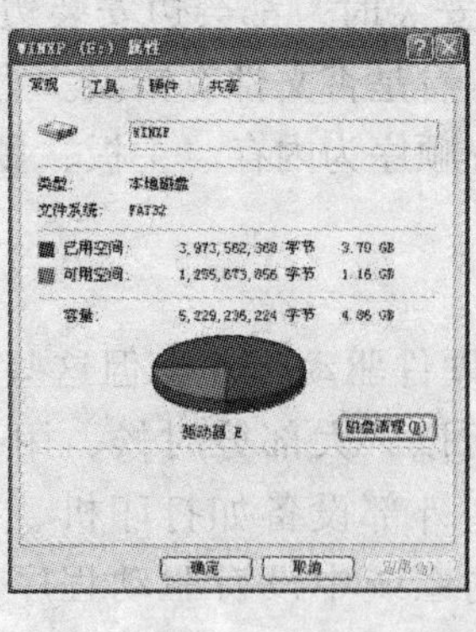

图4—90　点击“磁盘清理”按钮

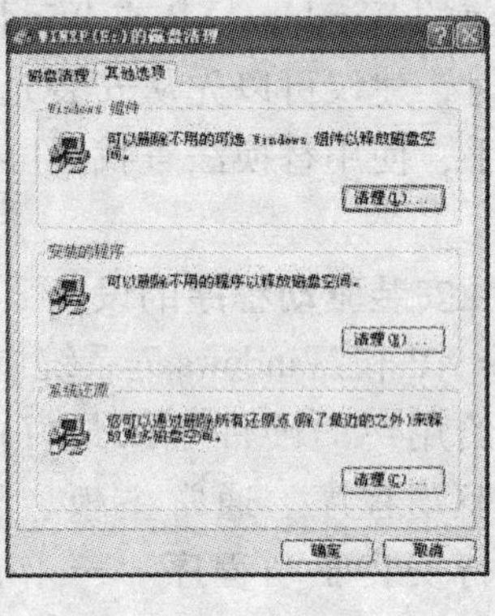

图4—91　清理还原点

单 元 练 习

一、填空题

1. 安装操作系统时，经常使用的安装方式有________及________。

2. 操作系统的安装步骤主要包括________、________、________和________四部分。

3. ________________的安装是操作系统安装结束后首先要做的工作。

4. 驱动程序能够解释________不能支持的硬件设备，从而保证硬件设备的正常工作，以充分发挥这些硬件的功能及性能。

5. 在恢复系统时一定要先检查一下________________盘是否有重要的文件。

二、简答题

1. 简述用 Windows XP 操作系统对硬盘进行分区和格式化的过程。

2. 简述 Windows XP 操作系统的安装过程。

3. 简述 Windows 7 操作系统的安装过程。

4. 简述 Windows XP 和 Windows 7 安装过程的区别。

5. 驱动程序共分几种类型？

6. 简述安装驱动程序的顺序。

7. 简述 GHOST 的主要功能。

8. 简述 GHOST 备份 Windows XP 操作系统的步骤。

9. 简述 GHOST 还原 Windows XP 操作系统的步骤。

第五单元　连接网络并更新操作系统

模块一　连 接 网 络

学习目标

掌握 ADSL 拨号、局域网共享及无线上网的设置方法。

一、ADSL 拨号上网

1. 上网前的准备工作

（1）准备一台计算机。

（2）向当地 ISP 供应商申请账号及密码。

（3）准备一台 ADSL MODEM。

提示

通常 MODEM 内附有电话线、ADSL MODEM、ADSL 分离器、MODEM 电源适配器以及网线。

2. 建立 ADSL 连接

（1）将 ADSL MODEM 的 LAN 口插入网线并和计算机的网卡连接起来。

（2）ADSL 分离器 LINE 口连接入户主线，PHONE 口连接电话，MODEM 口连接 ADSL MODEM。

（3）连接 ADSL MODEM 电源线。完成以上的硬件连接后，就可以开始进行软件方面的设置操作。

1）右击桌面上的“网上邻居”图标，在弹出的快捷菜单中单击“属性”选项，弹出“网络连接”窗口，如图 5—1 所示。在“任务窗格”的“网络任务”选区中选择“创建一个新的连接”选项。

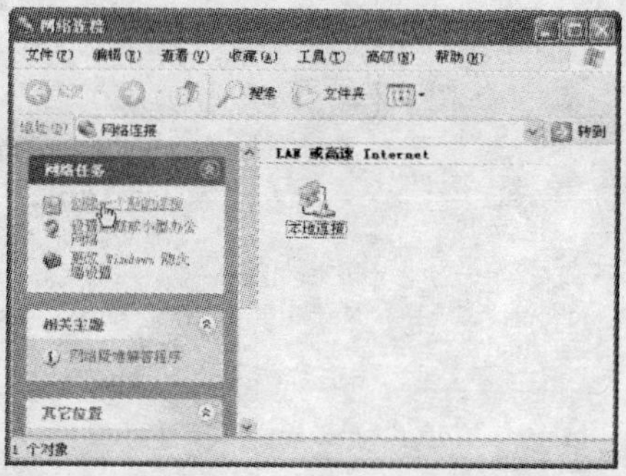

图 5—1　“网络连接”窗口

2）在弹出的“新建连接向导”对话框中单击“下一步”按钮，如图 5—2 所示。

3）点选“连接到 Internet”单选按钮，单击“下一步”按钮，如图 5—3 所示。

4）点选“手动设置我的连接”单选按钮，单击“下一步”按钮，如图 5—4 所示。

5）点选“用要求用户和密码的宽带连接来连接”单选按钮，单击“下一步”按钮，如图 5—5 所示。

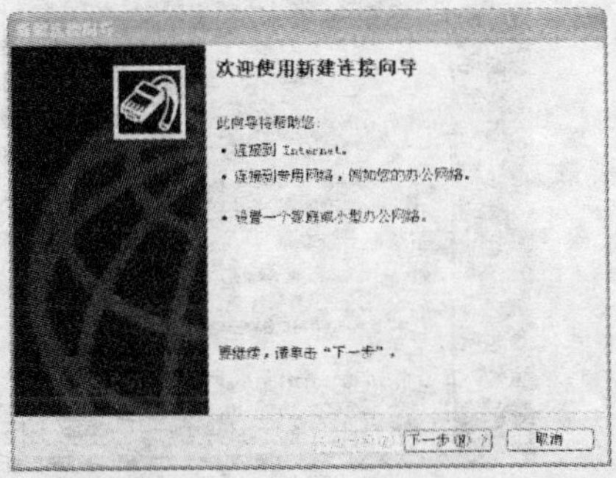

图 5—2　新建连接向导—欢迎使用新建连接向导

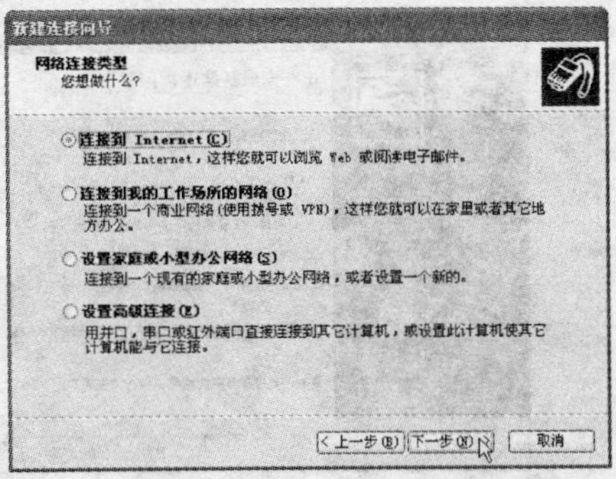

图 5—3　新建连接向导—网络连接类型

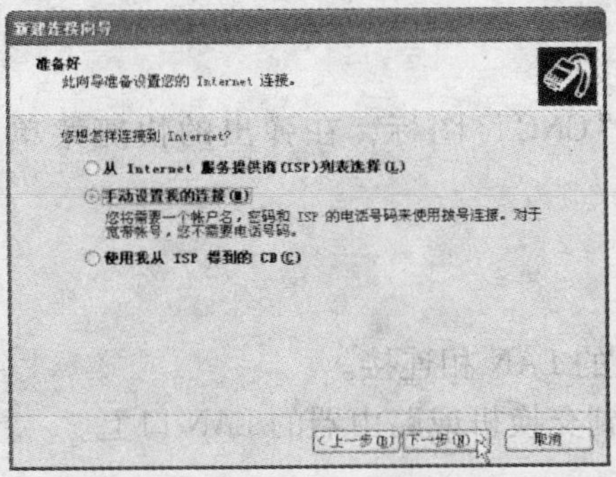

图 5—4　新建连接向导—选择 Internet 连接方式

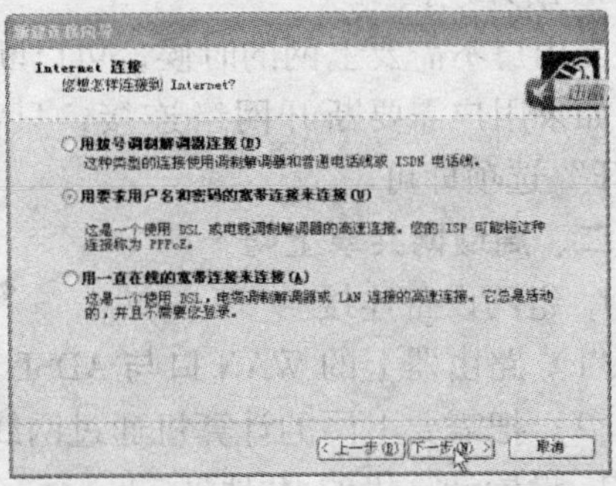

图 5—5　新建连接向导—Internet 连接

6）输入 ISP 名称（如中国电信、中国联通、中国铁通等），单击“下一步”按钮，如图 5—6 所示。

7）输入从 ISP 申请到的用户名与密码，其他的选项为默认，单击“下一步”按钮，如图 5—7 所示。

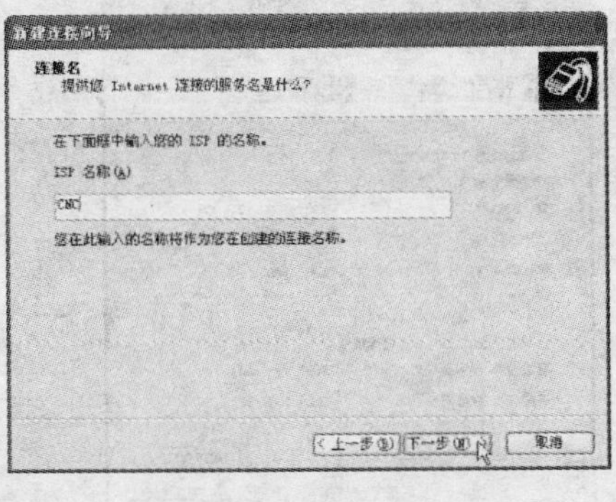

图 5—6　新建连接向导—输入连接名称

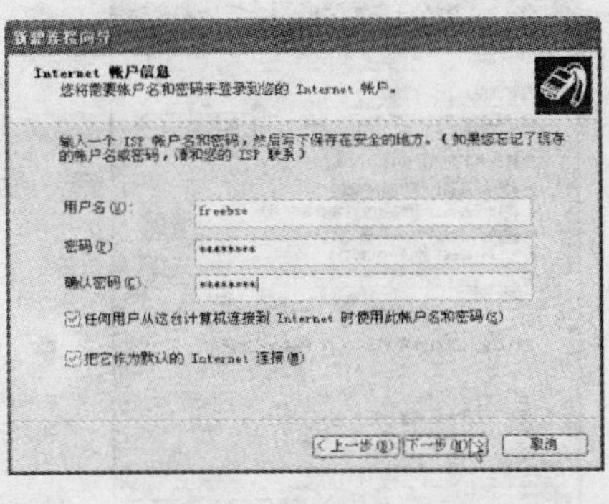

图 5—7　新建连接向导—Internet 账户信息

8）勾选“在我的桌面上添加一个到此连接的快捷方式”，单击“完成”按钮，如图 5—8 所示。

3. 拨号上网

双击桌面新建立的连接的快捷方式，弹出“连接”对话框，单击对话框中的“连接”按钮即可连接到 Internet 中，如图 5—9 所示。

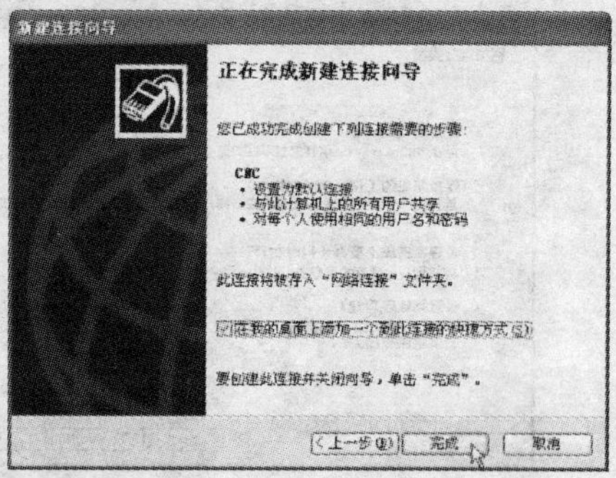

图 5—8　新建连接向导—正在完成新建连接向导

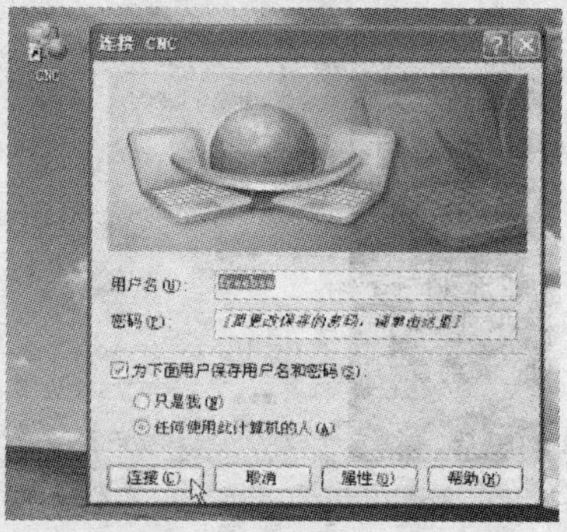

图 5—9　“连接”对话框

4. 断开连接

当用户不需要上网的时候，可以断开网络连接。

如果用户需要断开网络连接，只需要右击“CNC”图标，在弹出的快捷菜单中选择“断开”选项即可。

二、局域网共享上网

1. 组网设备连接

（1）路由器上的 WAN 口与 ADSL MODEM 上的 LAN 相连接。

（2）把需要上网的计算机通过网线依次连接到交换机或路由器的 LAN 口上。

2. 设置计算机的 IP 地址

（1）右击桌面上的“网上邻居”图标，在弹出的快捷菜单中选择“属性”选项，弹出“网络连接”窗口。右击“本地连接”图标，在弹出的快捷菜单中单击“属性”选项，弹出“本地连接 属性”对话框，如图 5—10 所示。

（2）双击“Internet 协议（TCP/IP）”选项，弹出“Internet 协议（TCP/IP）属性”对话框，如图 5—11 所示。

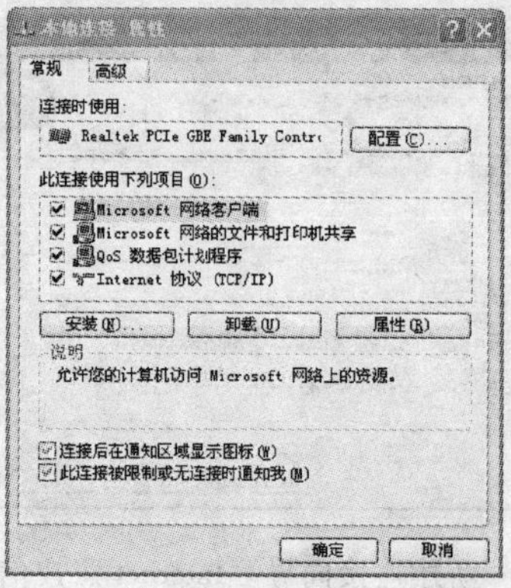

图 5—10　“本地连接 属性”对话框

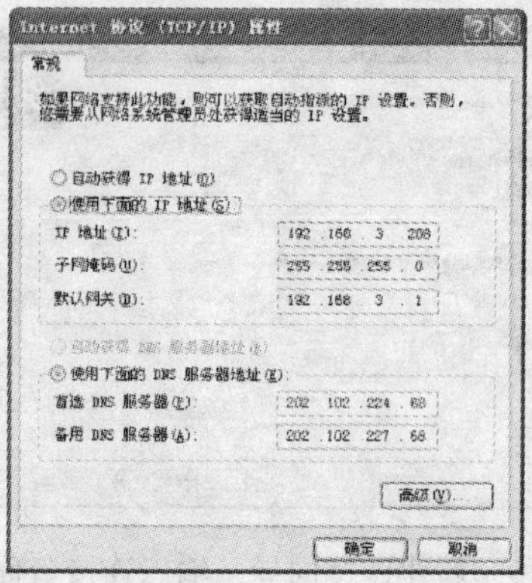

图 5—11　“Internet 协议（TCP/IP）属性”对话框

（3）点选“使用下面的 IP 地址”及“使用下面的 DNS 服务器地址”的单选按钮。即可输入相应的 IP 地址以及 DNS 地址。

3. 配置宽带路由器

（1）每个路由器都有默认的 IP 地址，一般为 192. 168. 1. 1。实际可参考路由器说明书。

并将自己的计算机 IP 配置为 192. 168. 1. x，网关和 DNS 指向路由器，即为 192. 168. 1. 1。

（2）打开桌面上的 Internet Explorer，输入 192. 168. 1. 1，进入路由器的登录界面，输入用户名及登录密码，如图 5—12 所示。

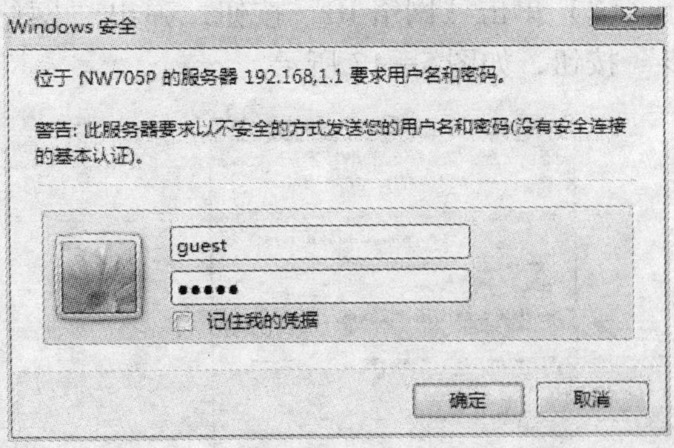

图 5—12 登录路由器

（3）选择“网络参数/WAN 口设置”选项，在弹出的设置界面里主要是对上网方式和权限进行设置，如图 5—13 所示。

（4）选择“网络参数/LAN 口设置”选项，在弹出的设置界面里主要是对路由器的参数进行设置，如图 5—14 所示。

（5）TCP/IP 协议设置包括 IP 地址、子网掩码、网关以及 DNS 服务器等。为局域网中所有的计算机正确配置 TCP/IP 协议并不是一件容易的事，DHCP 服务器提供了这种功能。如果使用路由器的 DHCP 服务器功能的话，用户可以让 DHCP 服务器自动配置局域网中各计算机的 TCP/IP 协议。可选择“DHCP 服务器/DHCP 服务”选项，点选“开启”单选按钮，就可以对路由器的 DHCP 服务器功能进行设置，如图 5—15 所示。

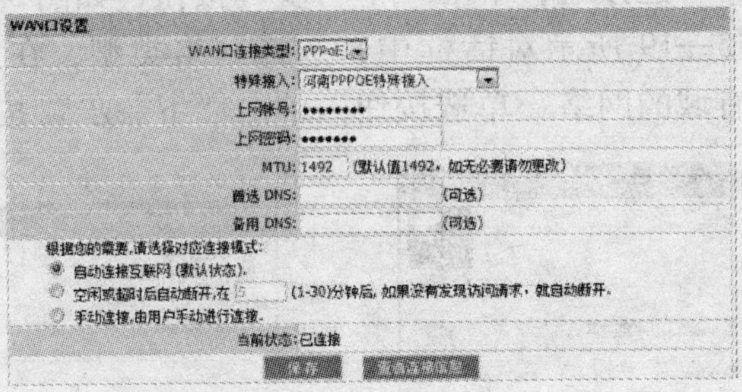

图 5—13 设置 WAN 口参数

图 5—14 设置 LAN 口参数

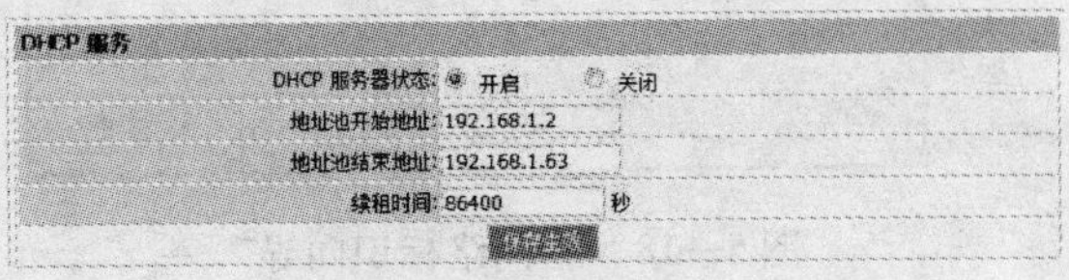

图 5—15 设置 DHCP 服务器

（6）进行完以上的设置后，单击“保存”按钮，选择“系统管理→重启路由器”选项，即可完成对路由器的简单基本设置，重启路由器后即可正常工作。

4. 修改计算机的网络标识

网络标识是计算机在网络里的身份标志。通过更改标识，可以将计算机加入对等网或域环境。对等（peer to peer）网是一种重要的网络结构，网络上的每一台计算机，既是客户机同时也是服务器。每一台计算机在使用其他计算机的信息或设备时，同时也对外提供相应的共享服务。其主要特点是无须使用固定的服务器。这种网络结构非常适合家庭或小型办公网，实现办公室内几台计算机资源的共享。

（1）右击桌面上“我的电脑”，在弹出的快捷菜单中选择“属性”选项，弹出“系统属性”对话框，选择“计算机名”选项卡，如图 5—16 所示。

（2）单击“网络 ID”按钮，弹出“网络标识向导”对话框，在此可直接单击“下一步”按钮，如图 5—17 所示。

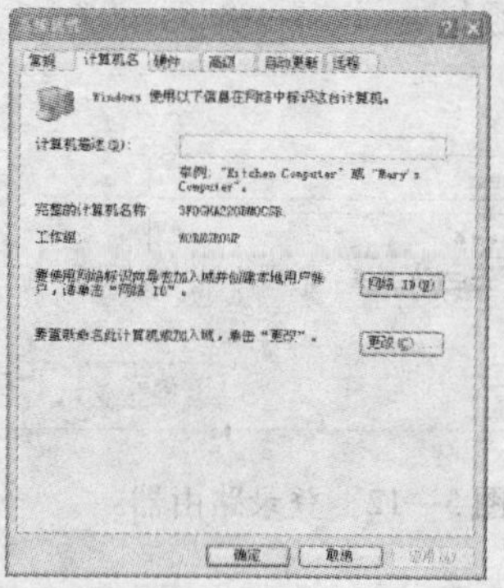

图 5—16 “系统属性”对话框—“计算机名”选项卡

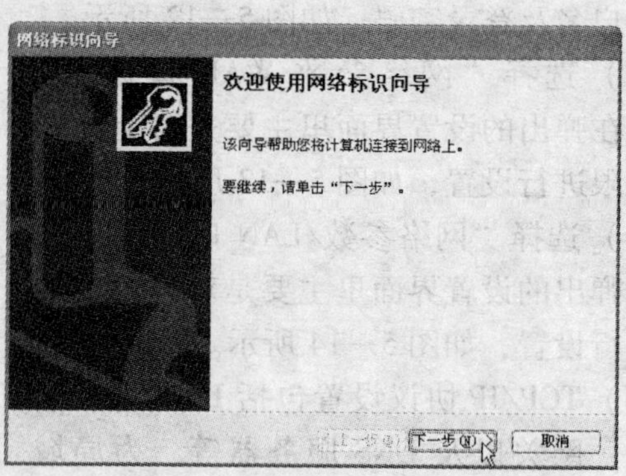

图 5—17 “网络标识向导”—欢迎使用网络标识向导

（3）在弹出的如图 5—18 所示对话框中，点选“本机是商业网络的一部分，用它连接到其他工作着的计算机”单选按钮，单击“下一步”按钮，如图 5—18 所示。

（4）在弹出的如图 5—19 所示对话框中，选择网络类型，在此由于需要使用对等网，所以点选“公司使用没有域的网络”单选按钮，单击“下一步”按钮，如图 5—19 所示。

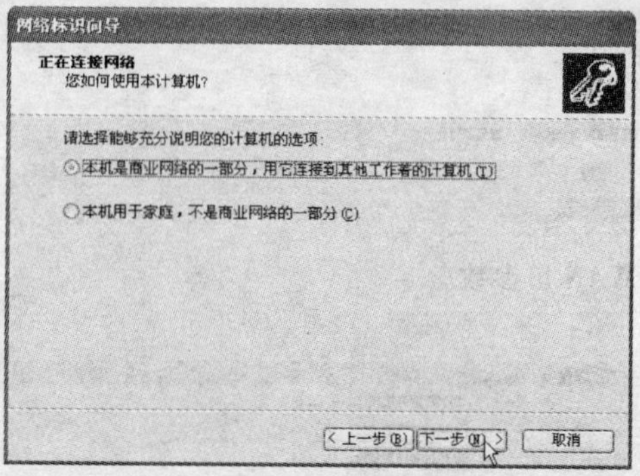

图 5—18 “网络标识向导”—正在连接网络 - 1

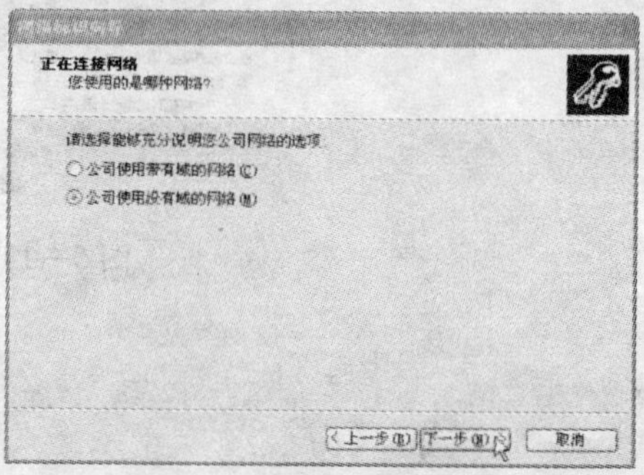

图 5—19 “网络标识向导”—正在连接网络 - 2

（5）在弹出的“网络标识向导”对话框—工作组中，可以自定义工作组的名称或者重新命名工作组的名称，也可选取默认的“WORKGROUP”名称，单击“下一步”按钮，如图 5—20 所示。

（6）在弹出的“网络标识向导”对话框—完成网络标识向导中，系统提示用户全部设置工作已经完成，单击“完成”按钮并重启计算机使更改生效，即可完成修改计算机的网络标识，如图 5—21 所示。

三、无线上网

1. 无线组网设备

无线组网设备通常由无线网卡、无线路由器、无线网桥、无线交换机等组成，如图 5—

22、图 5—23、图 5—24、图 5—25 所示。

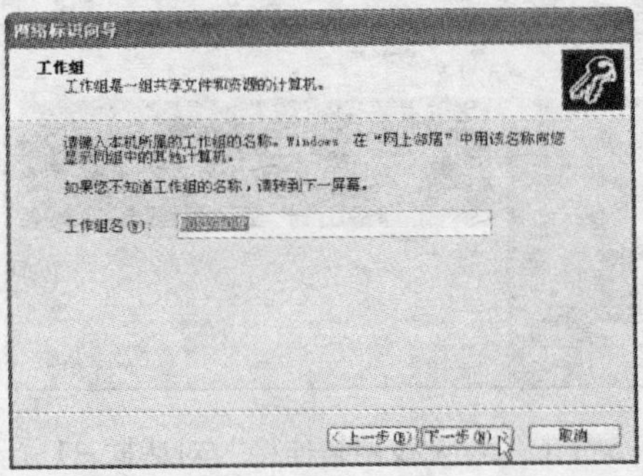

图 5—20 “网络标识向导”—工作组

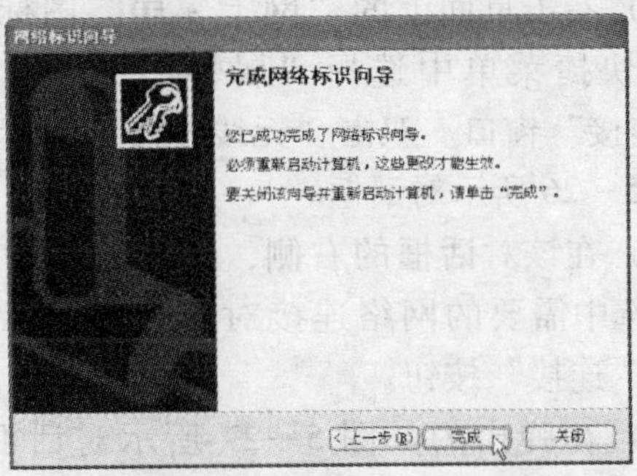

图 5—21 “网络标识向导”—完成网络标识向导

图 5—22 无线网卡

图 5—23 无线路由器

图 5—24 无线网桥

图 5—25 无线交换机

2. 获得无线接入点

在有无线网络覆盖的地方，双击“网上邻居”图标，在弹出的窗口中双击无线网卡，弹出“无线网络连接”对话框，计算机自动搜寻无线网络，就可以获取无线接入点。

3. 设置无线网卡

一般情况下，无线网卡是不需要设置的，如果需要设置，只需要和有线网络一样设置其“Internet 协议（TCP/IP）”。操作方法与设置有线网络方法一致，只是选择的对象要改为无线网络的连接。

4. 将计算机连接到无线网络

（1）右击桌面上的“网上邻居”图标，在弹出的快捷菜单中选择“属性”选项，弹出“网络连接”窗口。双击“无线连接”图标，弹出如图5—26所示对话框。

（2）在该对话框的右侧，选择需要的网络连接，选中需要的网络连接对应选项，单击右下角的“连接”按钮。

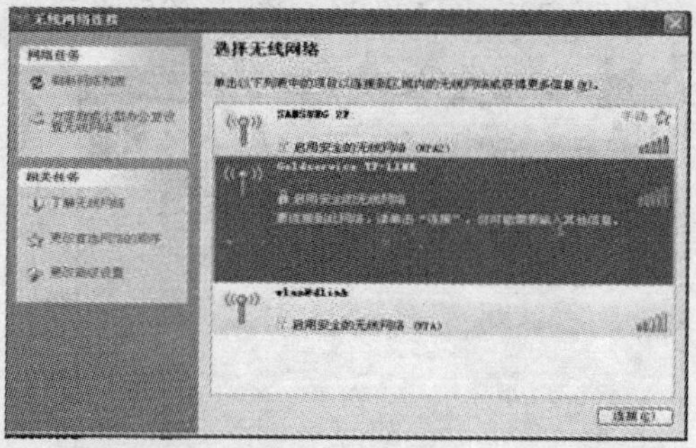

图5—26　“无线网络连接”对话框－1

（3）在弹出的如图5—27所示对话框中，在“网络密钥”文本框中输入密码后，单击“连接”按钮，就可以连接到所选择的无线网络中。

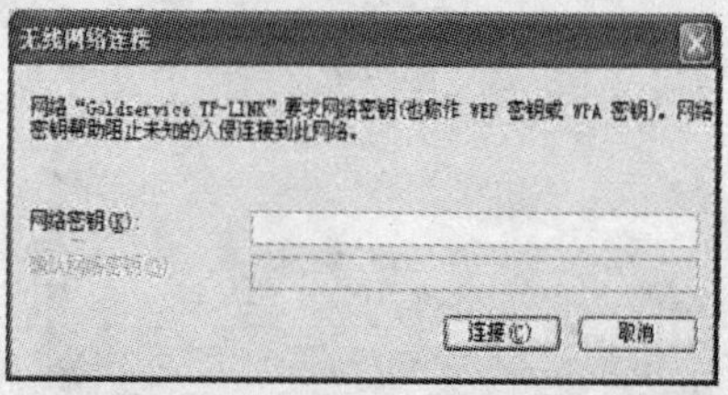

图5—27　“无线网络连接”对话框－2

5. 防止他人蹭网

在路由器中，将其加密方式设为WPA2，密码构成最好使用大写字母＋小写字母＋数字的复杂形式，将路由器中的计算机IP地址和MAC地址进行绑定，并将路由器中无线网络的客户机支持个数改为用户需要的个数，就可以防止他人蹭网。

模块二　更新操作系统

学习目标

1. 掌握操作系统更新的操作方法。
2. 掌握查看已安装的操作系统更新的操作方法。

一、系统更新

系统漏洞可以被不法者或者计算机黑客利用，通过植入木马、病毒等方式来攻击或控制整个计算机，从而窃取用户计算机中的重要资料和信息，甚至破坏用户的系统。所以，需要通过更新系统来修补这些漏洞，以防用户的计算机被入侵或者遭到破坏。

1. 自动更新系统

（1）右击“我的电脑”图标，在弹出的快捷菜单中选择“属性”选项，在弹出的“系统属性”对话框中选择“自动更新”选项卡，如图5—28所示。

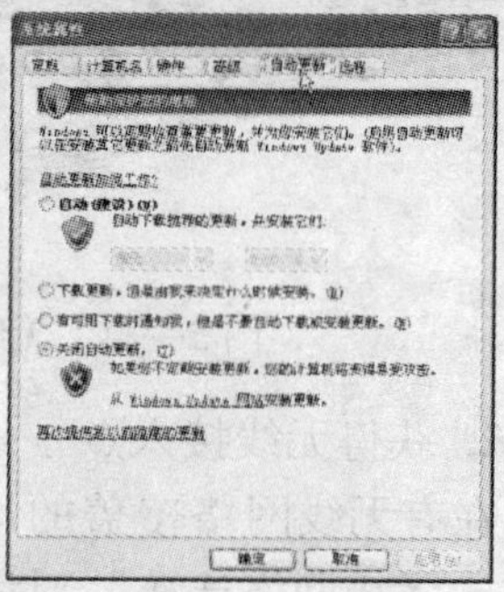

图5—28　“自动更新”选项卡

（2）点选“自动（建议）”单选按钮，即可打开Windows XP的自动更新。单击“确定”按钮，即可完成自动更新的设置。

2. 手动更新系统

鼠标指向“Windows Update网站”即连接微软的官方网站，对用户的计算机进行扫描并安装更新，即可完成手动更新系统的操作。

注意

如果用户的计算机安装的是非正版Windows系统，建议关闭自动更新。由于自动更新需要通过微软的网络进行下载安装，在安装完毕后，微软会自动检测用户的系统是否为正版，就是俗称的“正版验证”。如果不是正版，用户将无法进入系统。非正版的用户建议使用第三方的软件来进行系统更新操作。

二、通过工具软件更新、查看操作系统

1. 使用“360安全卫士”更新计算机系统。

（1）通过360官方网站下载并安装360安全卫士。

（2）双击桌面“360安全卫士”图标，打开360安全卫士程序，弹出“360安全卫士”窗口，如图5—29所示，在其中单击“修复漏洞”按钮。

（3）“360安全卫士”软件会自动扫描需要修复的漏洞，扫描完成后，用户可以根据自己的需要勾选需要修复的相应漏洞前的复选按钮，单击“立即修复”按钮，“360安全卫士”软件会自动开始下载更新并修复这些漏洞，如图5—30所示。

2. 使用“360安全卫士”查看

在“360安全卫士”程序窗口中，选择“已安装”选项，在弹出的“360漏洞修复”对话框中选择“已安装补丁”选项卡，即可查看已安装过的系统补丁，如图5—31所示。

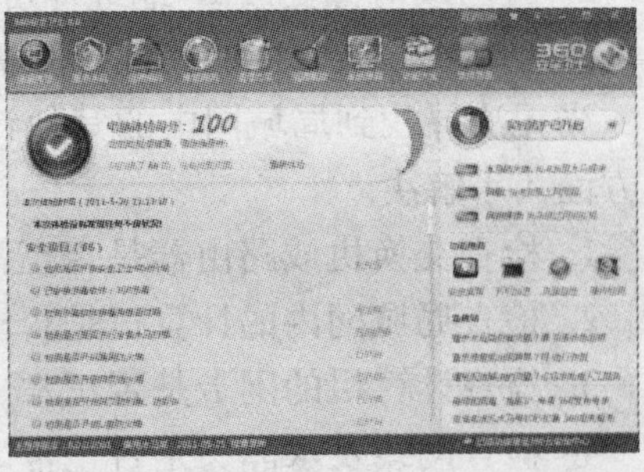

图5—29 “360安全卫士”窗口

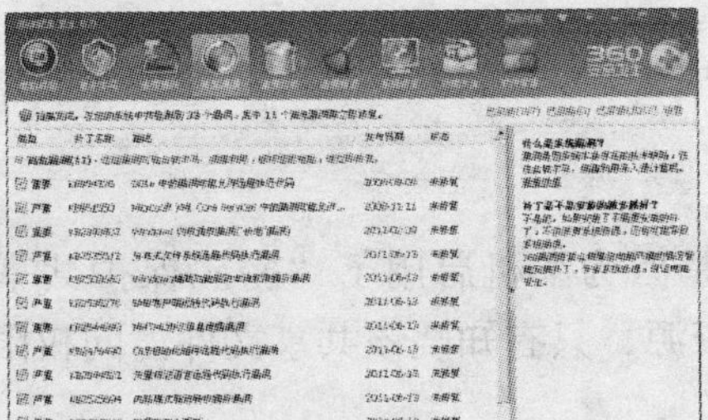

图5—30 “360安全卫士”修复漏洞

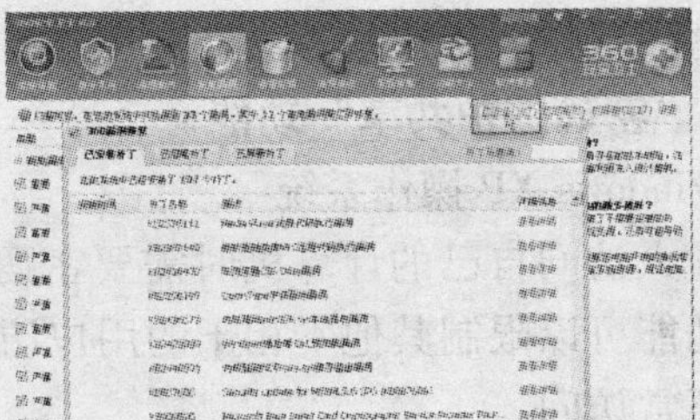

图5—31 查看已安装过的系统补丁

模块三 疑难与技巧

学习目标

掌握本单元内容中的一些疑难问题的解决方法与技巧。

一、为宽带连接创建桌面快捷方式

1. 右击桌面上“网上邻居”图标，在弹出的快捷菜单中选择“属性”选项，弹出“网络连接”窗口。

2. 右击“宽带”图标，在弹出的快捷菜单中选择“创建快捷方式”选项，如图5—32所示。

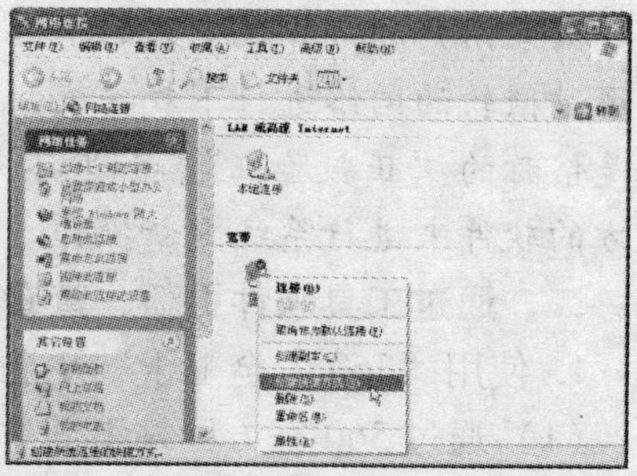

图5—32　创建“宽带连接”桌面快捷方式

3. 在弹出的“快捷方式”信息提示中，提示用户“Windows无法在当前位置创建快捷方式。要把快捷方式放在桌面上吗?”，在此单击“是”按钮，宽带连接创建桌面快捷方式工作完成。

二、解决IP冲突

解决IP冲突通常从以下两方面入手解决。

1. 在局域网内查找IP地址冲突的计算机。

2. 自己或对方更改IP地址即可解决。

三、寻找局域网中的其他计算机

当无法寻找到局域网中的其他计算机时，应从以下几方面入手解决。

1. 检查交换机或路由器是否正常工作。

2. 检查局域网内的计算机是否已正常启动。

3. 检查计算机的网卡是否正常工作。

4. 检查网线及水晶头是否正常。

5. 检查TCP/IP协议安装和设置是否正确。

6. 检查文件共享是否开启。

7. 检查是否拒绝Guest用户从网络访问本机。

8. 检查Guest用户是否已经启用。

四、“密码保护共享”功能

1. Windows XP操作系统

当他人访问自己的计算机时需要密码，这可能是因为本机启用了“密码保护共享”功能，该功能可以限制其他不相干的用户访问共享的资源，只有知晓该共享文件访问权限的用户才能正常访问。

2. Windows 7操作系统

Windows 7操作系统默认启用了“密码保护共享”功能，如果想让他人可以匿名访问，需要在“高级共享设置”窗口“密码保护的共享”选区中，点选“启用密码保护共享”单选按钮，然后单击“保存修改”按钮启用该功能。

单 元 练 习

一、填空题

1. 目前常用的上网方式有________、________及________。

2. ADSL上网的设备主要包括________、________、________三部分。

3. 设置计算机的 IP 地址，主要是设置________协议。

4. 配置宽带路由器时需要把________地址和________地址设为同一网段。

5. 无线网络热点，通常简称为________热点。

6. 如果想防止他人蹭网，需要设置________的验证方式。密码最好使用________方式。

二、简答题

1. 简述 ADSL 上网设备的连接步骤。

2. 简述新建拨号连接的步骤。

3. 简述设置计算机 IP 地址的步骤。

4. 简述 ADSL 上网、局域网共享上网、无线上网三种上网方式的优缺点。

5. 简述如何查找及连接到可用的无线网络。

6. 简述自动更新、手动更新及使用第三方软件更新系统的区别。

7. 简述使用 Windows XP 系统更新的步骤。

第六单元　工具软件

模块一　安装与卸载工具软件

学习目标

1. 认识工具软件。
2. 掌握工具软件的安装。
3. 掌握工具软件的卸载。

在使用计算机处理各种工作时，需要使用不同的软件（应用程序）来协助用户完成任务。虽然操作系统自带了一些软件，但满足不了用户的需求，此时需要另外安装合适的工具软件或系统组件。本单元将对工具软件的安装与卸载等相关知识进行介绍。

一、认识工具软件

工具软件是指除操作系统、数据库管理系统等平台性软件之外的一些软件，这类软件是为解决一些特定问题而开发的。例如：办公软件可以处理文字和表格，影音播放软件可以播放音乐或视频等。

1. 应该安装的工具软件

要在计算机中安装哪些工具软件，这取决于用户的实际需要。工具软件并不是安装得越多越好，只需要安装必须的工具软件即可。

（1）家用计算机。对于家用计算机来说，必须安装的软件并不多，常用的家用计算机工具软件见表6—1。

表6—1　常用的家用计算机工具软件

软件种类	软件名称	软件种类	软件名称
压缩解压软件	WinRAR、WinZIP、7 - ZIP	图片浏览软件	ACDSee、XnView
办公辅助软件	Office、金山词霸、金山快译	图片处理软件	光影魔术手、Photoshop、CorelDRAW
第三方输入法	搜狗拼音输入法、QQ拼音输入法、五笔输入法	资源下载软件	迅雷、快车
影音播放软件	酷狗音乐、暴风影音	杀毒软件	金山毒霸、卡巴斯基反病毒软件、小红伞

（2）上网用户。对于需要上网的用户，还需要安装的工具软件见表6—2。

表 6—2　　上网用户还应安装的工具软件

软件种类	软件名称	软件种类	软件名称
安全辅助软件	金山卫士、360 安全卫士、天网防火墙	电子邮件管理软件	Foxmail、Windows Live Mail
即时聊天软件	QQ、MSN、雅虎通	第三方浏览器	遨游浏览器、搜狗浏览器、火狐浏览器

2. 查看已安装的软件

计算机使用一段时间后，系统中或多或少会安装一些工具软件。操作系统具有程序管理功能，通过该功能可以查看计算机中已经安装的工具软件。

（1）在桌面上双击“计算机”图标，弹出“计算机”窗口，在工具栏中选择“卸载或更改程序”选项，如图 6—1 所示。

（2）在弹出的“程序和功能”窗口右侧的列表框中即可看到计算机中已经安装的工具软件列表，如图 6—2 所示。

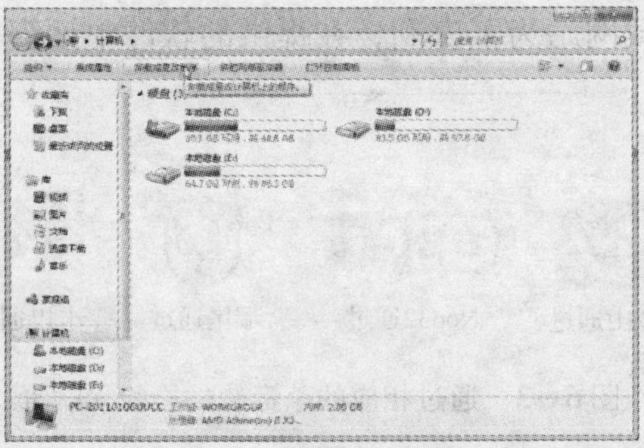
图 6—1　“计算机”窗口

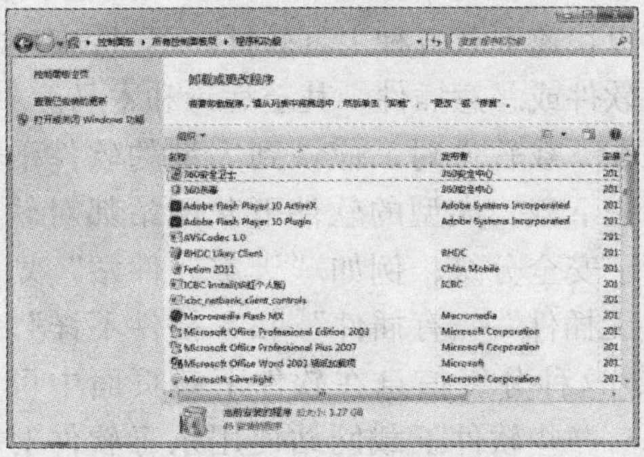
图 6—2　“程序和功能”窗口

3. 工具软件的获取途径

在使用工具软件前，需要先获取其安装程序并将其安装到计算机中。获取工具软件的安装程序主要可从软件专卖店购买或通过网上下载。

（1）从软件专卖店购买。很多工具软件在各大计算机卖场或软件专卖店中都有出售，特别是 Photoshop、AutoCAD、瑞星杀毒软件和 Microsoft Office 办公软件等大型软件。

提示

建议使用正版软件，以获得更好的服务和应用体验。

（2）从软件官方网站下载。软件的官方网站是指软件的版权所有者提供的主页。在官方网站上不仅提供了软件最新版本的下载链接，还会提供与软件相关的帮助信息。如果知道软件的官网地址，建议从软件的官方网站上进行下载，以获得最新的软件版本。常见的几个官方网站见表 6—3。

表 6—3　　　　　　　　　　　　常见的官方网站

工具软件	官网地址	工具软件	官网地址
遨游浏览器	http：//www. maxthon. cn/	瑞星杀毒软件	http：//www. rising. com. cn/
暴风影音	http：//www. baofeng. com/	江民杀毒软件	http：//dl. jiangmin. com/
RealPlayer	http：//realplayer. cn. real. com/	金山毒霸	http：//www. duba. net/
酷狗音乐	http：//www. kugou. com/	腾讯 QQ	http：//www. qq. com/
迅雷	http：//www. xunlei. com/	Foxmail	http：//fox. foxmail. com. cn/
BitComet	http：//www. bitcomet. com/		

提示

如果不知道工具软件的官方网站，可以通过百度或谷歌等搜索引擎搜索软件的名称，一般工具软件的官方网站都会显示在搜索结果的顶端。

（3）从软件下载网站下载。网上有很多专门提供软件下载的专业网站，从这类网站上也可以快速下载各种工具软件。不过，有很多下载网站为了谋利，在提供的软件中捆绑了第三方软件或恶意插件，甚至病毒和木马。

在下载软件时，应该到大型的软件下载网站去下载。大型的软件下载网站都对软件进行了安全分级，例如“天空软件站”划分了“无插件”“有插件”和“插件不详”等3类，这种分级信息在软件下载页面中可以看到。一些软件下载网站使用杀毒软件对将要下载的软件进行检查，以示该软件通过相应的杀毒软件检验无病毒，可以放心使用，如图6—3所示。在此推荐几个常用的软件下载网站，这些网站中提供的软件相对较安全，其网址见表6—4。

图 6—3　通过相应的杀毒软件检验无病毒

表 6—4　　　　　　　　　推荐常用的较安全的软件下载网站

网站名称	网　址	网站名称	网　址
华军软件园	http：//www. onlinedown. net	太平洋下载	http：//dl. pconline. com. cn
天空软件站	http：//www. skycn. com	新浪科技下载	http：//tech. sina. com. cn/down
多特软件站	http：//www. duote. com	IT168 下载	http：//download. it168. com
霏凡软件站	http：//www. crsky. com	搜狐下载	http：//it. sohu. com/download
ZOL 软件下载	http：//xiazai. zol. com. cn		

提示

1. 插件是指在软件安装程序中捆绑的其他程序，通常这类程序会修改 IE 设置，并消耗大量的系统资源。在下载或安装软件时要注意细节，以免造成损失。

2. 通过安全分级，用户可以了解软件是否包含插件。建议下载带有“无插件”标示的软件。如果找不到带有“无插件”标示的下载链接，可以下载“有插件”标示的软件，只要在安装时细心一点就可避免安装插件。最好不要下载带有“插件不详”标示的软件，若需要下载，在下载后应先杀毒。

(4) 通过搜索引擎搜索下载。如果不清楚所需要的软件从哪里能找到，可以使用百度搜索引擎进行搜索。

打开百度搜索引擎（http：//www. baidu. com）主页，在搜索框中输入要搜索的软件名称，单击“百度一下”按钮百度一下即开始进行搜索，在搜索结果中就可以显示提供软件下载的网站链接，如图6—4 所示。

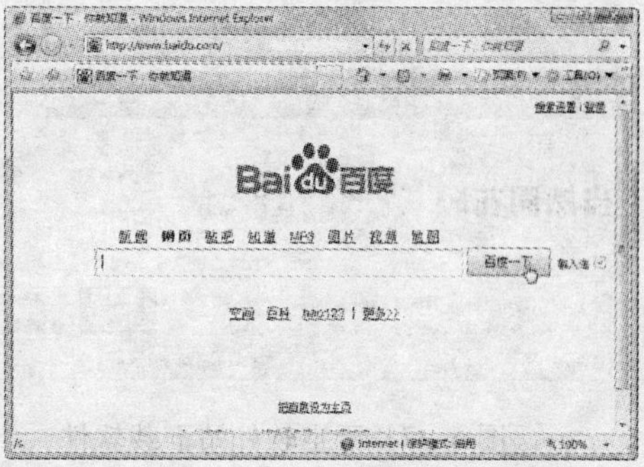

图 6—4　百度搜索引擎

提示

如果使用谷歌搜索引擎，则需打开谷歌搜索引擎主页（http：//www. google. com. hk/），在搜索框中输入要搜索的软件名称，单击“Google 搜索”按钮Google，也可进行搜索，如图6—5 所示。

(5) 通过软件管理工具下载。目前很多安全辅助软件都具有“软件管理”功能，例如QQ 电脑管家、金山卫士、360 安全卫士等，这类工具中会分类列举出目前最流行的工具软件及其最新版本，用户不用自己手动下载，只需在软件列表中选择适合安装的工具软件即可，非常方便，图 6—6 所示即为“QQ 电脑管家软件管理工具”。

图 6—5　谷歌搜索引擎

图 6—6　软件管理工具—QQ 电脑管家

4. 从网上下载工具软件

随着网络的普及，大多数工具软件都可以从网上下载。在此以在“天空软件站”中下载暴风影音软件为例来介绍从网上下载工具软件的方法。

(1) 启动 IE 浏览器后在地址栏中输入天空软件站网址（http：//www. skycn. com），在搜索框中输入要下载的软件名称，例如“暴风影音”，然后单击“软件搜索”按钮，如图6—7所示。

(2) 在打开的页面中会显示搜索到的相关软件，在其中查找要下载的软件，然后单击软件名称链接，如图 6—8 所示。

图 6—7　天空软件站下载软件

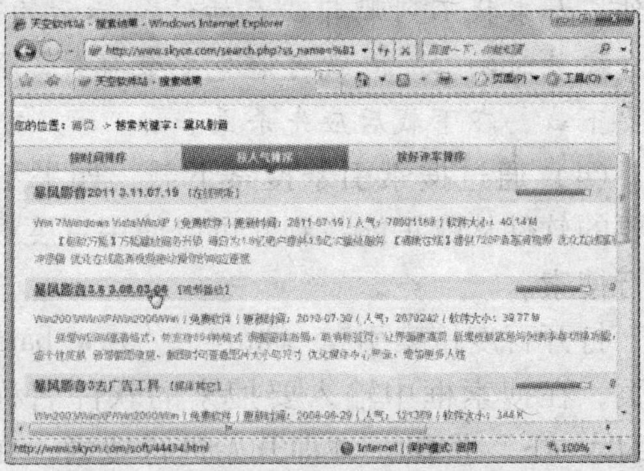

图 6—8　软件名称链接

提示

在搜索结果中通常会优先显示该软件的最新版本，因此在输入软件名称时可不输入软件的版本号，不过输入的关键字越详细，搜索结果越准确。

（3）在打开的软件信息页面可查看软件的名称、大小、类型以及安全级别等信息，然后单击“下载地址”按钮，如图 6—9 所示。

提示

根据性质的不同，工具软件可以分为“共享软件”和“免费软件”两种。“共享软件”是指限制了使用次数或限制部分或全部功能的软件，可以先试用再付费。“免费软件”则是指可以无限次使用且没有功能限制的工具软件。

（4）窗口自动滚动到“下载地址”栏，其中会显示很多可用的下载地址链接，任意单击一个下载地址链接执行下载操作，如图 6—10 所示。

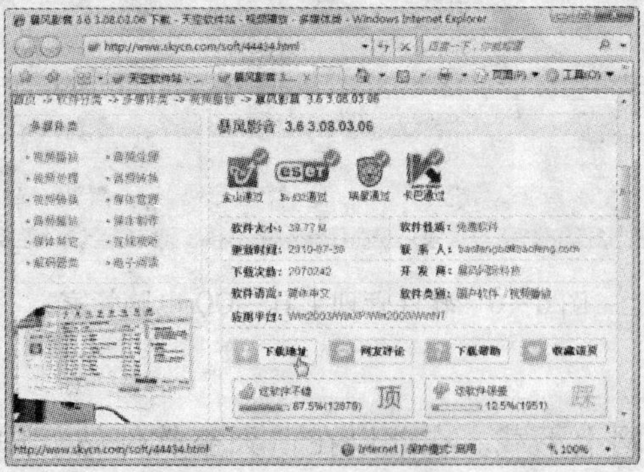

图 6—9　下载地址

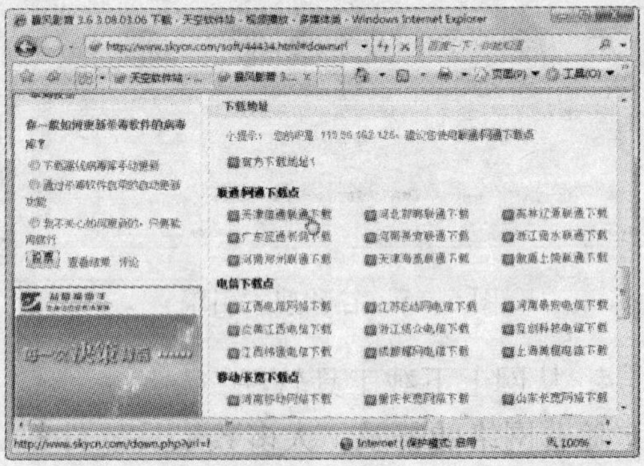

图 6—10　下载地址链接

提示

在“下载地址”的下方，网站会根据用户的 IP 地址进行分析，以提示用户选择合适的网络运营商对应的下载点。

（5）在弹出的“文件下载”对话框中单击“保存”按钮，如图6—11所示。

（6）在弹出的“另存为”对话框中设置文件的保存位置和文件名，然后单击“保存”按钮，如图6—12所示。

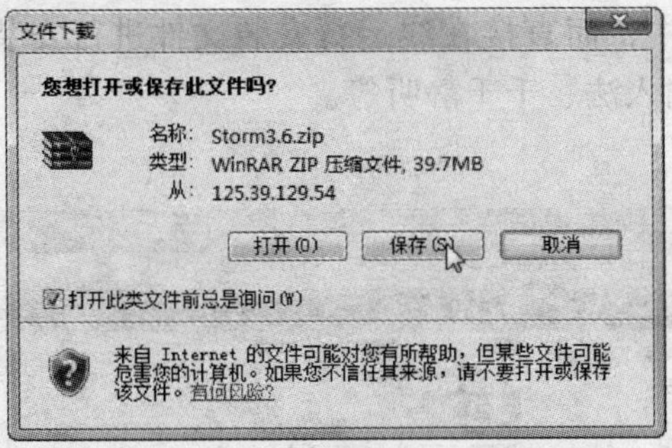

图6—11 “文件下载”对话框

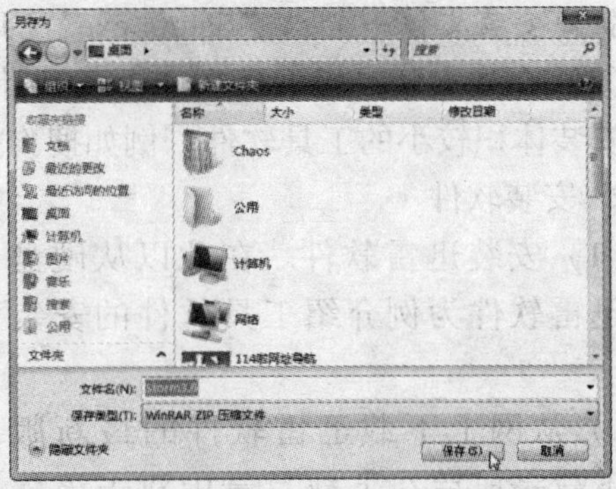

图6—12 “另存为”对话框

（7）IE开始下载文件，在弹出的下载提示框中可查看下载进度。若勾选“下载完成后关闭此对话框”复选按钮，则下载完成后会自动关闭该提示框，如图6—13所示。

提示

如果计算机中已经安装了迅雷等下载专用软件，在“下载地址”栏中单击指定下载地址后，会弹出“新建任务”对话框，单击“立即下载”按钮即可使用迅雷进行下载，这种方式的下载速度会更快一些，如图6—14所示。

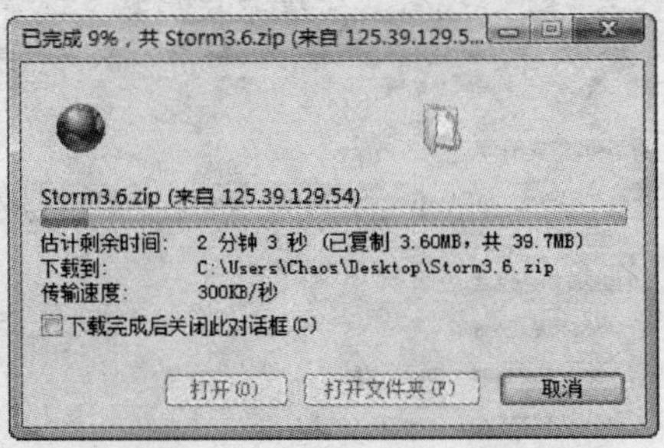

图6—13 下载提示框

图6—14 迅雷“新建任务”对话框

二、安装工具软件

对于计算机用户而言，安装工具软件是必须掌握的技能。下面对常见工具软件的安装方法以及安装过程进行介绍。

1. 常规软件的安装方法

大多数工具软件都需要先安装到计算机中才能正常使用。根据安装方式的不同，工具软件有光盘安装、硬盘安装和在线安装等几种方法。

（1）光盘安装。将软件的安装光盘放入光驱，待光盘自动播放后会弹出安装向导，此时根据提示进行安装即可。

（2）硬盘安装。指硬盘上有软件的安装文件，此时在保存目录中双击该软件的安装文件，然后根据安装向导对话框的提示进行安装即可。

提示

软件安装文件一般以“Setup. exe”“Install. exe”或软件本身的名称为文件名。

（3）在线安装。指不将文件下载到计算机中，而直接在线运行安装文件进行安装。适用于安装体积较小的工具软件，例如搜狗拼音输入法、千千静听等。

2. 安装软件

（1）安装迅雷软件。在此以从硬盘安装迅雷软件为例介绍工具软件的安装方法。

1）从网上下载迅雷软件的最新版本，下载完成后在下载目录中双击该软件的安装文件，如图6—15所示。

2）在弹出的“用户账户控制”对话框中直接单击“是”按钮。

3）在弹出的“欢迎”对话框中阅读软件许可条款，单击“接受”按钮，即接受许可协议，如图6—16所示。

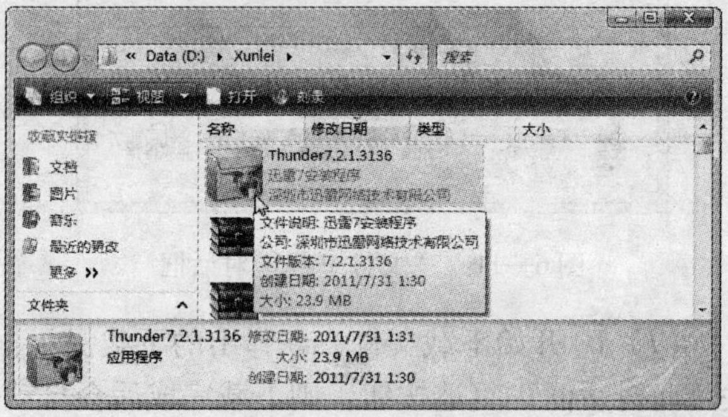

图6—15　迅雷软件—安装文件

4）在弹出的迅雷7安装目录对话框中需要选择软件的安装路径，取消勾选不需要安装的组件前的复选按钮，单击“下一步”按钮，如图6—17所示。

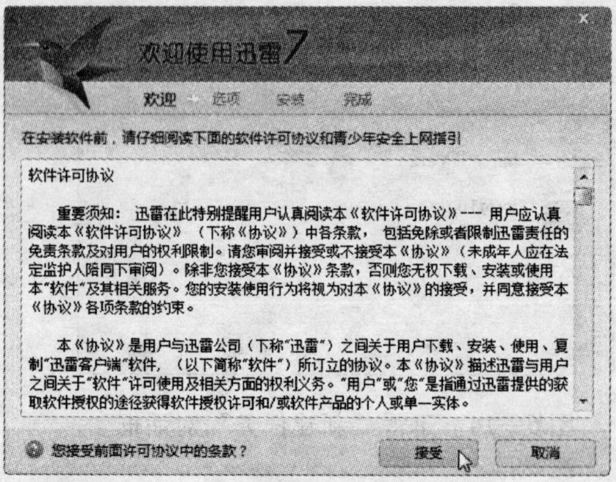

图6—16　迅雷7安装“欢迎”对话框

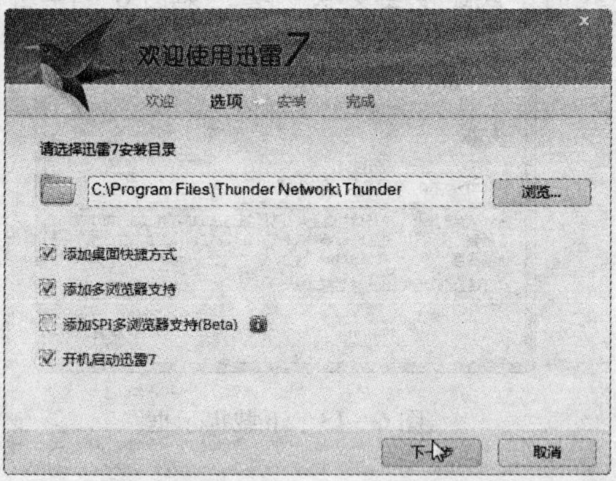

图6—17　迅雷7安装目录对话框

5）开始安装软件，安装完成后在弹出的“迅雷7安装已完成”对话框中取消勾选无用的复选按钮，单击“完成”按钮即可完成安装，如图6—18所示。

提示

常用工具软件的安装流程，一般都包括启动安全向导、阅读用户协议、选择安装路径、选择组件和完成安装等阶段。

（2）安装 WinRAR 压缩包管理软件。WinRAR 是一款功能强大的压缩包管理软件，可用于备份数据、加密重要文件、解压缩从网上下载的压缩文件等，也是系统必备的软件之一。下面介绍具体的安装方法。

1）从网上下载 WinRAR 软件的安装文件，下载完成后进入其下载目录，然后双击该软件的安装程序。

2）在弹出的“用户账户控制”对话框中单击“是”按钮。

3）进入安装向导对话框后，单击“浏览”按钮可选择安装路径，这里可保留默认路径，直接单击“安装”按钮，如图 6—19 所示。

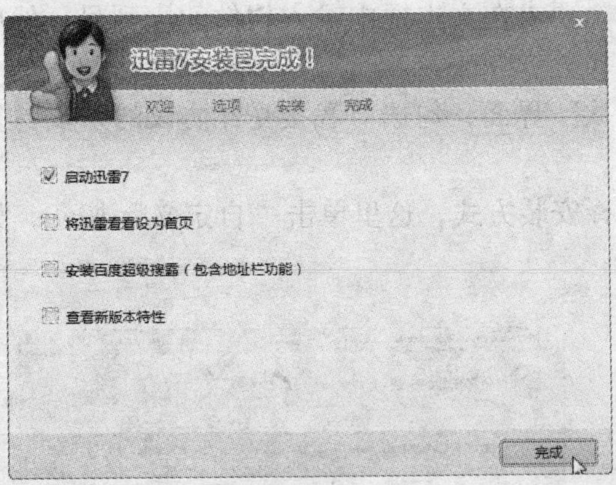

图 6—18　“迅雷 7 安装已完成”对话框

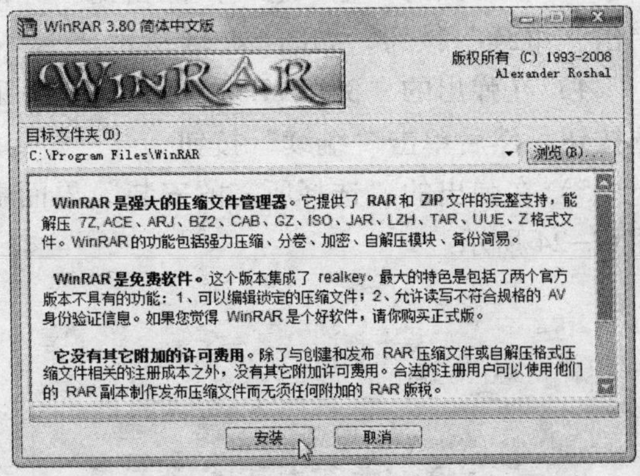

图 6—19　安装向导对话框

4）在弹出的对话框中开始自动解压缩安装文件。

5）在弹出的选择关联文件对话框中，设置需要关联的文件，在此保持默认设置，然后单击“确定”按钮，如图 6—20 所示。

6）在弹出的安装向导对话框—完成中，提示安装完成，单击“完成”按钮即可，如图 6—21 所示。

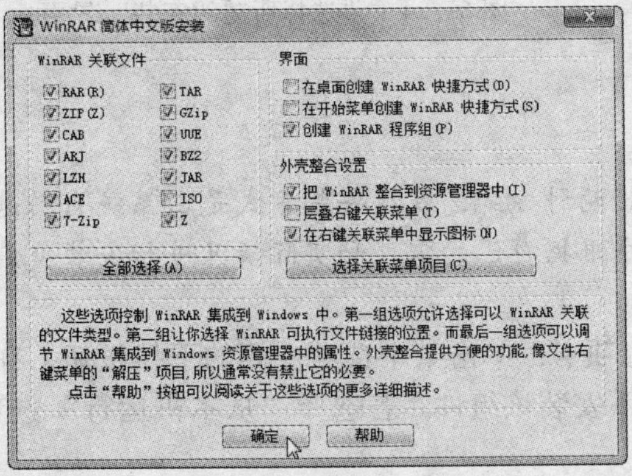

图 6—20　选择关联文件对话框

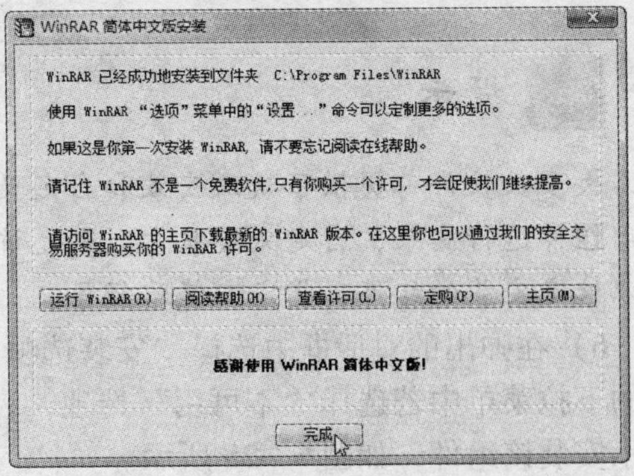

图 6—21　安装向导对话框—完成

注意

WinRAR 安装完成后，在文件的快捷菜单中会添加上该软件的一些快捷菜单选项，如图

6—22 所示。

（3）安装办公软件。虽然办公软件也属于常规软件，但其安装方法比较特别，这里单独进行介绍，以便用户能够快速掌握办公软件的安装方法（以从光盘安装 Office 2007 为例）。

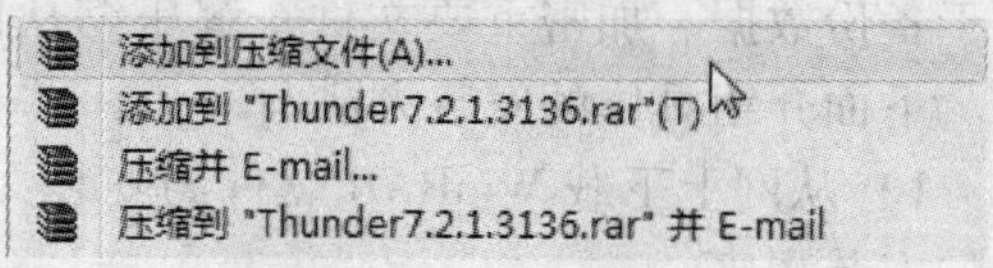

图 6—22　快捷菜单中添加的选项

1）将 Office 2007 办公软件的安装光盘放入光驱，待光盘自动播放后开始解压缩文件，并在弹出的对话框中显示解压缩进度。

2）解压缩完成后将启动安装向导，并准备必要的文件。

3）在弹出的“输入您的产品密钥”界面中，要求在文本框中输入软件的序列号，然后单击“继续”按钮，如图 6—23 所示。

4）在弹出的“阅读 Microsoft 软件许可证条款”界面，勾选“我接受此协议的条款”复选按钮，然后单击“继续”按钮。

5）在弹出的“选择所需的安装”界面中选择安装方式，这里单击“自定义”按钮，如图 6—24 所示。

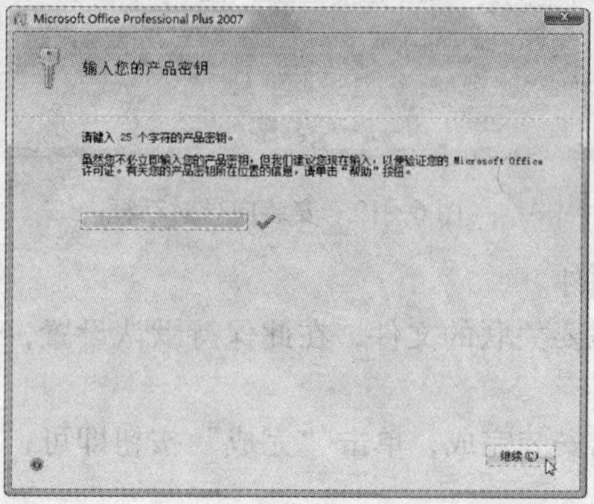

图 6—23　Office 2007—输入您的产品密钥

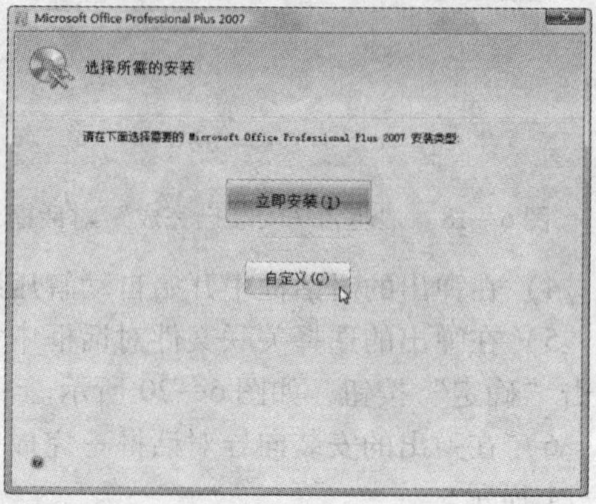

图 6—24　“选择所需的安装”界面

提示

大多数软件都提供了默认安装和自定义安装两种方式，默认安装方式是由系统自动选择常用组件进行安装，自定义安装方式则允许用户根据自己的需求和实际情况进行安装，例如可以选定安装的组件、指定安装路径等。

6）在弹出的对话框中选择“安装选项”选项卡，单击某个选项左侧的下拉按钮，在弹出的下拉菜单中若选择“不可用”选项，表示不安装该组件。若选择“从本机运行”选项，表示安装该组件，如图 6—25 所示。

7）选择“文件位置”选项卡，这里显示了该软件的默认安装路径，如果要更改路径，可单击“浏览”按钮，如图 6—26 所示。

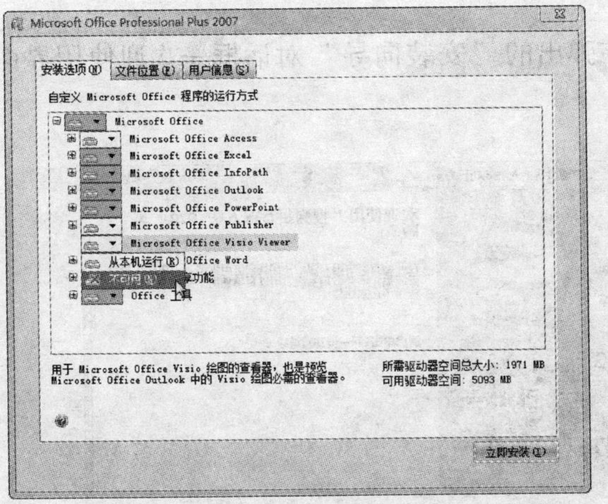

图 6—25　选择是否安装组件

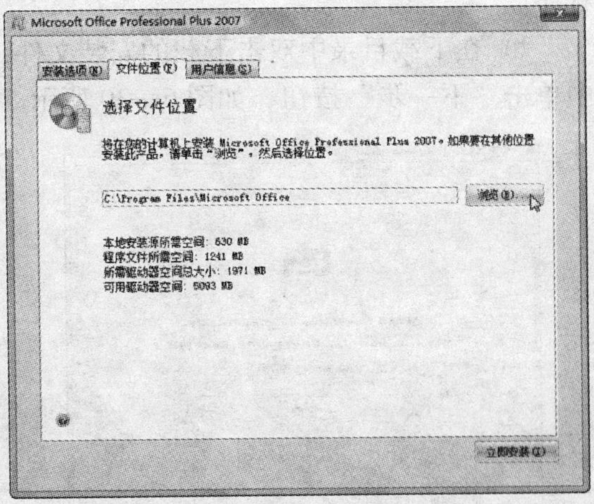

图 6—26　选择“文件位置”

注意

在“文件位置”选项卡中显示了安装此软件所需的磁盘空间和所选磁盘的可用空间。Office 2007 占用的磁盘空间较多，应该为其预留足够的磁盘空间。

8）在弹出的“浏览文件夹”对话框的列表框中设置程序的安装位置后，单击“确定”按钮，如图 6—27 所示。

9）设置完成后单击“立即安装”按钮，则开始安装 Office 2007 办公软件，在安装界面中可以看到当前的安装进度，如图 6—28 所示。

图 6—27　设置程序的安装文件夹

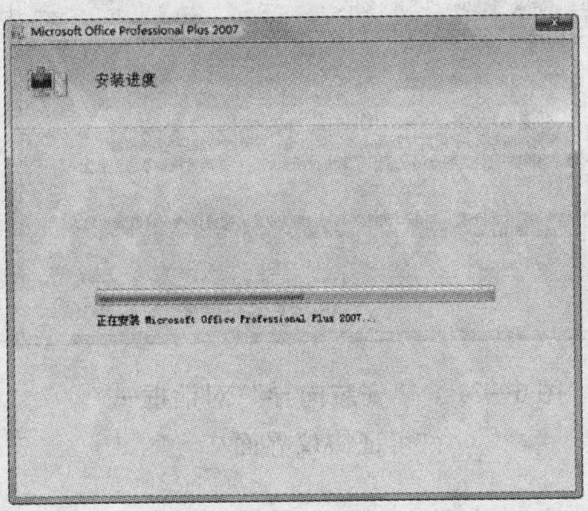

图 6—28　安装进度

10）软件安装完成后，会弹出对话框告知软件安装完成，单击“关闭”按钮即可，如图 6—29 所示。

（4）安装拼音输入法。操作系统安装完成后，一般都需要安装中文输入法，以便输入中文。常见的中文输入法有搜狗拼音输入法、QQ 拼音输入法、王码五笔输入法和五笔输入法等。下面以安装搜狗拼音输入法为例，介绍输入法的安装方法。

1）从搜狗拼音输入法的官方网站（http：//pinyin. sogou. com）下载最新版本的安装

程序。

2）在下载目录中双击下载的安装文件，在弹出的“安装向导”对话框—欢迎使用界面中单击“下一步”按钮，如图 6—30 所示。

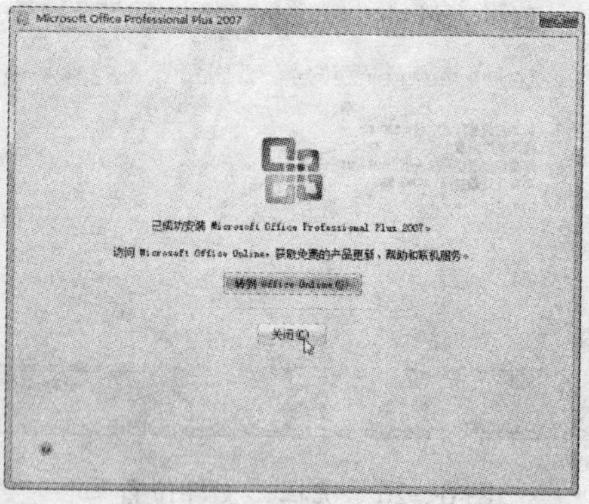

图 6—29　软件安装完成

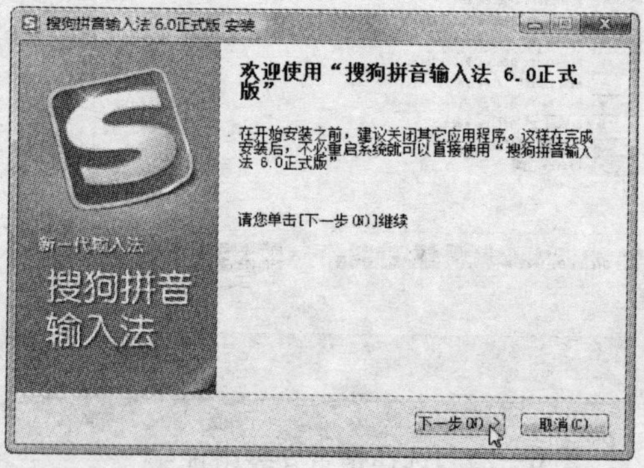

图 6—30　“安装向导”对话框—欢迎使用界面

3）在弹出的“安装向导”对话框—许可证协议界面中，仔细阅读对话框中的许可协议，这里单击“我接受”按钮，即表示接受协议，如图 6—31 所示。

4）在弹出的“安装向导”对话框—选择安装位置界面中提示设置安装路径，在此保持默认设置，直接单击“下一步”按钮，如果需要重新设置路径，可以单击“浏览”按钮进行相应设置，如图 6—32 所示。

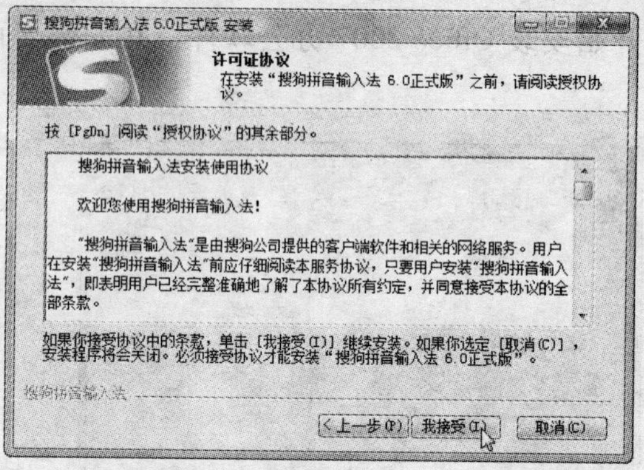

图 6—31　“安装向导”对话框—许可证协议界面

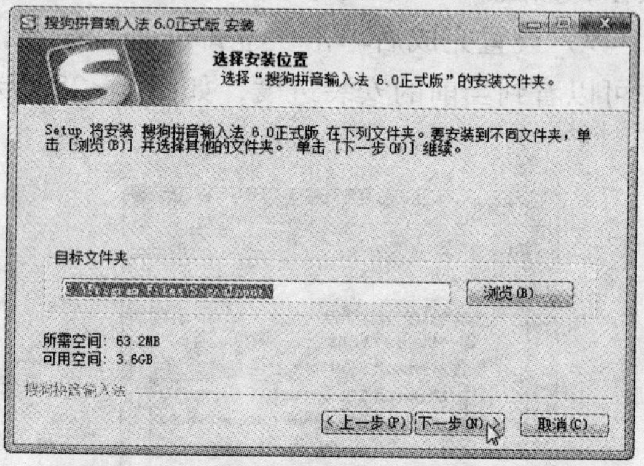

图 6—32　“安装向导”对话框—选择安装位置界面

5）在弹出的“安装向导”对话框—选择“开始菜单”文件夹界面中，设置好该程序在“开始”菜单中显示的快捷方式名称，然后单击“下一步”按钮，如图 6—33 所示。

6）程序安装完成后，会弹出“安装向导”对话框—安装完毕界面，单击“完成”按钮关闭对话框即可，如图 6—34 所示。

7）安装完成后，在弹出的“个性化设置向导”对话框中，单击“下一步”按钮，如图 6—35 所示。

8）在弹出的“个性化设置向导”对话框设置鼠标手势界面中会询问用户是否启用鼠标手势功能，如果需要启用则单击“立即启用”按钮，在此不启用，即直接单击“下一步”

按钮，如图6—36所示。

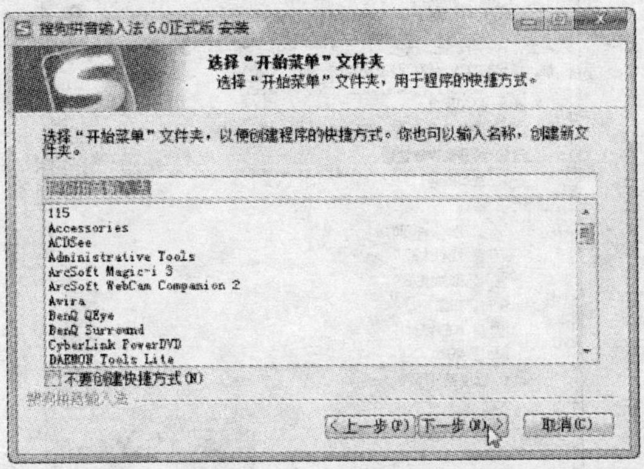

图6—33　“安装向导”对话框—选择“开始菜单”文件夹界面

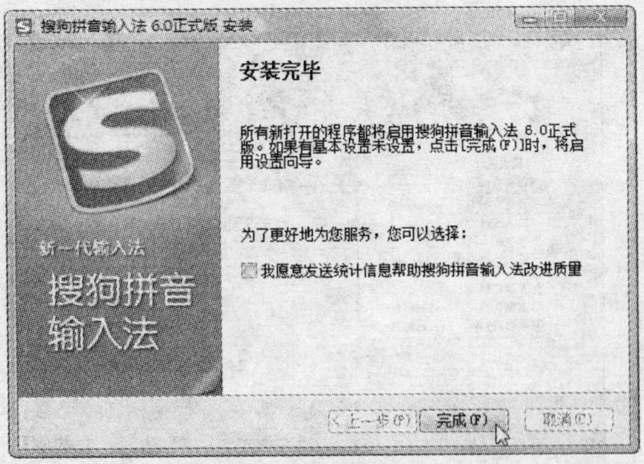

图6—34　“安装向导”对话框—安装完毕界面

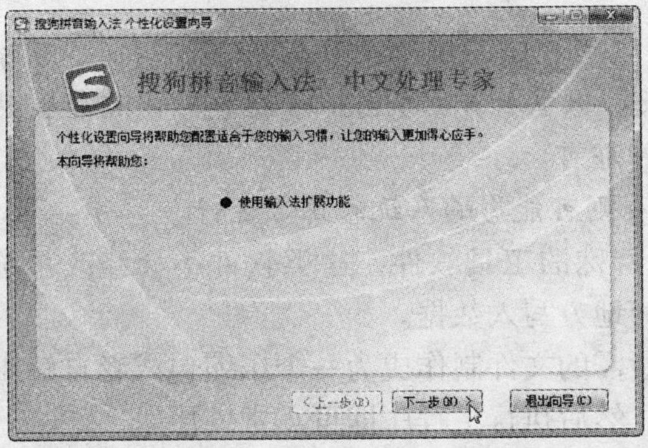

图6—35　“个性化设置向导”对话框

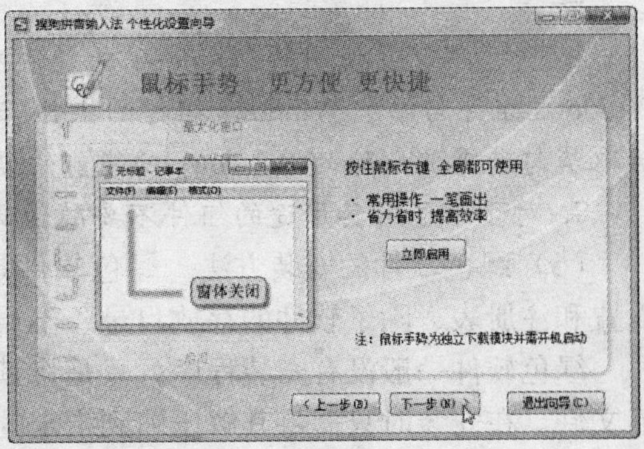

图6—36　“个性化设置向导”对话框设置鼠标手势界面

9）在弹出的“个性化设置向导”对话框完成界面中单击“完成”按钮，完成个性化设置，如图6—37所示。

（5）添加Windows组件。Windows操作系统一般都自带了很多实用的组件，默认情况下并没有安装，用户可以根据自己的需要添加或删除这些组件。下面以添加“游戏”组件为例，介绍添加Windows组件的方法。

1）在桌面上双击“计算机”图标，弹出“计算机”窗口，在工具栏中选择“卸载或更改程序”选项，如图6—1所示。

2）在弹出的“程序和功能”窗口中（见图6—2），单击左侧的“打开或关闭Windows功能”链接。

3）在弹出的“Windows功能”窗口中，勾选与需要安装的组件相对应的复选按钮，例如“游戏”，然后单击“确定”按钮，如图6—38所示。

4）此时即开始安装组件，有些组件在安装时需要使用系统安装光盘。

5）安装完成后即可在“开始”菜单中找到相应的Windows组件功能。

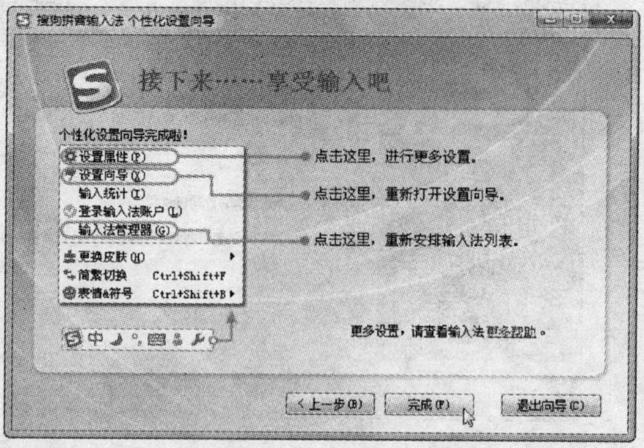

图 6—37 “个性化设置向导”对话框完成界面

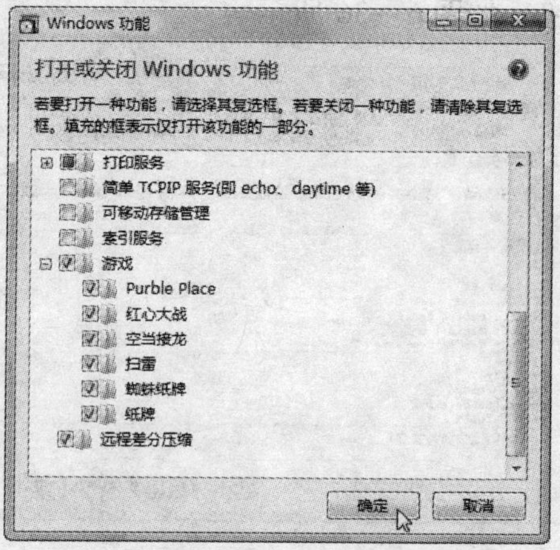

图 6—38 选择需要安装的组件

注意

1. 对于不需要使用的 Windows 功能，可以将它们删除，以释放更多的磁盘空间。删除 Windows 组件与添加 Windows 组件的操作正好相反，只需打开“Windows 功能”对话框，然后取消勾选需要删除的 Windows 功能前的复选按钮即可。

2. 对于不了解其用途的组件不要随便删除，否则可能影响系统的正常运行。

(6) 绿色软件的安装方法。绿色软件是一种特殊的工具软件，这类软件不会修改系统设置和注册表，除了软件的存放目录，不会往任何地方写入数据。

绿色软件一般没有安装程序，只是将其运行所需的文件制作成为一个压缩包或者自解压缩文件。在安装时只需将其解压缩到指定的目录，然后执行主程序即可正常使用。

提示

有些绿色软件虽然也采用解压缩安装，但解压缩目录中带有注册文件，这时需要先执行该注册文件，才能正常运行。

三、卸载工具软件

当某些工具软件不再使用时，可以将其卸载，以节省硬盘空间。当软件在使用过程中出现故障时，也需要将其卸载后重新安装。在此介绍几种常用的软件卸载方法。

1. 通过“开始”菜单卸载

大多数工具软件安装完成后都会在“开始”菜单的“所有程序”列表中添加一个菜单项，其中包括软件的主程序、帮助文件以及卸载程序的快捷方式。这样就可以在“开始”菜单中启动卸载程序，然后根据提示即可完成卸载。

在此以卸载迅雷软件为例，介绍如何通过“开始”菜单卸载程序。

(1) 在“开始”菜单中单击“所有程序”按钮，在弹出的程序列表中找到有迅雷卸载程序的目录，然后选择其下的卸载程序选项，本例中依次选择“迅雷软件→迅雷 7→卸载迅雷 7”选项，如图 6—39 所示。

(2) 在弹出的“卸载与修复”对话框中，点选“卸载迅雷 7”单选按钮，然后单击

“下一步”按钮，如图 6—40 所示。

（3）在弹出的信息提示框中提示用户“您确定想要完全删除 迅雷 7 及他的所有组件吗?”，在此单击“是”按钮，确认卸载。

（4）开始卸载程序，卸载完成后单击“关闭”按钮即可完成全部卸载工作。

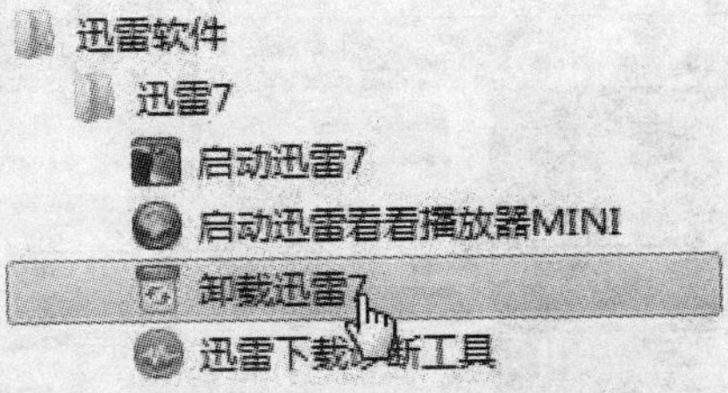

图 6—39 “开始”菜单—卸载迅雷 7

2. 通过“控制面板”卸载

如果在“开始”菜单的“所有程序”列表中找不到某个软件的卸载命令，则可以通过“控制面板”中的“程序和功能”进行卸载。大多数软件都可以通过控制面板进行卸载。

（1）打开“控制面板”窗口，在“类别”视图模式下，选择“程序”选区中的“卸载程序”链接，如图 6—41 所示。

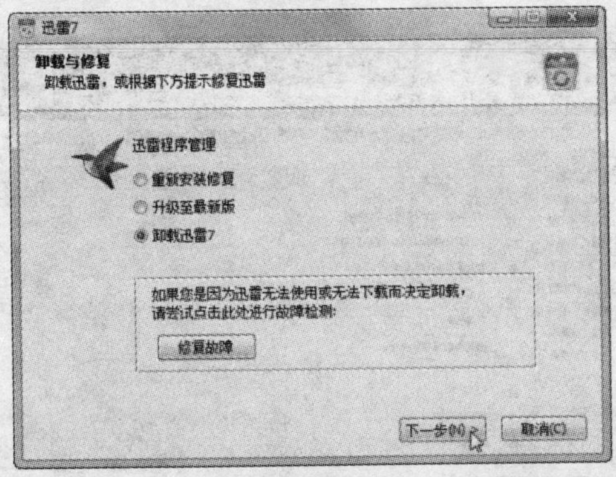

图 6—40 “卸载与修复”对话框

图 6—41 “卸载程序”链接

（2）进入“程序和功能”窗口，在列表框中显示已安装的工具软件，点选要卸载的工具软件，然后单击上方的“卸载”按钮，如图 6—42 所示。

（3）弹出程序卸载向导对话框，根据向导提示即可完成软件的卸载操作，如图 6—40 所示。

注意

有些软件在卸载完成后会弹出提示对话框，提示重新启动计算机，此时单击“是”按钮，重启计算机操作系统即可。

3. 通过工具软件卸载

为方便用户管理工具软件，很多系统辅助软件都提供了“软件卸载”功能，例如金山卫士、完美卸载和超级兔子等。在此以金山卫士为例介绍使用工具软件卸载软件的方法。

（1）在桌面上双击“金山卫士”图标，弹出该软件主界面，在功能列表中单击“软件管理”按钮，如图 6—43 所示。

（2）进入“软件管理”界面，选择“功能列表”下方的“软件卸载”选项卡，如图 6—44 所示。

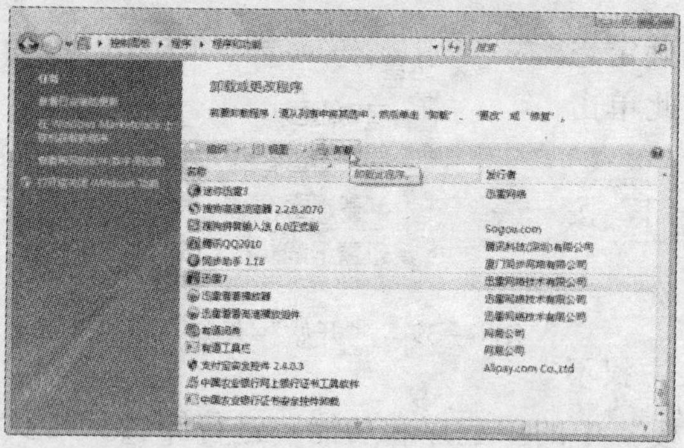

图 6—42 “程序和功能”窗口

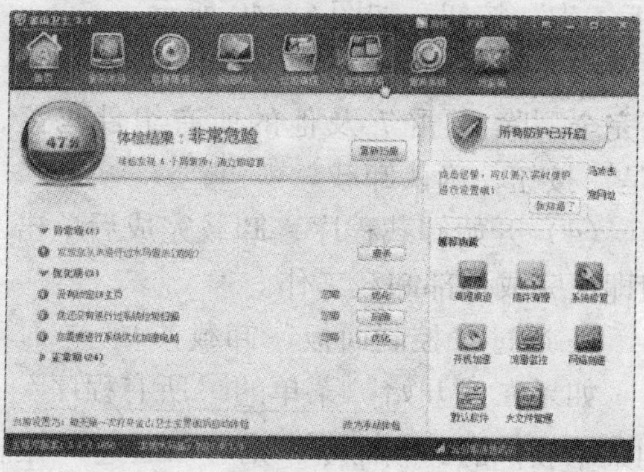

图 6—43 “金山卫士”主界面

（3）在弹出的界面中会列出计算机中已经安装的所有软件，在其中选择需要卸载的软件，然后单击其右侧的“卸载”按钮，如图 6—45 所示。

图 6—44 “金山卫士”—“功能列表”

图 6—45 选择需要卸载的软件

（4）自动完成卸载操作后，有些软件会残留一些注册表信息，此时会弹出提示对话框提示是否清除这些残留信息，在此可单击“强力清扫”链接来清除这些残留信息，如图 6—46所示。

（5）弹出“强力清扫”对话框，其中会显示找到的残留信息，勾选需要删除选项的复选按钮，然后单击“删除所选项目”按钮，如图 6—47 所示。

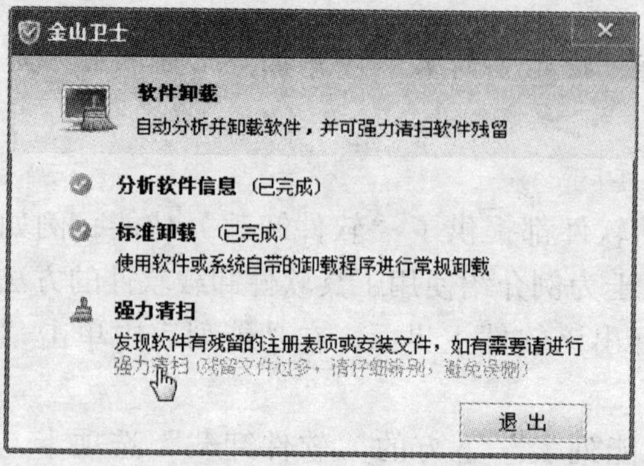

图 6—46 “金山卫士”—软件卸载

图 6—47 “强力清扫”对话框

（6）清除完成后，单击“退出”按钮，并退出金山卫士即可完成卸载操作。

4. 卸载没有卸载程序的软件

有些软件没有自带卸载程序，通过手工卸载无法完全清除，此时可以使用“智能卸载工具”来卸载。下面以“完美卸载”工具软件为例，介绍智能卸载的方法。

（1）在桌面双击“完美卸载”快捷方式图标，在弹出的该软件主界面中单击功能列表中的“软件卸载”按钮，然后在打开的页面中单击“手动卸载”按钮，如图 6—48 所示。

（2）在弹出的“智能卸载”对话框中，选择要卸载的软件类型，在此点选“我想要卸载的软件没有提供卸载程序，只在桌面上有一个图标”单选按钮，然后单击“下一步”按钮，如图 6—49 所示。

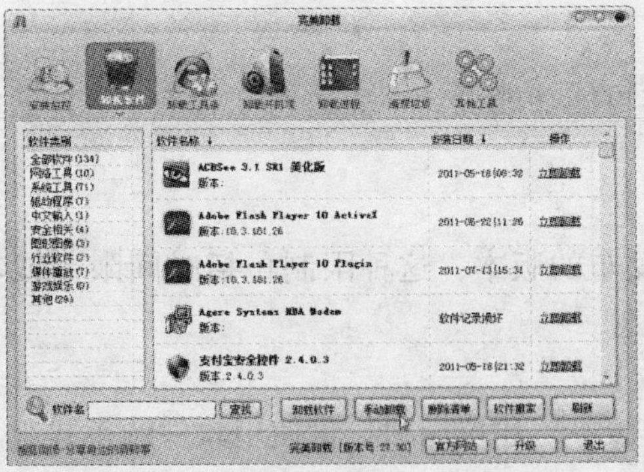

图 6—48　“完美卸载”—软件卸载

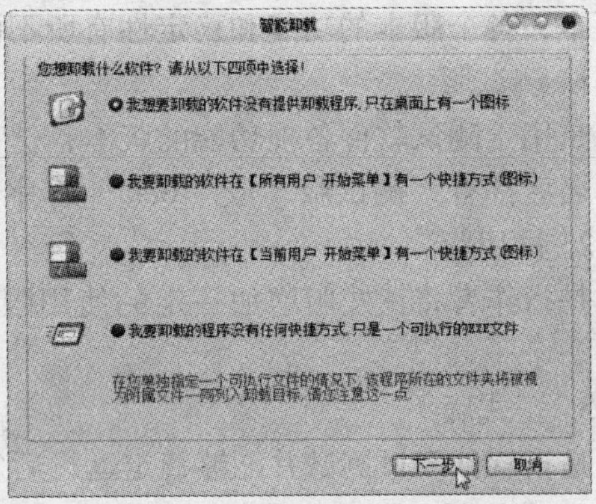

图 6—49　“智能卸载”对话框

（3）在弹出的“选择要卸载软件”对话框中，选择要卸载的软件图标，然后单击“打开”按钮，如图 6—50 所示。

（4）完美卸载开始对所选项目的相关信息进行分析，包括此图标关联的文件、注册表项等。分析完成后单击“开始卸载”链接，软件会自动完成卸载任务，如图 6—51 所示。

图 6—50　“选择要卸载软件”对话框

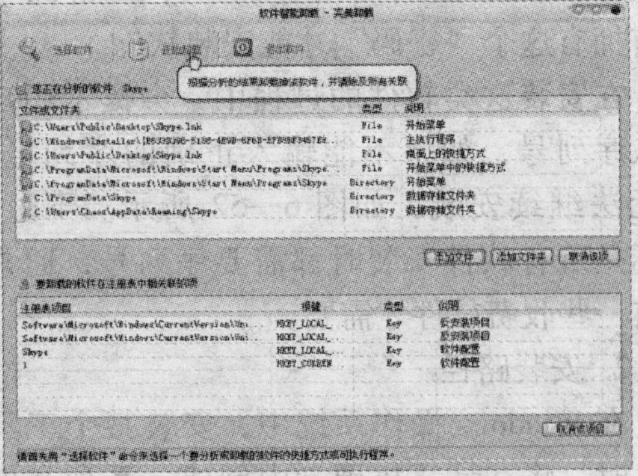

图 6—51　“开始卸载”链接

模块二　疑难与技巧

学习目标

1. 了解工具软件的版本。

2. 了解软件安装的注意事项。

3. 掌握安装字体的方法。

一、工具软件的各种版本

常用工具软件根据推出时间等的不同，可以分为测试版、试用版、正式版和升级版等多个版本，各个版本的功能和稳定性有所不同。

1. 测试版

是用于测试软件各项功能的版本，这种版本可能功能设计不完善甚至含有 Bug，通常在软件名后都有“测试版”或“Beta”等字样。

2. 试用版

是指作者将正式版增加一定的使用限制后发布的版本，这种限制包括时间限制或功能限制。

3. 正式版

是指软件经过测试并能够稳定运行后发布的版本，建议用户尽量使用软件的正式版。

4. 升级版

是指作者在正式版的基础上增加新功能或改进原有功能后发布的版本。

二、软件安装的注意事项

安装工具软件时通常只需要根据安装向导的提示完成安装即可，但需要注意一些事项。

1. 输入序列号

序列号又称密钥，是软件开发商为了防止软件被随意盗用而设置的一个“密码”，只有拥有这个“密码”才能安装软件。

在安装这类软件的过程中，会提示用户输入序列号，如果不能输入正确的序列号，则无法继续安装，如图 6—52 所示。不过，并不是所有软件安装时都需要序列号，通常只有一些收费软件才需要。

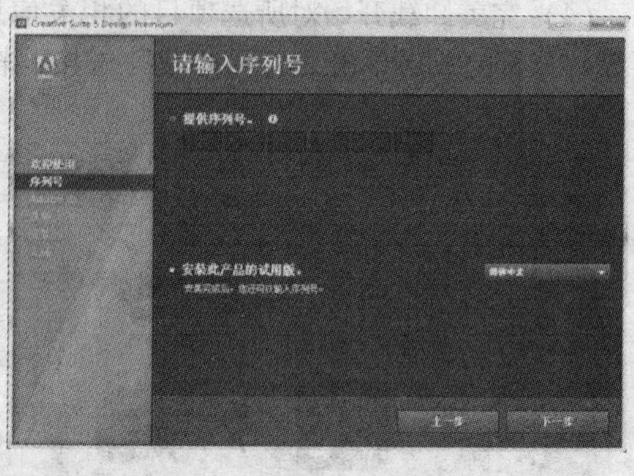

图 6—52　请输入序列号

2. 安装路径

在 Windows 操作系统中，安装某个工具软件时，将在计算机硬盘中创建一系列文件并将工具软件文件存放在某个文件夹中。程序的默认安装路径一般为“C：\ Program Files”。

由于一般都在系统分区中默认安装软件，为了避免过多的占用系统分区的磁盘空间以及系统出现故障时造成资料的丢失，建议将工具软件的安装路径更改到其他分区中。

3. 避免流氓软件捆绑安装

很多工具软件，尤其是网络中的共享软件，经常会捆绑一些与程序本身完全不相干的第三方软件。这类被捆绑的软件可能具备类似病毒的特征，例如强行安装、无法彻底卸载、影响系统稳定和窃取用户资料信息等，所以被称为流氓软件。

在安装工具软件时，应仔细检查每个安装界面上是否给出了提示。若有，则需要取消勾选安装无用的组件和捆绑软件的复选按钮，如图 6—53 所示。

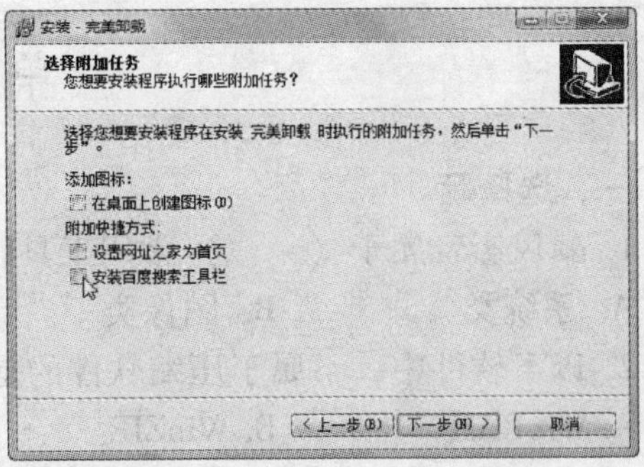

图 6—53　取消无用的组件和捆绑软件的安装

三、安装字体

已安装了 Office 软件，但打开 Word 文档后发现文字的版式全乱了，这是因为没有安装合适的字体。

如果用户使用的是 Windows XP 或 Windows Vista 操作系统，只要进入系统分区中的字体文件夹，在菜单栏中依次选择“文件→安装新字体”选项，就可以安装字体。

但是，在 Windows 7 操作系统的相同位置找不到“安装新字体”选项，此时可以按以下方法来进行安装。

1. 方法一

在文件夹窗口中右击要安装的字体文件，在弹出的快捷菜单中，选择“安装”选项即可完成字体的安装。

注意

如果需要同时安装多个字体，则在文件夹窗口中同时选中要安装的多个字体文件，右击，在弹出的快捷菜单中单击“安装”选项即可。

2. 方法二

双击打开字体文件，在弹出的字体窗口上方，单击“安装”按钮即可安装该字体，如图 6—54 所示。

图 6—54　安装字体

单 元 练 习

一、选择题

1. 暴风影音属于（　　）常用工具软件。

A. 系统类　　B. 图像类　　C. 多媒体类　　D. 网络类

2. 以下软件中，不属于压缩软件的是（　　）。

A. WinRAR　　B. WinZIP　　C. FlashGet　　D. RAJ

3. 下列软件中，属于下载软件的是（　　）。

A. 网际飞音　　B. 网际快车　　C. 快猫加鞭　　D. 网际狂飙

4. 下列不属于媒体播放工具的是（　　）。

A. 暴风影音　　B. 超级解霸　　C. Realone Player　　D. WinRAR

二、填空题

1. 获取常用工具软件的方法有________和________。

2. 常用工具软件的版本有________、________、________和________。

3. 卸载工具软件的方法有________、________、________等。

4. 根据安装方式的不同，工具软件的安装方法有________、________和________。

第七单元　系统优化、安全与维护

模块一　操作系统设置与优化

操作系统刚安装完成，各项设置均处于默认状态。这些默认设置无法满足不同用户的需求。为了让计算机用起来更“顺手”，执行效率更高，就需要对其进行一定的设置和优化。

学习目标

1. 掌握常用系统设置方法。
2. 掌握操作系统的优化方法。

一、常用系统设置

在计算机的使用过程中，可以对一些常用的系统设置进行更改，让操作系统更符合用户的使用习惯。

1. 更改屏幕分辨率

屏幕分辨率是指屏幕上显示的像素点的个数，以“行点数 × 列点数”表示。分辨率越大，屏幕上显示的像素点就越多，显示的内容也越多；反之，显示的内容也就越少。

用户可以根据自己的实际要求和显示器尺寸设置合适的屏幕分辨率。

（1）在桌面空白处右击，在弹出的快捷菜单中选择“个性化”选项，如图 7—1 所示。

（2）在弹出的“个性化”窗口的左侧任务列表中单击“显示”链接，如图 7—2 所示。

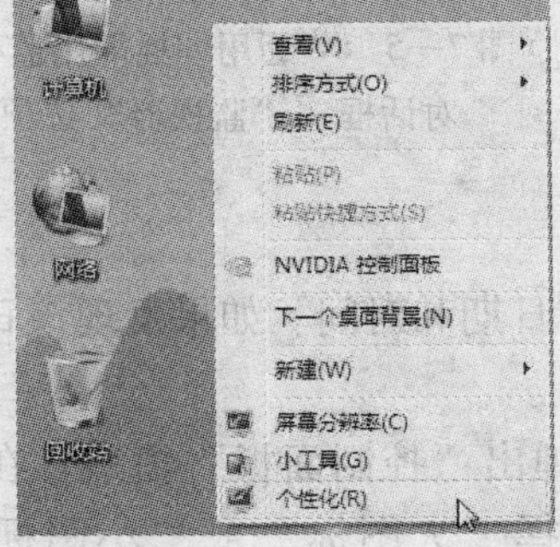

图 7—1　桌面快捷菜单

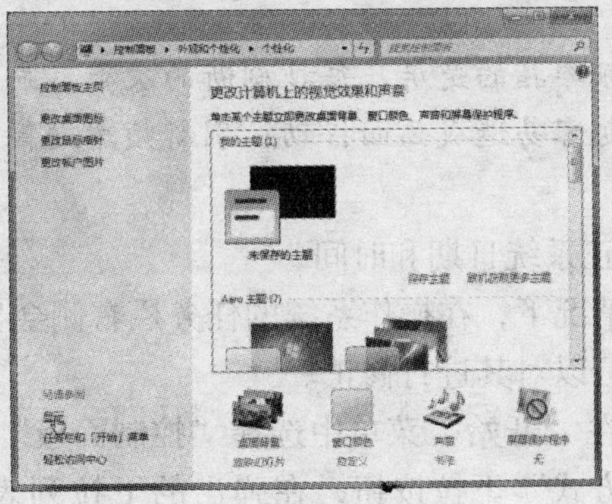

图 7—2　“个性化”窗口

（3）在弹出的“显示”窗口左侧的任务列表中单击“调整分辨率”链接，如图 7—3 所示。

（4）弹出“屏幕分辨率”窗口，在“分辨率”下拉列表中拖曳滑块，选择需要的分辨率，单击“确定”按钮即可完成更改屏幕分辨率的操作，如图 7—4 所示。

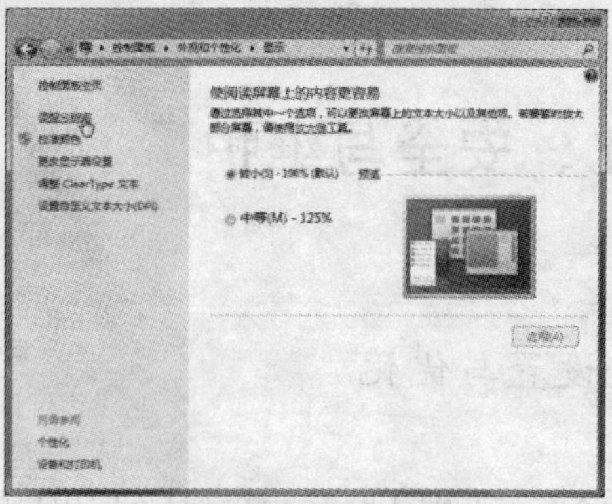

图 7—3　“显示”窗口

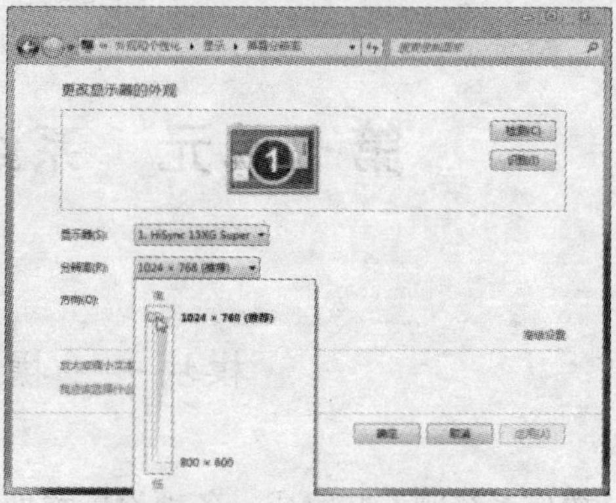

图 7—4　“屏幕分辨率”窗口

2. 调整显示器的刷新频率

现在的大多数家用计算机都采用了液晶显示器，这种显示器一般保持默认的刷新频率（60Hz）即可。如果计算机采用的是 CRT 显示器，在安装好 Windows 7 操作系统后，屏幕看起来可能有些抖动，此时就需要调整刷新频率。

（1）用前面讲述的方法，在弹出的“屏幕分辨率”窗口中，单击“高级设置”链接，在图 7—4中可以看到该链接。

（2）在弹出的“通用即插即用监视器”对话框中选择“监视器”选项卡，在“屏幕刷新频率”下拉列表中选择合适的刷新频率，CRT 显示器应设置为 75Hz 或 85Hz，然后单击“确定”按钮即可调整显示器的刷新频率，如图 7—5 所示。

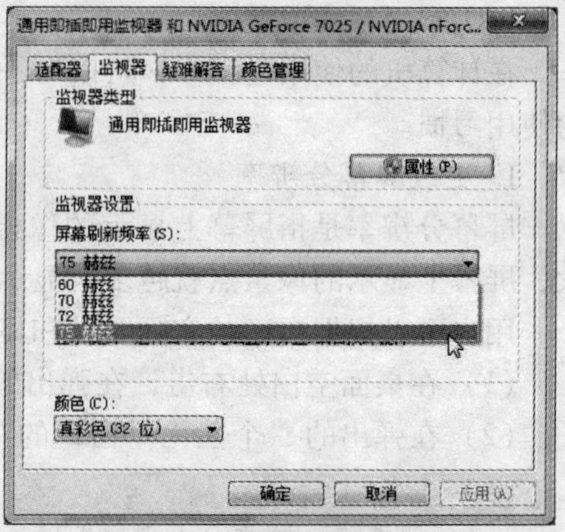

图 7—5　“通用即插即用监视器”对话框 - “监视器”选项卡

提示

刷新频率指的是屏幕每秒刷新的次数。刷新频率越低，越容易造成画面抖动；刷新频率越高，画面越稳定。

3. 修正系统日期和时间

默认情况下，在操作系统的任务栏右侧会显示当前日期和时间。如果发现该日期或时间不正确，可以对其进行修正。

（1）在“开始”菜单中选择“控制面板”选项，弹出“控制面板”窗口。在其右侧单击“查看方式”下拉按钮，在弹出的下拉列表中可选择“大图标”或“小图标”列表选项，在此可选择“大图标”选项，如图 7—6 所示。

提示

“控制面板”窗口有“类别”和“图标”两种视图模式。在“类别”视图模式（系统

默认）中系统将设置项分类，并以图标和链接相结合来进行显示，单击图标或链接即可进入相关设置页面。而在“图标”视图模式中设置项被单独列出，单击合适的选项即可进入相关设置页面，更便于操作。

（2）切换到控制面板的“图标”视图模式，单击“日期和时间”链接，如图 7—7 所示。

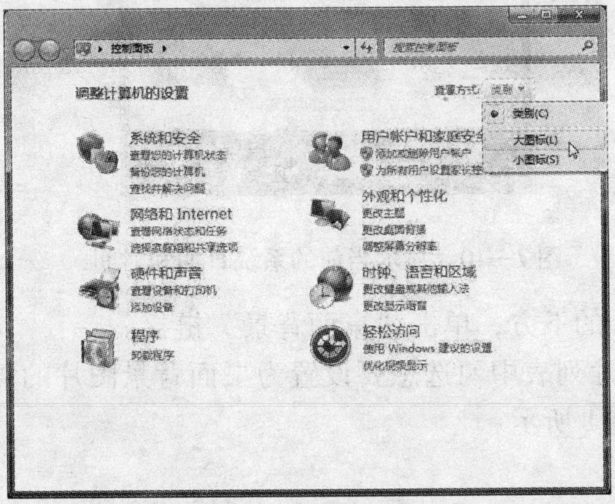

图 7—6 “控制面板”窗口

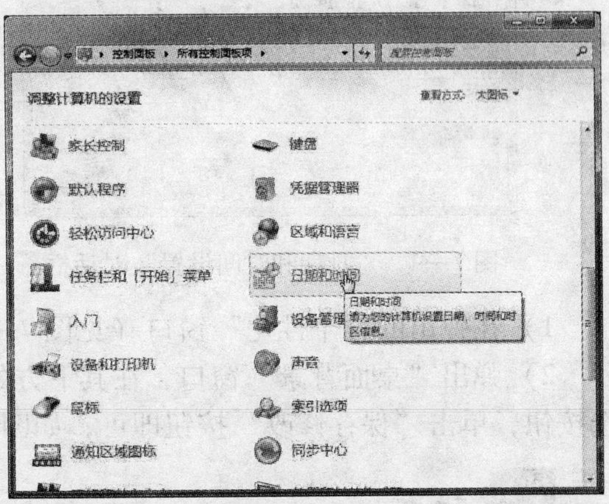

图 7—7 控制面板“图标”视图模式

提示

在“查看方式”下拉列表框中选择“类别”选项，可以切换到“类别”视图模式。

（3）在弹出的“日期和时间”对话框中选择“日期和时间”选项卡，单击“更改日期和时间”按钮，如图 7—8 所示。

（4）弹出“日期和时间设置”对话框，在“日期”栏设置当前日期，在“时间”栏设置当前时间，如图 7—9所示。单击“确定”按钮退出“日期和时间设置”对话框，返回到“日期和时间”对话框，单击“确定”按钮，保存设置退出“日期和时间”对话框即可完成修正系统日期和时间的操作。

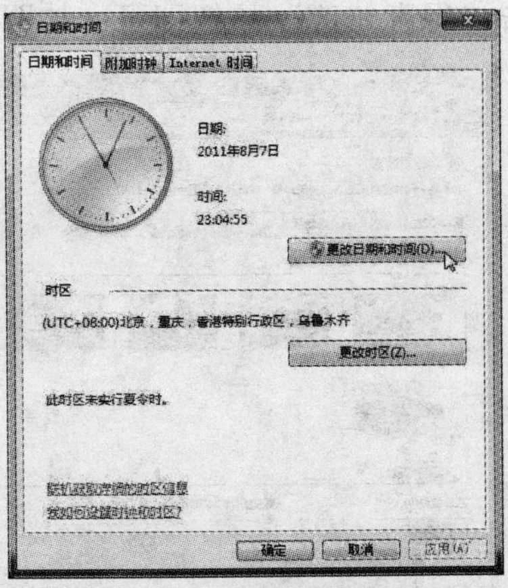

图 7—8 “日期和时间”对话框－“日期和时间”选项卡

提示

除了可以通过控制面板来设置系统日期和时间外，在任务栏左击当前显示的系统时间，在弹出的对话框中单击“更改日期和时间设置”链接，也可以快速弹出“日期和时间”对话框，修正系统日期和时间，如图 7—10所示。

4. 自定义桌面背景

（1）Windows 7 自带桌面背景。桌面背景也称壁纸，Windows 7 操作系统自带了丰富的桌面背景。如果不喜欢系统默认的桌面背景，还可以根据自己的喜好对其进行自定义。

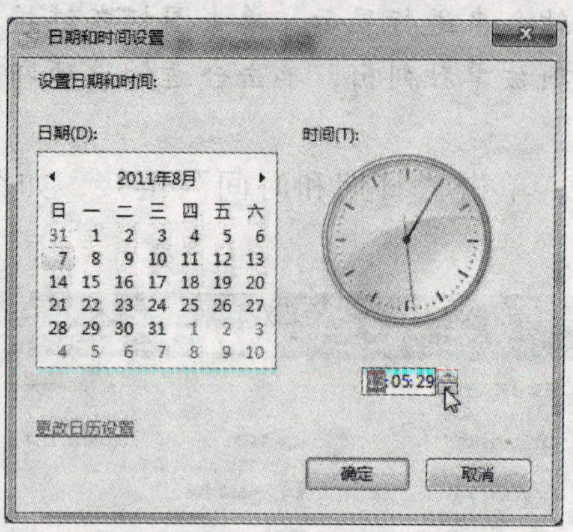

图 7—9　“日期和时间设置”对话框

图 7—10　显示当前的系统日期和时间

1）在弹出的“个性化”窗口（见图 7—2）的下方，单击“桌面背景”链接。

2）弹出“桌面背景”窗口，在其下方的图片列表中勾选想要设置为桌面背景图片的复选按钮，单击“保存修改”按钮即可，如图 7—11 所示。

提示

单击“图片位置”下拉按钮，在弹出的下拉列表中可以选择桌面背景图片的位置，默认为“Windows 桌面背景”。

（2）用户自带图片。用户还可以将自己喜欢的图片设置为桌面背景。

1）在“桌面背景”窗口中，单击“图片位置”下拉按钮右侧的“浏览”按钮，在弹出的对话框中选择目标图片所在的文件夹，单击“确定”按钮，返回到“桌面背景”窗口。

2）在图片列表框中就会显示所选文件夹中的图片，选择需要作为桌面背景的图片，单击“保存修改”按钮即可，如图 7—12 所示。

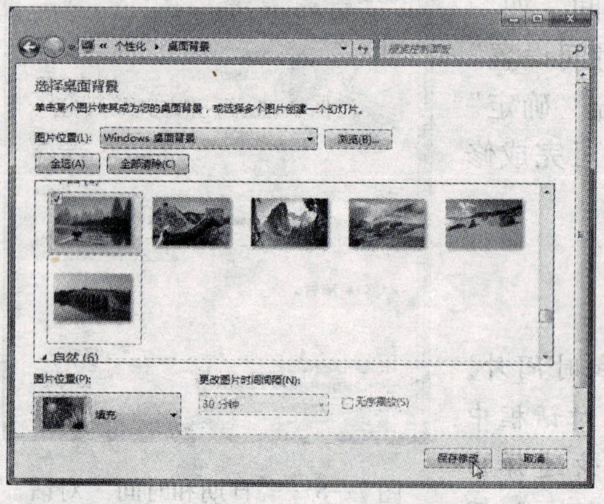

图 7—11　“桌面背景”窗口

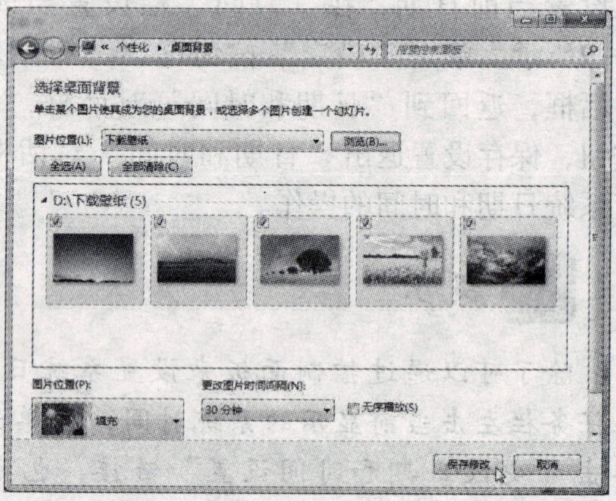

图 7—12　选择用户自带图片

注意

勾选了某个图片后，系统桌面会随之改变，方便用户预览效果。

5. 改变系统主题

系统主题是操作系统中已经设计好的一套完整的视觉效果和声音的组合方案，包括桌面背景、窗口外观、系统声音以及屏幕保护程序等一系列元素。

Windows 7 操作系统中预置了多种主题供用户选择，用户还可以更改系统主题。

（1）弹出的“个性化”窗口中，在列表框中选择需要设置的系统主题，例如“自然”选项，如图 7—13 所示。

（2）系统自动应用该系统主题，稍后操作系统的窗口、任务栏等相关元素都会改变为指定主题中设定的样式，如图 7—14 所示的“个性化”窗口与图 7—13 所示的窗口边框颜色就出现了改变。

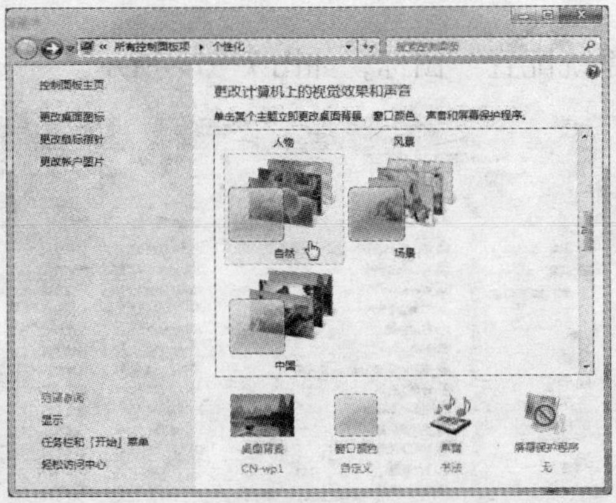

图 7—13　“个性化”窗口“自然”系统主题

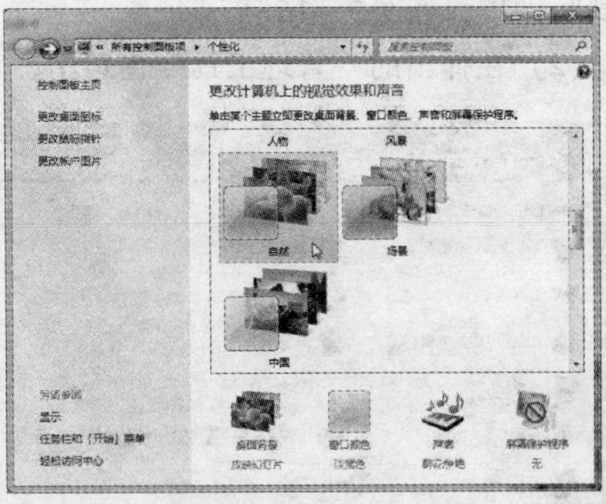

图 7—14　“自然”系统主题的“个性化”窗口

6. 设置屏幕保护程序

当用户一段时间没有对鼠标和键盘进行操作时，系统会自动启动屏幕保护程序。Windows 7 操作系统自带了多个屏幕保护程序，用户可以根据自己的喜好进行设置。

（1）如图 7—2 所示的“个性化”窗口中，在其右下方单击“屏幕保护程序”链接。

（2）弹出“屏幕保护程序设置”对话框，在“屏幕保护程序”下拉列表中选择喜欢的屏幕保护程序，例如“气泡”，接着在“等待”编辑栏中设置屏幕保护程序启动的等待时间，单击“确定”按钮即可完成设置屏幕保护程序的操作，如图 7—15 所示。

图 7—15　“屏幕保护程序设置”对话框

提示

1. 选择好屏幕保护程序后，单击“预览”按钮，可以观看效果。移动鼠标或按任意键均可以退出屏幕保护程序。

2. 除了系统自带的屏幕保护程序外，还可以使用自己喜欢的屏幕保护程序。方法是：

从网上下载喜欢的屏幕保护程序，并将其安装到计算机中，然后通过以上的操作方法选择该屏幕保护程序即可。

二、操作系统的优化

默认情况下，操作系统无法完全发挥计算机性能。通过更改一些设置，如通过以下方法优化系统性能就可以提高计算机工作效率。

1. 减少 Windows 启动加载项

在启动操作系统时，会自动启动很多程序，这些程序会占用大量的系统资源，大大降低了系统的启动速度。减少一些启动加载项，可以提高系统的启动速度。

（1）用前面讲述的方法，打开“控制面板”窗口，在“图标”视图模式下单击“管理工具”链接，如图 7—16 所示。

（2）在弹出的“管理工具”窗口中，双击“系统配置”图标，如图 7—17 所示。

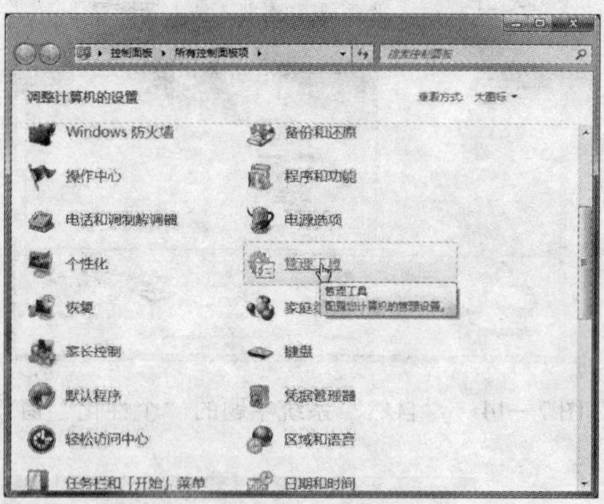

图 7—16 “控制面板”窗口 - “管理工具”链接

图 7—17 “管理工具”窗口

（3）弹出“系统配置”工具，选择“启动”选项卡。

提示

在“开始”菜单的搜索框中输入“msconfig”命令，按 Enter 键，也可以快速打开“系统配置”工具。

（4）在“启动项目”列表框中显示出所有开机启动的项目，取消勾选多余启动项前的复选按钮，单击“确定”按钮，如图 7—18 所示。

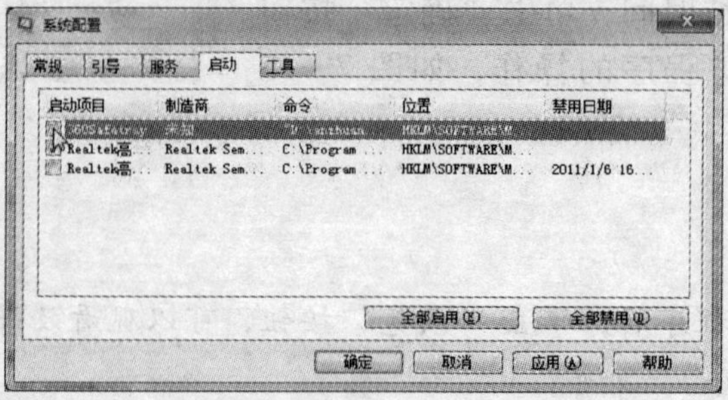

图 7—18 取消多余启动项

（5）在弹出的“系统配置”对话框中单击“重新启动”按钮重启计算机即可。如果想要以后重启，可以单击“退出而不重新启动”按钮，如图 7—19 所示。

2. 关闭多余的视觉效果

Windows 7 操作系统的界面使用了很多特殊视觉效果，例如 Aero 界面、色彩渐变等。对于系统配置较低的用户可以关闭一些视觉效果，以提高系统运行速度。

（1）右击桌面上的“计算机”图标，在弹出的快捷菜单中选择“属性”选项，如图 7—20 所示。

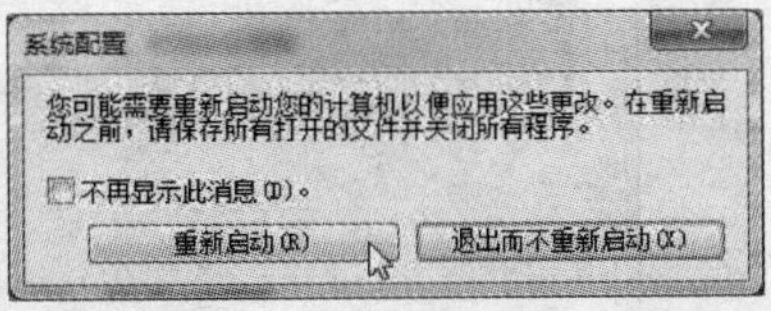

图 7—19 “系统配置”对话框

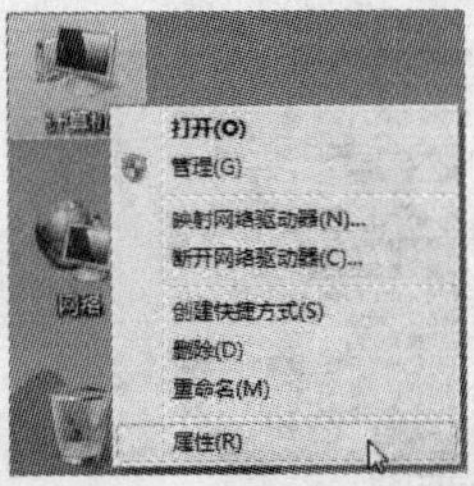

图 7—20 “计算机”快捷菜单

（2）在弹出的“系统”窗口的左侧任务列表中，单击“高级系统设置”链接，如图 7—21所示。

（3）在弹出的“系统属性”对话框中，选择“高级”选项卡，单击“性能”选项组中的“设置”按钮，如图 7—22 所示。

图 7—21 “系统”窗口

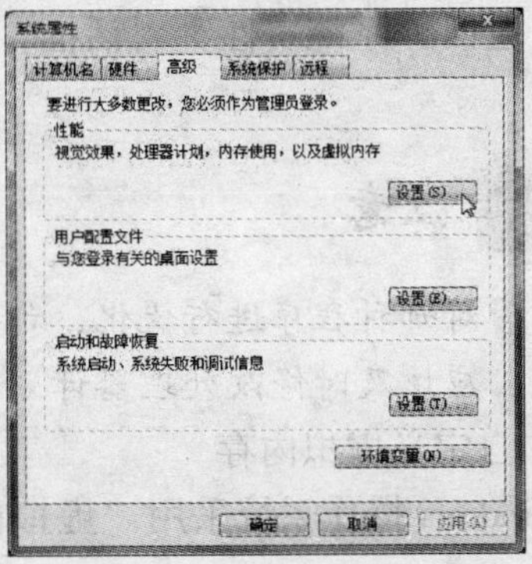

图 7—22 “系统属性”对话框－“高级”选项卡

（4）在弹出的“性能选项”对话框中，选择“视觉效果”选项卡，根据需求勾选必要的复选按钮，单击“确定”按钮，返回“系统属性”对话框，单击“确定”按钮即可完成关闭多余视觉效果的操作，如图 7—23 所示。

3. 优化 CPU 的性能

Windows 操作系统中运行的程序分为前台程序和后台服务两类。

（1）前台程序。运行时有可见的窗口，并且运行某些具体的操作，如 Office 软件、计算器等。

（2）后台服务。也称后台程序，运行时没有可见窗口，用户也不能进行具体的操作，例如驱动程序、系统服务等。

计算机启动后，这两类程序都会自动运行。由于 CPU 的处理能力有限，应根据需求设置 CPU 优先处理的程序类型，以优化 CPU 的性能。

1）用前面讲述的方法，在弹出的“性能选项”对话框中，选择“高级”选项卡，如图 7—24 所示。

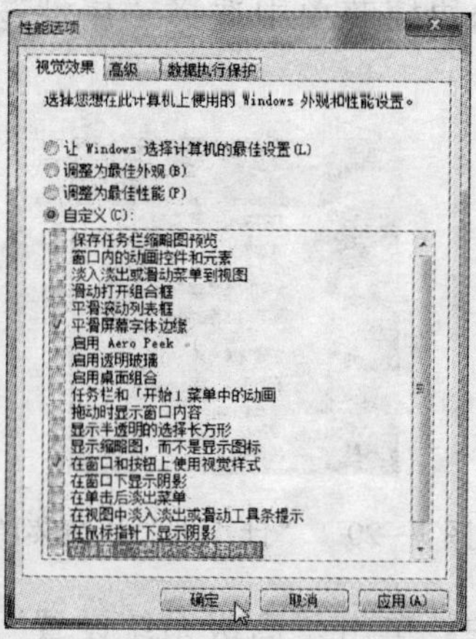

图 7—23 “性能选项”对话框 - “视觉效果”选项卡

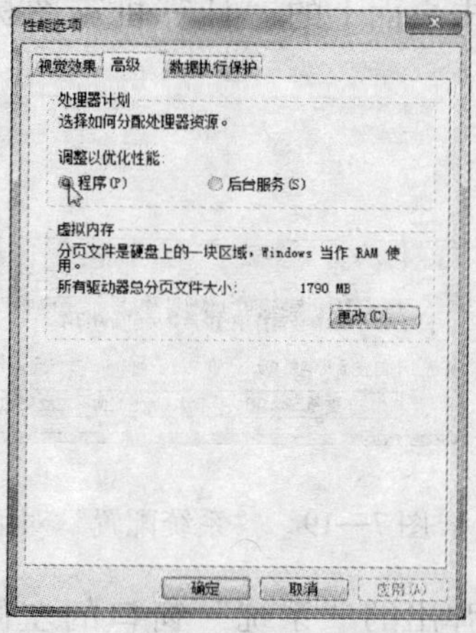

图 7—24 “性能选项”对话框 - “高级”选项卡

2）在“处理器计划”选项组中点选需要分配更多 CPU 性能的程序类型，单击“确定”按钮，返回“系统属性”对话框，单击“确定”按钮保存设置即可完成优化 CPU 的性能的操作。

注意

不管对哪种程序进行优化，都会对另一种程序带来影响。所以当计算机的使用需求发生改变后，应该及时修改处理器计划。

4. 自定义虚拟内存

Windows 操作系统采用“虚拟内存”机制来扩充系统内存，通过调整系统的虚拟内存可以有效提高系统和大型程序的执行效率。

(1) 用前面讲述的方法，在如图 7—24 所示的“性能选项”对话框的“高级”选项卡中，单击“更改”按钮。

(2) 弹出“虚拟内存”对话框，取消勾选“自动管理所有驱动器的分页文件大小”复选按钮；在“驱动器”列表框中选择要设置虚拟内存的分区。

(3) 在“可用空间”选区中，点选“自定义大小”单选按钮，在“初始大小”和“最大值”文本框中输入虚拟内存的初始值和最大值。

(4) 单击“设置”按钮应用以上设置，最后单击“确定”按钮，如图 7—25 所示。

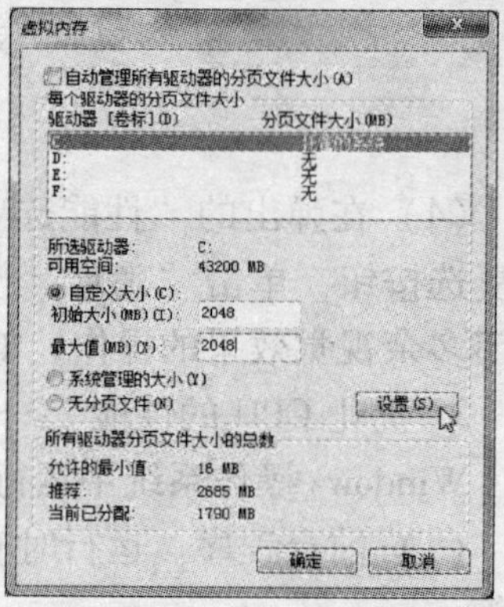

图 7—25 “虚拟内存”对话框

（5）在弹出的“系统属性”提示框中，系统提示用户“要使改动生效，需要重新启动计算机”。在此单击“确定”按钮。

（6）连续单击“确定”按钮，待弹出提示对话框提示用户“重新启动之前，请保存所有打开的文件并关闭所有程序”。在此单击“立即重新启动”按钮，重新启动计算机即可完成自定义虚拟内存的设置。

5. 禁用不必要的系统服务

默认情况下，操作系统启动时会自动启用很多系统服务，其中有些服务没有必要开启。为了提高系统的执行效率和安全性，可以禁用不必要的系统服务，例如没有使用打印机的用户，可以关闭“Print Spooler”服务。

（1）在桌面左下角单击“开始”按钮，在弹出的“开始”菜单中的搜索框中输入“services. msc”命令并按 Enter 键。

（2）在弹出的“服务”窗口右侧窗格中双击“Print Spooler”服务项，如图 7—26 所示。

（3）在弹出的对话框中选择“常规”选项卡，在“启动类型”下拉列表中，选择“禁用”选项，单击“停止”按钮停止该项服务，如图 7—27 所示。

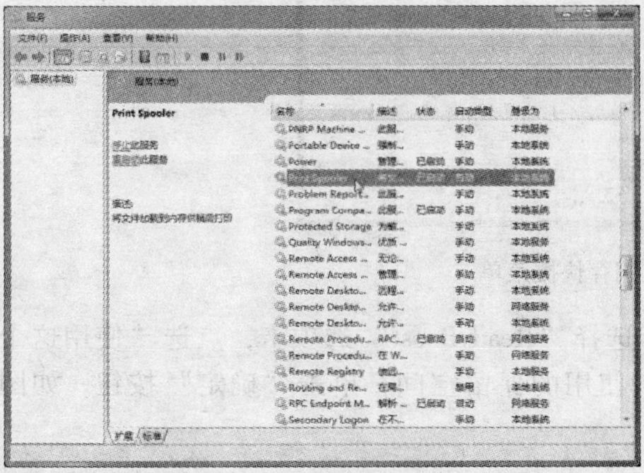

图 7—26　“服务”窗口

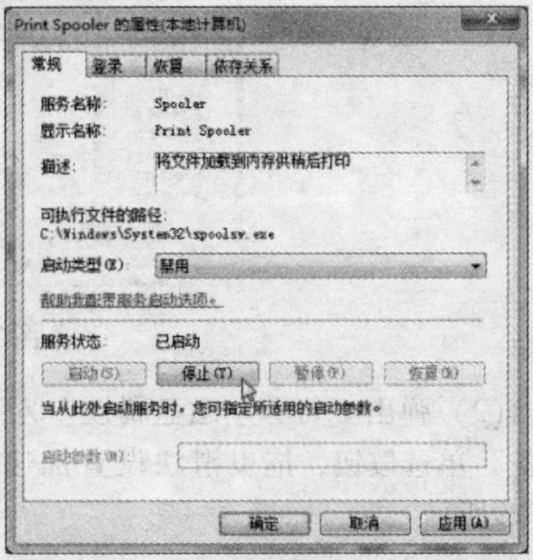

图 7—27　“Print Spooler 的属性”对话框

（4）单击“确定”按钮，关闭“服务”窗口，重新启动计算机即可完成禁用不必要系统服务的设置。

提示

服务的启动类型包括“自动”“自动（延迟的启动）”“手动”和“禁用”四种，一般将系统必需的服务设置为“自动”，其他设置为“手动”或“禁用”。

6. 使用 ReadyBoost 内存加速系统

ReadyBoost 是 Windows 7 提供的一项重要功能，该功能通过使用 U 盘等闪存设备来扩充系统内存，以帮助内存紧张的计算机提高系统的整体性能。

不过，并不是所有的闪存设备都能开启 ReadyBoost 功能，微软对此提出了以下几点要求和建议：

第一，闪存设备支持 USB 2. 0 接口标准。

第二，闪存设备的保留空间不小于 256 MB，不大于 4 GB。

第三，最大能够使用的闪存设备空间不能大于物理内存的两倍。

第四，随机读取 4 KB 的数据速度不低于 2. 5 MB/s，随机写入 512 KB 的数据速度不低于 1. 75 MB/s。

第五，每台计算机上只允许一个闪存设备开启 ReadyBoost 功能。

如果用户的闪存设备满足以上要求，可以执行开启 ReadyBoost 功能。

（1）将闪存设备插入计算机的 USB 接口中，稍后会自动播放该设备，在弹出的“自动播放”对话框中，单击“加速我的系统”选项。如果没有自动播放，则打开“计算机”在闪存设备盘符上右击，在弹出的快捷菜单中选择“属性”选项，如图 7—28 所示。

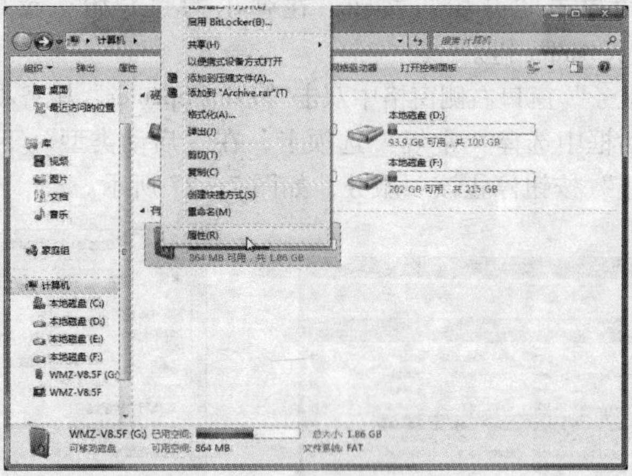

图 7—28　闪存快捷菜单

（2）弹出“可移动磁盘属性”对话框，选择“ReadyBoost”选项卡，点选“使用这个设备”单选按钮，拖曳滑块设置加速系统所使用的保留空间，单击“确定”按钮，如图 7—29所示。

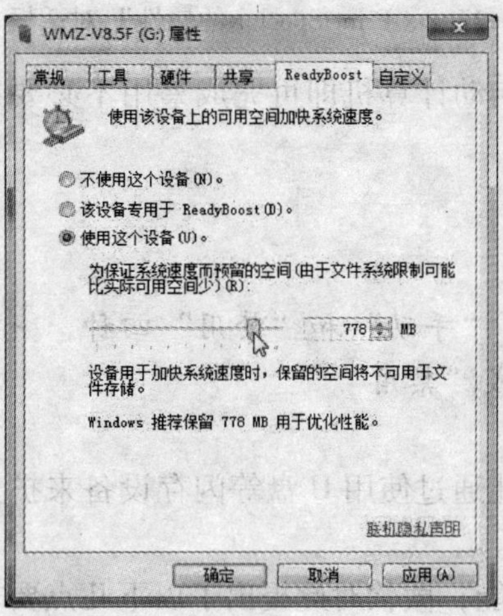

图 7—29　“可移动磁盘属性”对话框

注意

加速系统所使用的保留空间不能大于物理内存的两倍，如本机的物理内存为 1 GB，则该控件保留空间不能大于 2GB。

（3）ReadyBoost 功能开始配置缓存，并将缓存文件写入闪存设备中。配置完成后，会自动对系统进行加速，如图 7—30 所示。

图 7—30　ReadyBoost 正在配置缓存

提示

开启 ReadyBoost 功能后，系统性能可以得到明显提升，特别是在应用大型软件时，这种性能提升更为明显。不过如果计算机的物理内存低于 512MB 或者硬件配置本来就低，就算增加再多的缓存也收效甚微。

7. 提升硬盘的读写性能

硬盘的读写速度由外部传输速度和内部读写速度决定，对这两种速度进行优化可以有效提升硬盘的读写性能。

（1）优化内部读写速度。硬盘的内部读写速度是指数据从硬盘的盘片上读取出来并存储在缓存内的速度，决定了硬盘的整体性能。

1）用本书前面讲述的方法，在如图 7—21 所示“系统”窗口中，单击“设备管理器”链接，弹出“设备管理器”窗口，右击“磁盘驱动器”选项下的磁盘项，然后在弹出的快捷菜单中选择“属性”选项，如图 7—31 所示。

提示

在“开始”菜单的搜索栏中输入“devmgmt. msc”，按 Enter 键，也可打开“设备管理器”窗口。

2）弹出相应的“属性”对话框，选择“策略”选项卡，在“写入缓存策略”选区中勾选“启用设备上的写入缓存”复选按钮，单击“确定”按钮即可，如图 7—32 所示。

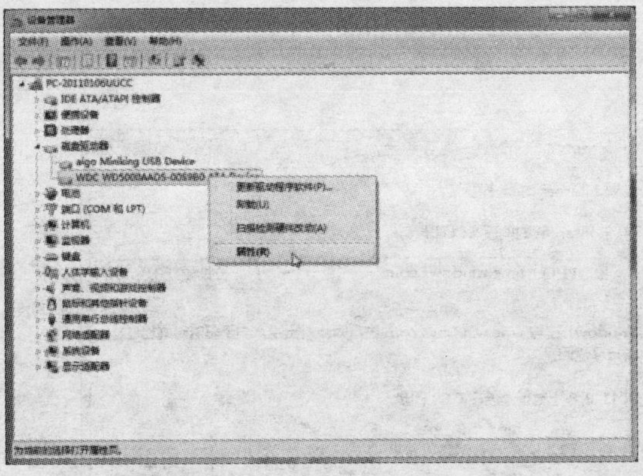

图 7—31 “设备管理器”窗口

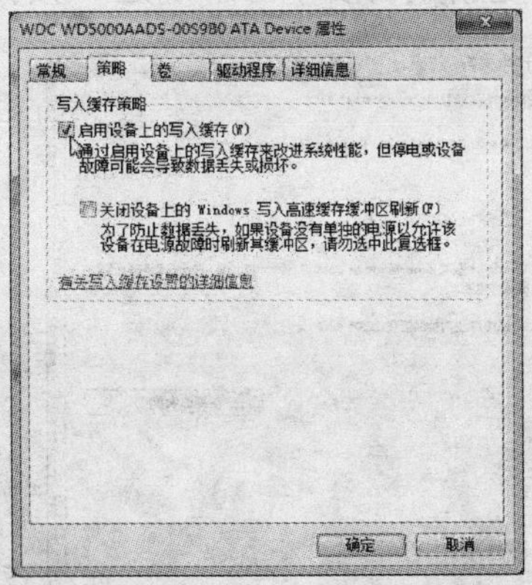

图 7—32 “属性”对话框 - “策略”选项卡

（2）优化外部传输速度。硬盘的外部传输速度是指硬盘的接口速度，该速度会在一定程度上影响硬盘的读写性能。

1）在打开的“设备管理器”窗口中，展开“IDE ATA/ATAPI 控制器”选项，右击硬件所在的“ATA Channel1”项，在弹出的快捷菜单中选择“属性”选项，如图 7—33 所示。

2）在弹出的相应的“属性”对话框中，选择“高级设置”选项卡，在其中“设备属性”选项组中勾选“启动 DMA”复选按钮，启用 DMA 传输模式，单击“确定”按钮，保存设置即可，如图 7—34 所示。

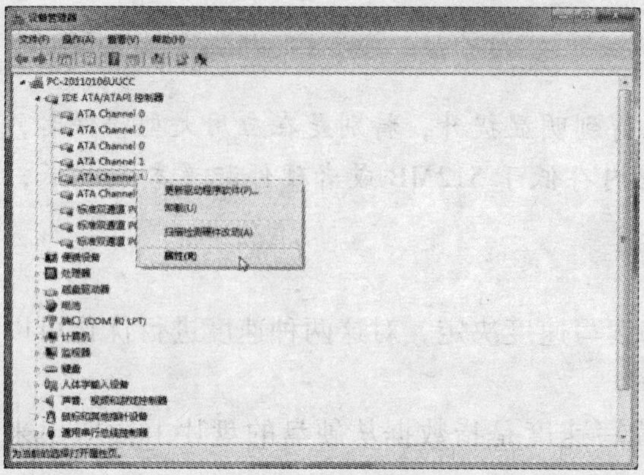

图 7—33　IDE ATA/ATAPI 控制器 - ATA Channe1

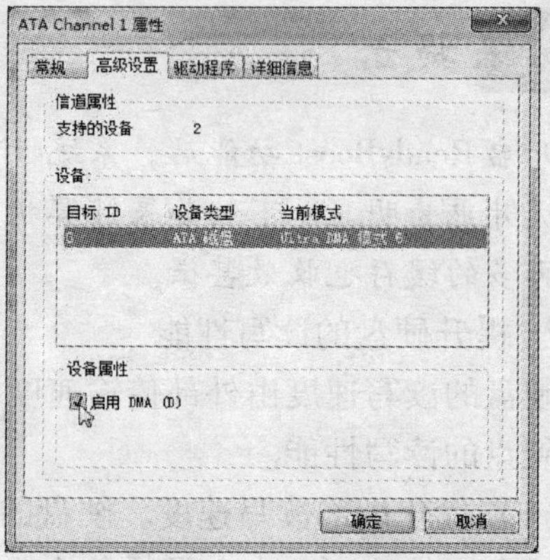

图 7—34　“属性”对话框 - “高级设置”选项卡

三、疑难与技巧

1. 在线更新时间

如果计算机已经连接了网络，可以通过与微软公司的时间服务器进行同步，即可在线更新系统时间。

（1）打开“日期和时间”对话框（见图 7—8），选择“Internet 时间”选项卡，单击“更改设置”按钮，如图 7—35 所示。

（2）在弹出的“Internet 时间设置”对话框中，单击“立即更新”按钮，则立即开始更新时间，更新成功后单击“确定”按钮即可，如图 7—36 所示。

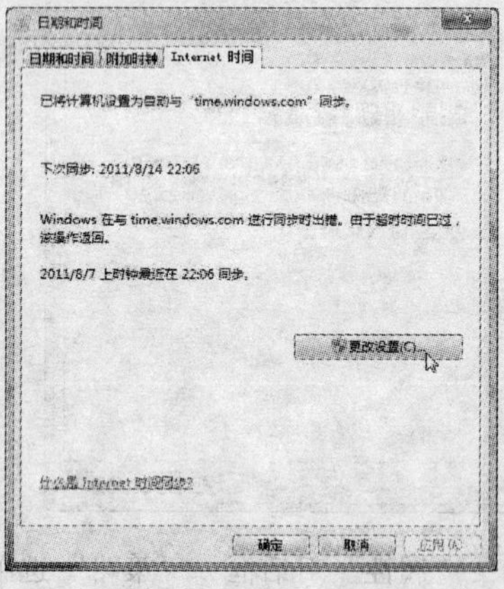

图 7—35　日期和时间对话框 - “Internet 时间”选项卡

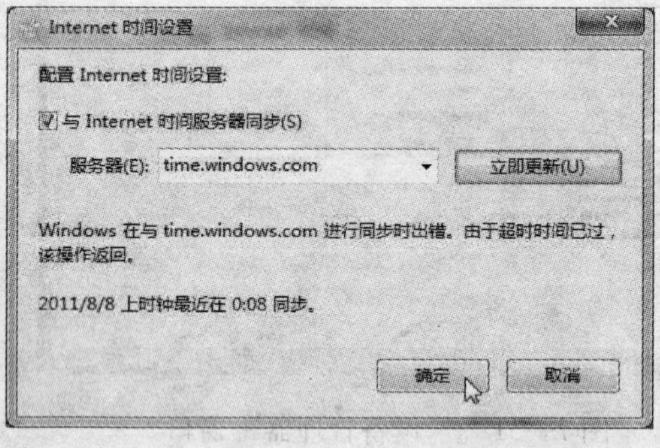

图 7—36　“Internet 时间设置”对话框

提示

如果默认的时间服务器“time. windows. com”不能使用，可在“服务器”下拉列表框中选择其他时间服务器，然后单击“立即更新”按钮再次更新。

2. 让桌面背景自动更换

以前版本的操作系统中，想要定时自动更换桌面背景，需要使用第三方软件才能实现。Windows 7 操作系统中已经内置了这一功能。

（1）用前面讲述的方法，打开“桌面背景”窗口，在图片列表中通过勾选图片上的复选按钮，选择多种要设置为桌面背景的图片，如图 7—37 所示。

（2）接着在“更改图片时间间隔”下拉列表中设置更换图片的间隔时间，最后再单击“保存修改”按钮即可。

3. 阻止光盘自动播放

默认情况下，当光盘放入光驱或 U 盘连接到计算机后，系统会自动搜索设备中的文件并自动播放。在此可以对设备的自动播放方式进行相应的设置。

（1）单击桌面左下角“开始”按钮，在弹出的“开始”菜单中选择“默认程序”选项。

（2）在弹出的“默认程序”窗口，单击“更改‘自动播放’设置”链接，如图 7—38 所示。

图 7—37　“桌面背景”窗口－选择桌面背景

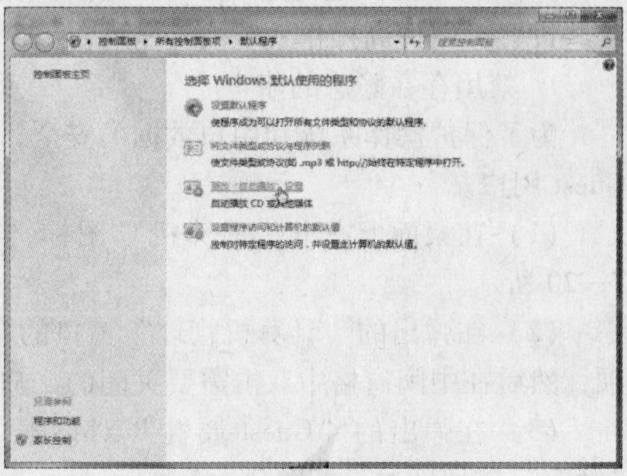

图 7—38　“默认程序”窗口

（3）在弹出的“自动播放”窗口中，勾选“为所有媒体和设备使用自动播放”复选按钮，为指定设备选择自动播放方式，例如禁止光驱自动播放，然后单击“保存”按钮即可，如图 7—39 所示。

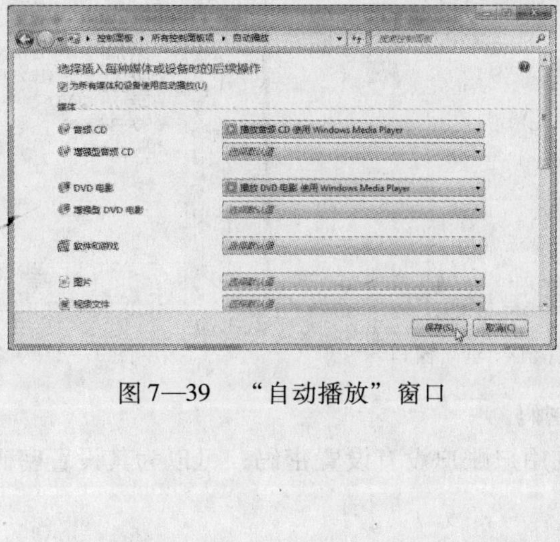

图 7—39　“自动播放”窗口

模块二　系统安全与病毒查杀

学习目标

1. 了解系统安全的设置。
2. 掌握计算机病毒查杀、防范木马与黑客的方法。
3. 掌握恶意软件的清理。

随着网络的普及，计算机病毒、木马以及黑客攻击等时刻威胁着用户计算机的安全。对系统进行一些安全设置并安装杀毒软件等，能够有效保障操作系统和用户数据的安全。本模块将对系统的安全设置以及计算机病毒和木马的查杀等相关知识进行介绍。

一、系统安全设置

操作系统安装完成后，由于采用默认设置，安全性不够，所以还需要根据实际情况进行一些设置，以提高操作系统的安全性。

1. 禁用存在隐患的账户

为了保护操作系统和用户数据的安全，可以将一些存在安全隐患的系统账户关闭，例如 Guest 用户。

（1）在桌面上右击“计算机”图标，在弹出的快捷菜单中选择“管理”选项，如图 7—20 所示。

（2）在弹出的“计算机管理”窗口的左侧窗格中依次展开“本地用户和组→用户”选项，然后在中间窗格中双击需要关闭的账户，如图 7—40 所示。

（3）在弹出的“Guest 属性”对话框中，勾选“账户已禁用”复选按钮，然后单击“确定”按钮即可，如图 7—41 所示。

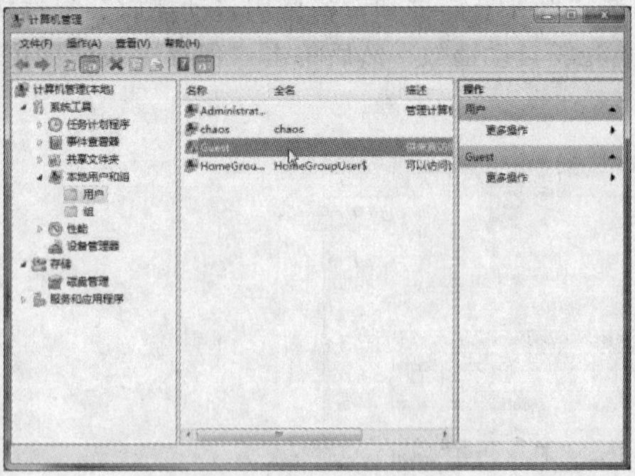

图 7—40　“计算机管理”窗口

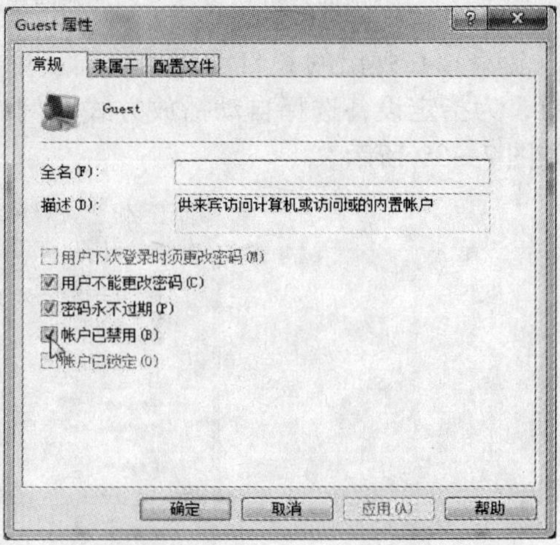

图 7—41　“Guest 属性”对话框

2. 为系统用户设置密码

如果当前操作系统的用户账户没有设置密码，可以为其设置密码，以提高操作系统的安全性。

（1）打开控制面板，在“图标”视图模式下单击“用户账户”链接，如图 7—42 所示。

（2）在弹出的“用户账户”窗口中，单击“管理其他账户”链接，如图 7—43 所示。

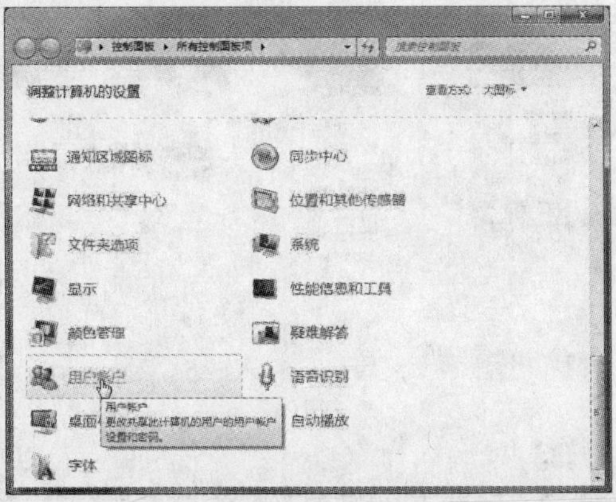

图 7—42 “所有控制面板项”窗口－用户账户链接

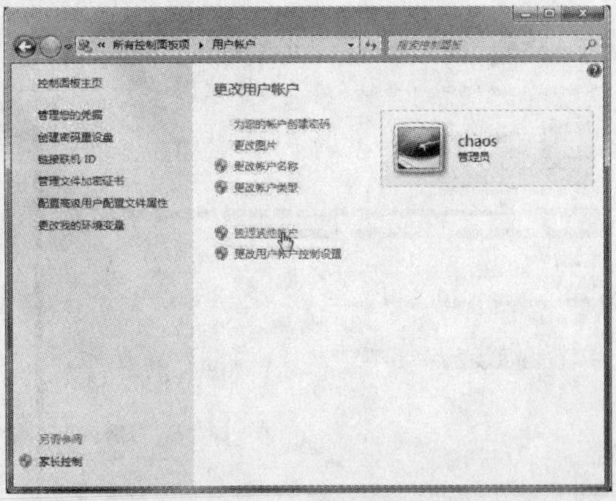

图 7—43 “用户账户”窗口

（3）在打开的“管理账户”窗口中，单击需要设置密码的账户，如图 7—44 所示。

（4）在弹出的“更改账户”窗口中，可以对账户进行各种编辑操作，在此单击“创建密码”链接，如图 7—45 所示。

图 7—44 “管理账户”窗口

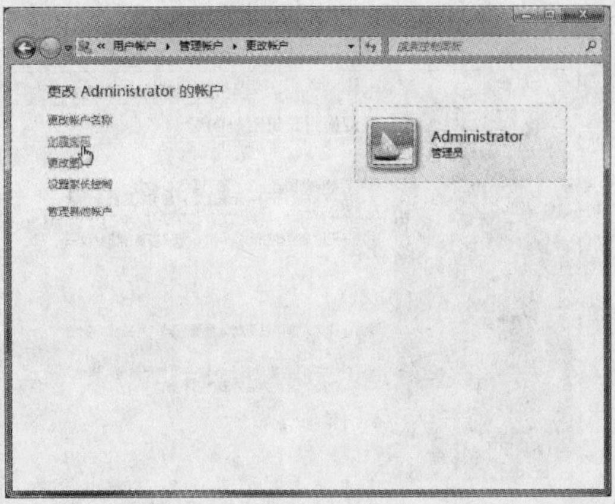

图 7—45 “更改账户”窗口

（5）在弹出的“创建密码”窗口中，根据提示在新密码文本框和确认新密码文本框中输入密码，接着在键入密码提示文本框中输入密码提示问题，然后单击“创建密码”按钮即可，如图 7—46 所示。

3. 创建密码重置盘

为用户账户设置了密码后，每次登录系统时都需要输入密码。为了避免因为用户忘记了账户密码而造成系统无法正常登录，可以通过系统自带的“创建密码重设盘”功能，来创建密码重置盘，以便在忘记账户密码时重设密码。

在此，以在 Windows 7 操作系统中使用 U 盘创建密码重置盘为例，介绍创建密码重置盘的方法。

（1）将 U 盘插入计算机 USB 端口中，打开“用户账户”窗口，在左侧任务列表中单击“创建密码重设盘”链接，如图 7—47 所示。

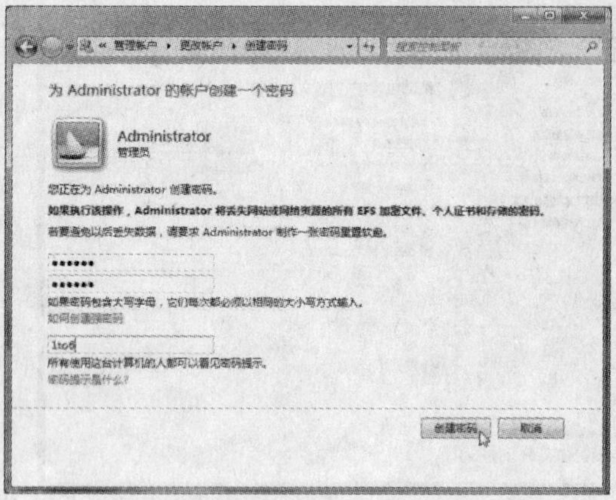

图 7—46　“创建密码”窗口

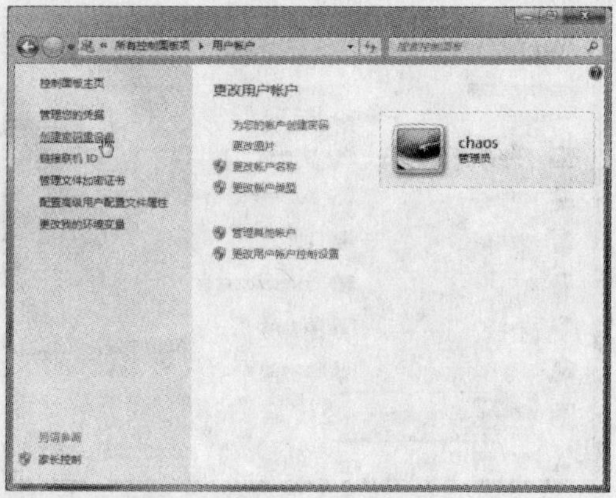

图 7—47　“用户账户”窗口－创建密码重设盘链接

（2）在弹出的“忘记密码向导”欢迎对话框的“欢迎使用忘记密码向导”中，单击“下一步”按钮，如图 7—48 所示。

（3）在弹出的“忘记密码向导”，“创建密码重置盘”对话框中，在下拉列表中选择 U 盘盘符，然后单击“下一步”按钮，如图 7—49 所示。

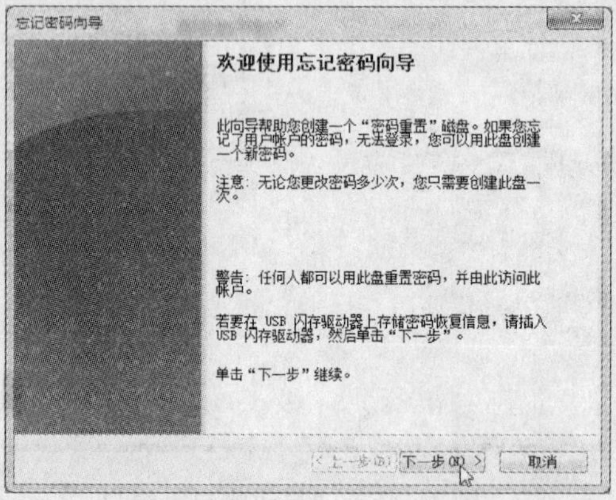

图 7—48　“忘记密码向导”欢迎对话框

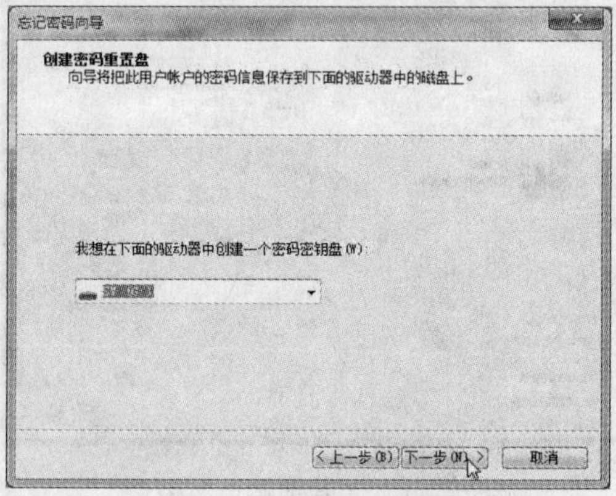

图 7—49　“忘记密码向导”－创建密码重置盘对话框

（4）在弹出的“忘记密码向导”的“当前用户账户密码”对话框中，输入当前账户的密码，然后单击“下一步”按钮，如图 7—50 所示。

（5）在弹出的“忘记密码向导”的“正在创建密码重置磁盘”对话框中，说明开始创建重设盘，创建完成后单击“下一步”按钮，如图 7—51 所示。

（6）在弹出的“忘记密码向导”的“正在完成忘记密码向导”中单击“完成”按钮即可，如图 7—52 所示。

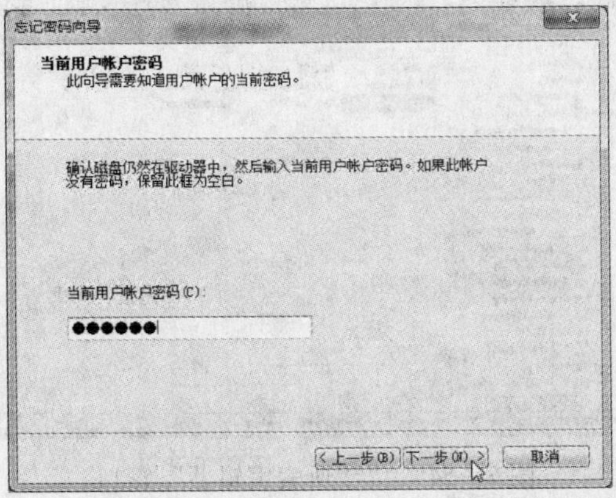

图 7—50　“忘记密码向导”当前用户账户密码对话框

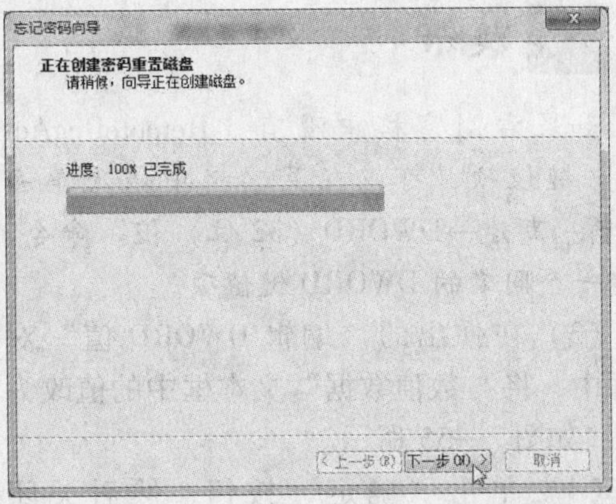

图 7—51　“忘记密码向导”－“正在创建密码重置磁盘”对话框

注意

执行以上操作后，打开 U 盘，在窗口中可以看到一个名为“userkey. psw”的文件，该文件就是重设密码需要的密钥配置文件。

4. 禁止远程修改注册表

默认情况下，Windows 7 操作系统允许远程修改注册表。为了提高操作系统的安全性，可以执行以下操作，禁止他人远程修改注册表。

（1）在系统桌面的左下角单击“开始”按钮，在弹出的“开始”菜单中的搜索栏输入“regedit”命令，然后按 Enter 键，如图 7—53 所示。

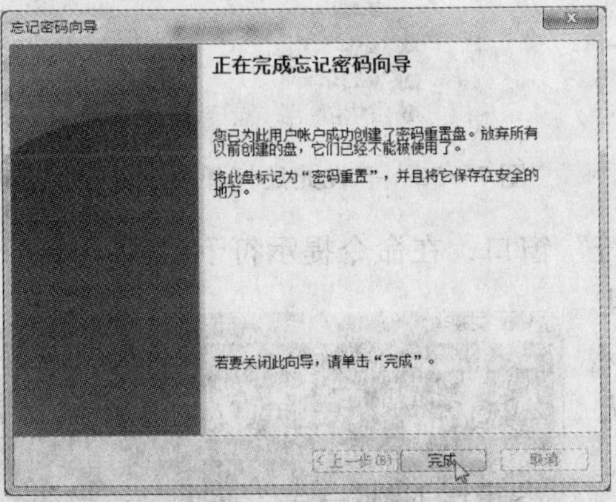

图 7—52　“忘记密码向导”－“正在完成忘记密码向导”对话框

图 7—53　“开始”菜单搜索栏

（2）在弹出的“注册表编辑器”窗口中依次展开左侧窗格中的“HKEY_ LOCA_ LMA-CHINE→SYSTEM→CurrentControlSet→Control→SecurePipeServers→winreg”子键，然后在右侧窗格中双击“Remote RegAccess”键值项，如图 7—54 所示。

提示

如果右侧窗格中没有“RemoteRegAccess”键值项，可以在菜单栏中依次单击“编辑→新建→DWORD（32 位）值”命令，新建一个同名的 DWORD 键值项。

（3）在弹出的“编辑 DWORD 值”对话框中，将“数值数据”文本框中的值改为“1”，如图 7—55 所示。

（4）单击“确定”按钮，然后关闭“注册表编辑器”窗口，重新启动计算机即可。

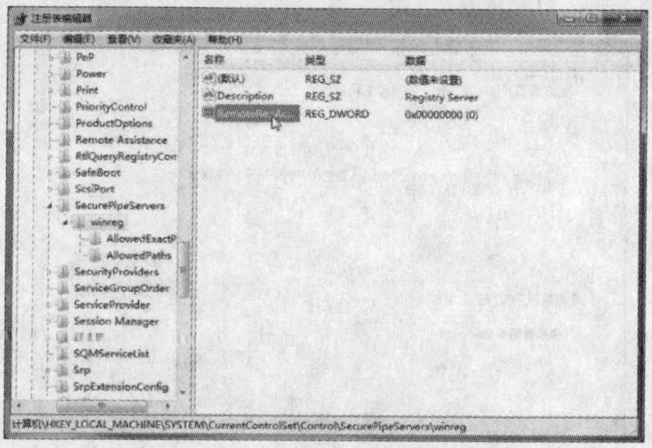

图 7—54 “注册表编辑器”窗口

5. 关闭系统的默认共享

默认情况下，操作系统开启了默认共享，如果计算机接入了局域网，则他人可以通过访问默认共享侵入计算机，由于危害性很大，建议用户关闭默认共享。

（1）临时关闭默认共享。如果只想暂时关闭某个默认共享，可以在操作系统的“命令提示符”窗口中执行“net share ∗ /del”命令来实现。

1）按下 Shift 键的同时，在桌面空白处右击，在弹出的快捷菜单中选择“在此处打开命令窗口”选项，如图 7—56 所示。

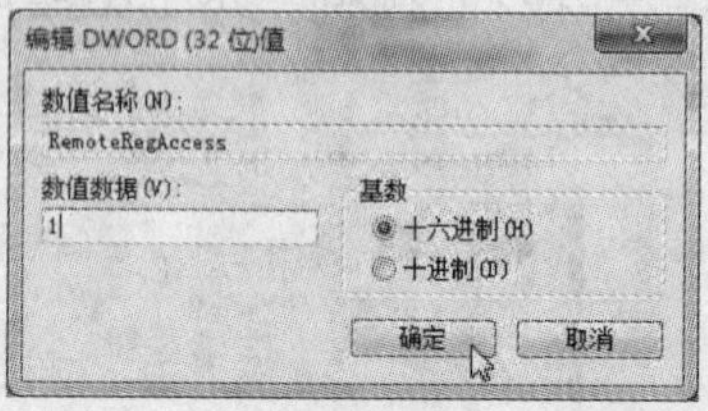

图 7—55 “编辑 DWORD 值”对话框

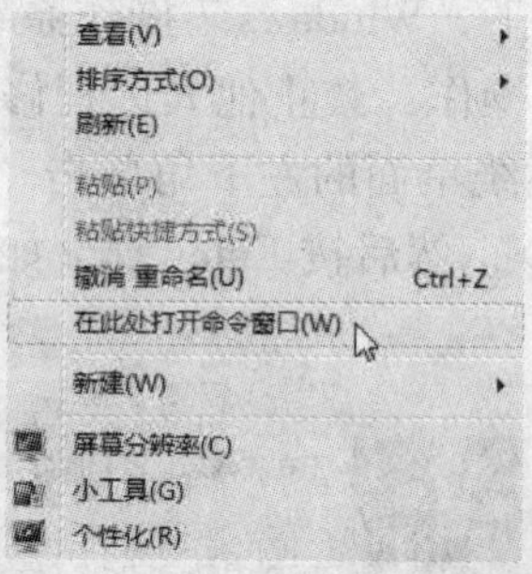

图 7—56 “在此处打开命令窗中”选项

2）即刻以管理员身份打开“命令提示符”窗口，在命令提示符下输入“net share”命令，按 Enter 键显示系统中已开启的默认共享，接着在命令提示符下输入“net share ∗ /del”。其中命令“∗”代表需要关闭的默认共享名称，如 C＄、D＄等，如图7—57所示。

注意

在使用“net share ∗ /del”命令关闭共享时，共享名称前后都有一个空格。

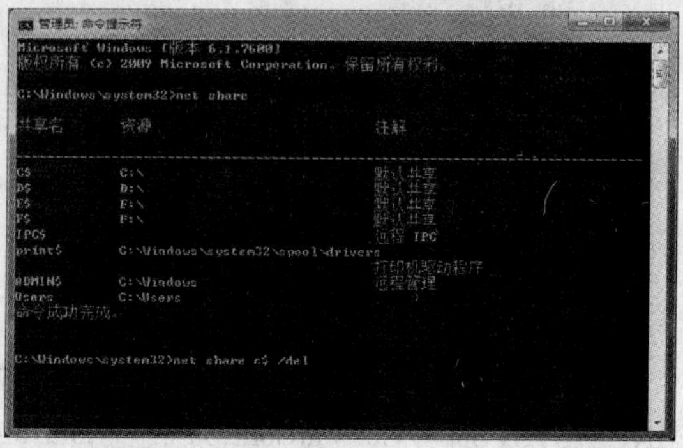

图 7—57 “命令提示符”窗口

3）按 Enter 键删除指定的默认共享，在命令提示符下重复执行“net share ∗ /del”

命令即可删除所有的默认共享，如图 7—58 所示。

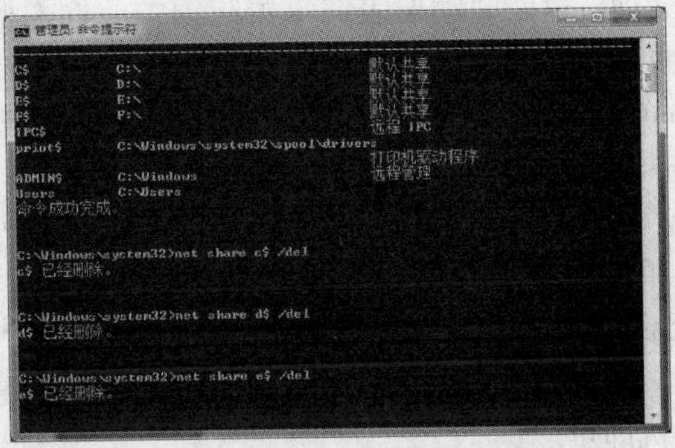

图 7—58　删除所有的默认共享

提示

通过以上操作只是关闭了当前已开启的默认共享，但该操作并没有修改系统中的相关设置，当重新启动计算机后，默认共享会再次出现。

（2）永久关闭默认共享。如果希望以后不再自动开启默认共享，可以通过修改注册表来实现永久关闭默认共享。

1）单击“开始”按钮，在弹出的“开始”菜单中的搜索框中输入“regedit”命令，按 Enter 键，弹出“注册表编辑器”窗口。

2）在该窗口的左侧窗格中依次展开“HKEY_ LOCAL_ MACHINE→SYSTEM→CurrentControLSet→Services→Lanmanserver→Parameters”子键，右击“Parameters”子健，在弹出的快捷菜单中选择“新建→DWORD（32 位）值”选项，如图 7—59 所示。

3）在右侧窗格中会出现“新值#1”项并处于可编辑状态，输入键值项的名称为“AutoShareServer”，然后按 Enter 键，如图 7—60 所示。

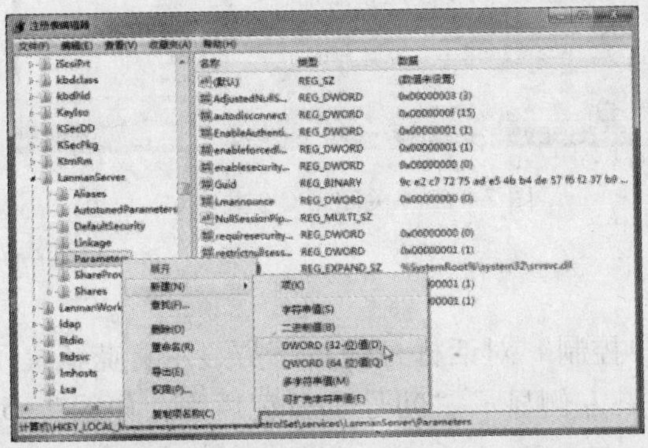

图 7—59　子键快捷菜单

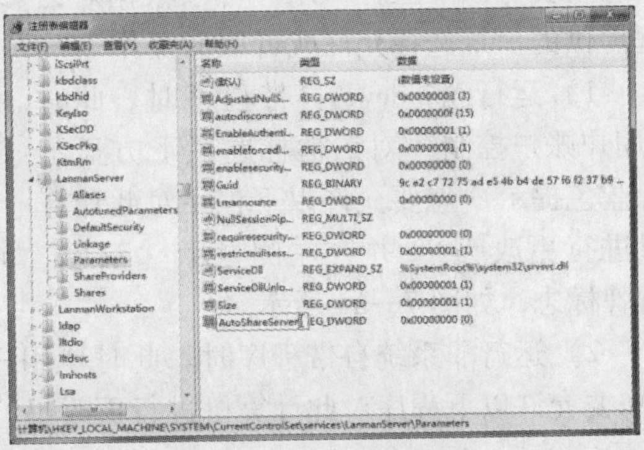

图 7—60　输入键值项

4）按以上方法新建名为“AutoShareWks”的 DWORD 键值项（32 位）。

5）双击“AutoShareServer”键值项，在弹出的对话框中将值修改为“0”，然后单击“确定”按钮，关闭所有磁盘分区的默认共享，如图 7—61 所示。

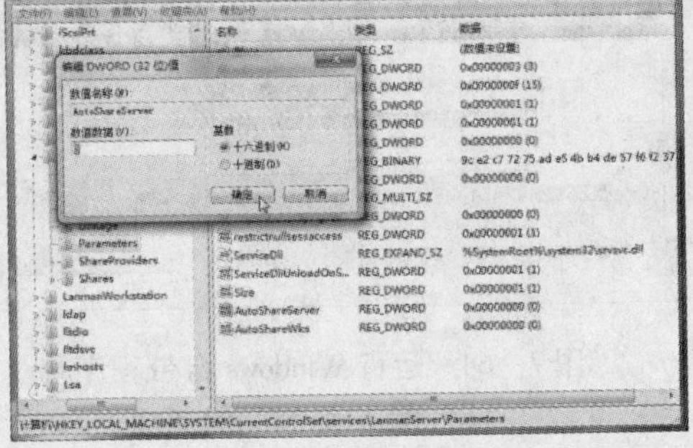

图 7—61　关闭所有磁盘分区的默认共享

6）返回“注册表编辑器”窗口，在右侧窗格中双击“AutoShareWks”键值项，在弹出的对话框中将值更改为“0”，单击“确定”按钮，关闭 ADMIN $ 共享，如图 7—62 所示。

7）返回“注册表编辑器”窗口，在左侧窗格中依次展开“HKEY_ LOCAL_ MACHINE→SYSTEM→CurrentControlSet→Control→Lsa”子键，在右侧窗格中双击“restrictanonymous”键值项，在接着弹出的“编辑DWORD（32位）值”对话框中将其值更改为“1”，然后单击“确定”按钮，即关闭IPC $ 共享，如图7—63所示。

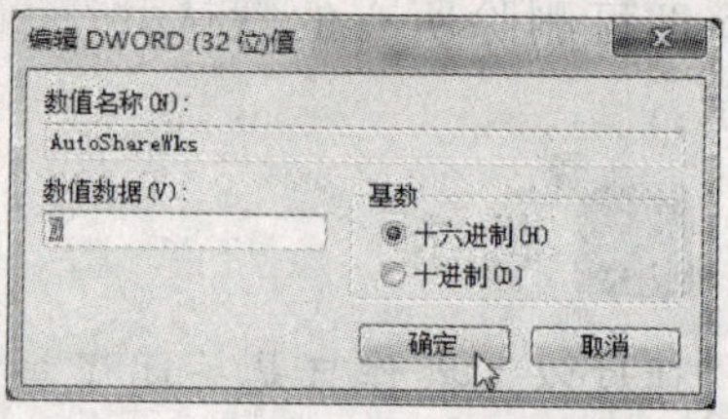

图7—62　“编辑DWORD（32位）值”对话框

8）设置完成后，关闭注册表编辑器并重新启动计算机即可。

6. 启用用户账户控制

用户账户控制（user active control，简称UAC）是Windows 7的一项重要功能，通过该功能可以有效防止恶意程序对系统进行未经授权的更改。

（1）认识UAC对话框。每当执行影响系统运行的操作或更改影响用户设置的操作时，都会弹出“用户账户控制”对话框要求用户选择操作。

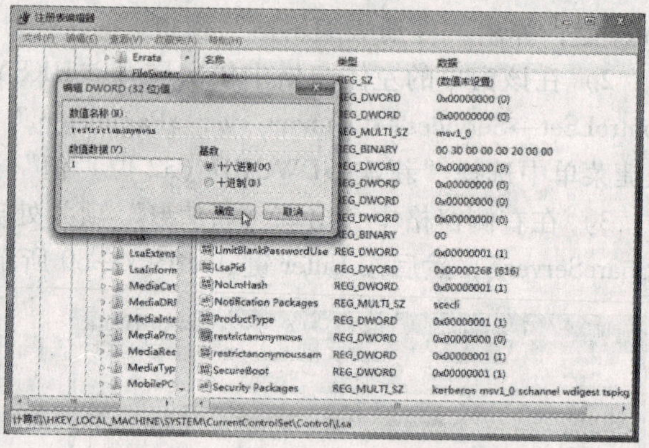

图7—63　关闭IPC $ 共享

“用户账户控制”对话框根据运行的程序不同，会显示不同的提示信息，这些信息主要有以下三种。用户可以根据对话框提供的信息选择允许或者取消操作。

1）运行Windows自带程序时。此时“用户账户控制”对话框标题栏下方显示青蓝色提示“您要允许以下程序对此计算机进行更改吗?”并在左侧显示“双色”盾牌标志，如图7—64所示。

2）运行非系统自带程序时。此时“用户账户控制”对话框标题栏下方显示青蓝色提示“您要允许以下程序对此计算机进行更改吗?”并在左侧显示“问号”蓝色盾牌，如图7—65所示。

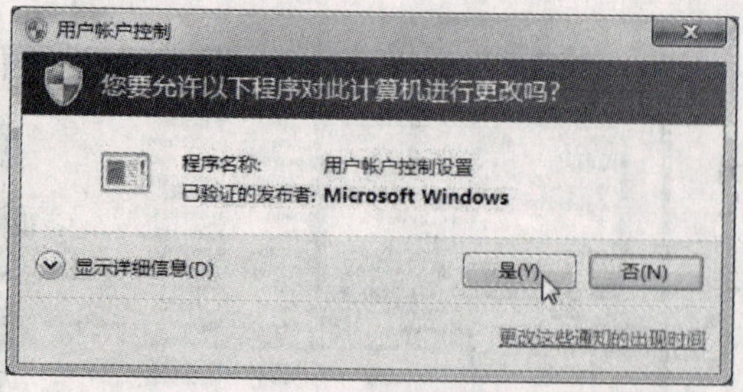

图7—64　运行Windows自带程序时“用户账户控制”对话框

图7—65　运行非系统自带程序时“用户账户控制”对话框

3）运行未知发布者的程序时。此时“用户账户控制”对话框标题栏下方显示橙色提示

“您想允许来自未知发布者的以下程序对此计算机进行更改吗?”并在左侧显示“感叹号”橘黄色盾牌，如图 7—66 所示。

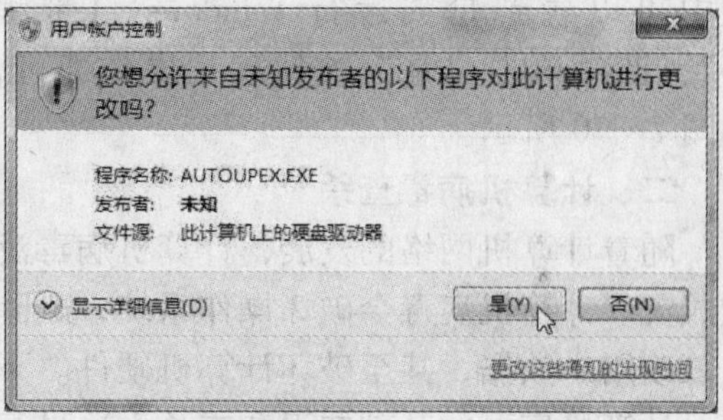

图 7—66　运行未知发布者的程序时“用户账户控制”对话框

（2）启用 UAC 功能。操作系统默认启用了 UAC 功能，如果使用过程中发现该功能没有启用，可以执行操作来启用该功能。

1）打开“控制面板”窗口，在“图标”视图模式下，单击“用户账户”链接，如图 7—67 所示。

2）在弹出的“用户账户”窗口中，单击“更改用户账户控制设置”链接，如图 7—68 所示。

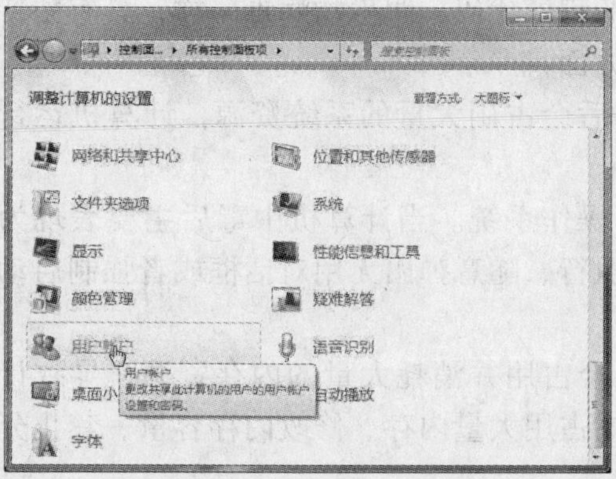

图 7—67　“所有控制面板项”窗口－“用户账户”链接

图 7—68　“用户账户”窗口－“更改用户账户控制设置”链接

3）在弹出的“用户账户控制设置”对话框中，将左边的滑块向下拖曳至“从不通知”位置，然后单击“确定”按钮，如图 7—69 所示。

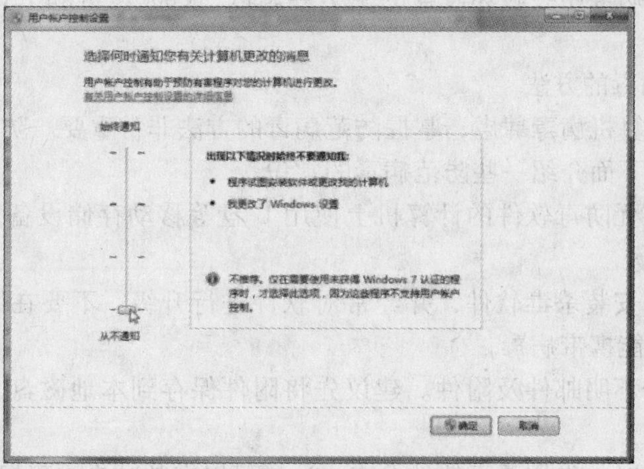

图 7—69　“用户账户控制设置”对话框

4）从在弹出的“用户账户控制”对话框中可以看到是“运行 Windows 自带程序”，此时单击“是”按钮确认操作即可，如图 7—70 所示。

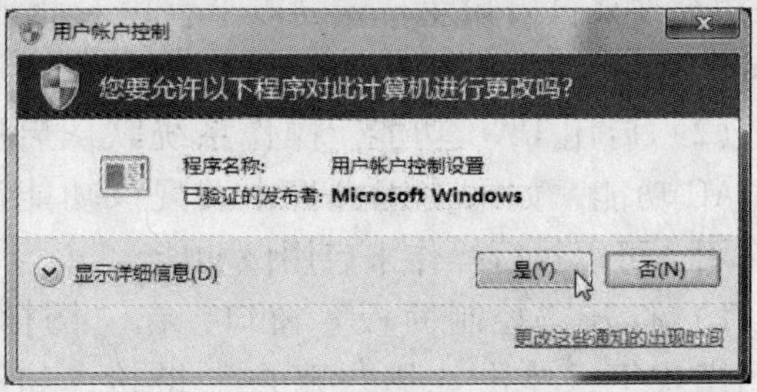

图 7—70 “用户账户控制”对话框－运行 Windows 自带程序

二、计算机病毒查杀

随着计算机网络的发展，计算机病毒泛滥成灾。计算机病毒会破坏操作系统，删除或篡改用户数据，甚至破坏计算机硬件。下面对计算机病毒的基础知识和查杀方法进行介绍。

1. 计算机病毒的危害

计算机病毒是一种人为编制的，具有破坏性的程序代码，跟生物病毒一样，具有独特的复制能力。计算机病毒的危害主要表现在以下几方面：

（1）影响计算机运行速度。计算机病毒发作后会占用大量的系统资源，计算机运行速度明显变慢，严重时可能导致计算机死机。

（2）破坏操作系统。有些计算机病毒会破坏操作系统。当计算机中毒后主要表现为定时自动重启、无故死机、打不开文件、命令无法执行、随意弹出无用对话框或者强制启动软件等。

（3）攻击系统内存。计算机病毒在运行时，会占用并消耗大量的内存资源，导致计算机内存出错，甚至导致死机。其主要攻击方式包括占用大量内存、修改内存容量、禁止分配内存和消耗内存等。

（4）破坏硬盘数据。当硬盘中某些数据被计算机病毒感染后，如果不采取特殊的修复方法，文件将不能被正常读写。其主要攻击方式包括重命名文件、删除文件、分割或假冒文件、篡改文件内容以及复制文件等。

（5）破坏计算机硬件。有些计算机病毒会对主板和显示卡的 BIOS 进行破坏，使得设备无法正常工作。有些病毒还会破坏硬盘的主引导扇区、Boot 扇区和 FAT 表等特殊区域，损坏硬盘。

2. 预防计算机病毒的方法

目前网络上的计算机病毒肆虐，掌握防范病毒的方法非常重要。防范工作要从使用计算机的一些细节做起，下面介绍一些防范病毒的常识。

（1）尽量避免在无防毒软件的计算机上使用 U 盘等移动存储设备，避免移动存储设备携带病毒感染计算机。

（2）在计算机中安装杀毒软件，并经常对软件进行升级。不要在因特网上随意下载软件，因为不明软件可能携带病毒。

（3）不随便打开不明邮件及附件。建议先将附件保存到本地磁盘，用杀毒软件扫描确认无病毒后再打开。

（4）使用新软件时，先用杀毒软件检查，这样可以有效减少中毒概率。

（5）重要资料必须备份，这样即使病毒破坏了重要文件，也可以及时恢复。

3. 判断计算机是否中毒的方法

使用计算机时，及时发现计算机感染了病毒并做好必要的查杀准备，可以在一定程度上降低病毒的伤害，并提高杀毒效率。计算机感染病毒后一般会出现很多症状，通过这些症状可以初步判断计算机是否中毒，下面列举几种常见症状。

（1）启动速度变慢。启动速度变得异常缓慢，或启动后在一段时间内系统对用户的操作无响应或响应变慢。

（2）资源消耗增大。硬盘中的存储空间急剧减少，系统中基本内存发生变化，CPU 的使用率经常保持在 80% 以上。

提示

CPU 使用率可以通过打开任务管理器来查看，方法是按“Ctrl + Shift + Esc”组合键打开其对话框，在对话框底端可看到 CPU 的使用率。

（3）系统性能下降。经常无故突然死机；运行速度明显变慢，运行程序时经常提示内存不足或出现错误；硬盘经常出现不明的读写操作，在未运行任何程序时，硬盘指示灯不断闪烁甚至长亮不熄。

（4）文件丢失或被破坏。文件莫名丢失，文件图标被更换，文件的大小和名称被修改，文件内容变成乱码，原本可正常打开的文件无法打开。

（5）其他异常现象。系统时间和日期无故发生变化；自动打开 IE 浏览器连接到不明网站，出现莫名其妙的画面和提示；突然播放来历不明的声音或音乐，经常收到来历不明的邮件；部分文档自动加密；计算机的输入、输出端口不能正常使用等。

以上只列举了部分病毒的中毒症状，不同病毒感染计算机后所表现的症状有所不同。如果发现计算机存在这类症状，应立即对计算机查毒。

4. 使用杀毒软件查杀病毒

利用杀毒软件对计算机系统进行查杀病毒是一项经常性的工作。杀毒软件有很多种类，如 360 安全卫士、金山卫士、江民杀毒、瑞星杀毒等是一些国产杀毒软件，还有很多外国杀毒软件。

小红伞是一款德国著名杀毒软件的中文昵称，其英文名为 AntiVir，能有效地保护计算机以及工作站的正常工作，以免受到病毒侵害。该软件只有几兆大小，却可以检测并移除超过 60 万种计算机病毒，支持网络更新。其中小红伞个人版（Classic）始终可以免费使用，其控制界面简单明了，没有过多的花哨功能，用户易于操作。最重要的是升级迅速，几乎每天都会自动升级病毒库。下面介绍使用小红伞软件查杀病毒的方法。

（1）到小红伞杀毒软件的官方网站 http：//www. ihongsan. com/下载并安装小红伞杀毒软件，启动其主程序，在打开的小红伞主窗口中单击“开始更新”链接，如图 7—71 所示。

（2）在弹出的“更新程序”对话框中开始自动下载并安装更新相关文件，如图 7—72 所示。

（3）更新完成后，进入小红伞杀毒软件的主界面，单击“立即扫描系统”链接，如图 7—73 所示。或单击“本地保护”选项，在“扫描程序”功能组中选择需要进行的扫描方式，在此选择“完整系统扫描”选项，右击该选项，在弹出的快捷菜单中选择“开始扫描”选项，如图 7—74 所示。

图 7—71　小红伞主窗口

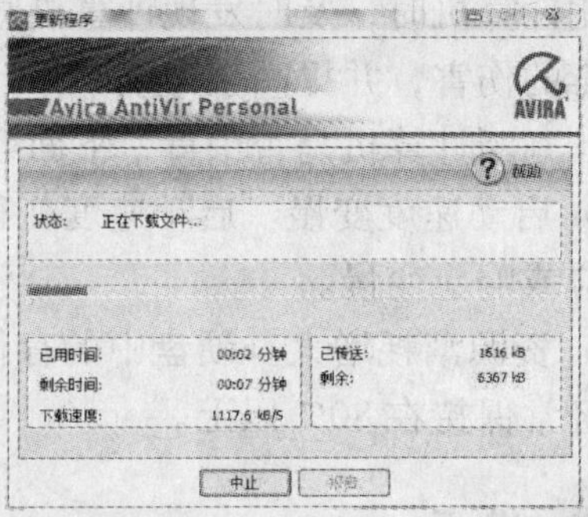

图 7—72　“更新程序”对话框

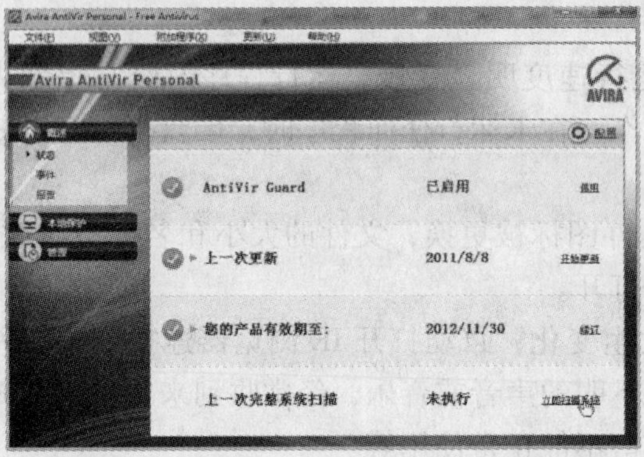

图 7—73　“立即扫描系统”链接

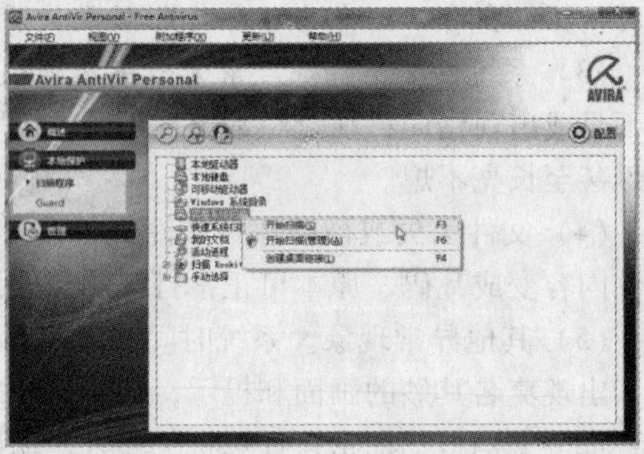

图 7—74　“完整系统扫描” – 开始扫描

（4）小红伞杀毒程序开始自动查杀病毒，在打开的对话框中显示了查杀病毒的进度，如图 7—75 所示。

（5）查杀病毒进度完成后，会弹出扫描提示框，在此显示出查杀计算机病毒的结果，直接单击“关闭”按钮即可，如图 7—76 所示。

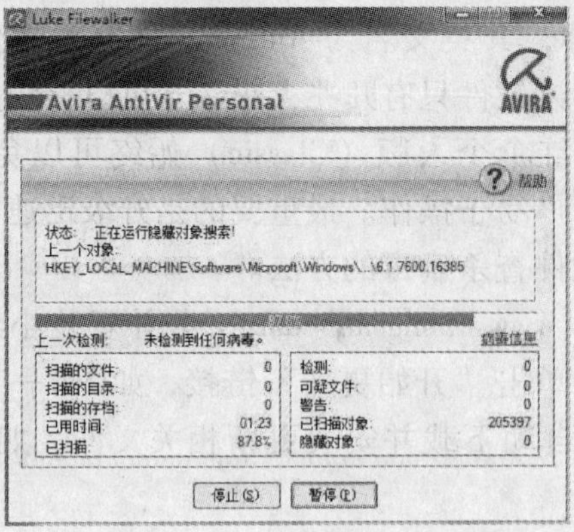

图 7—75　查杀病毒进度

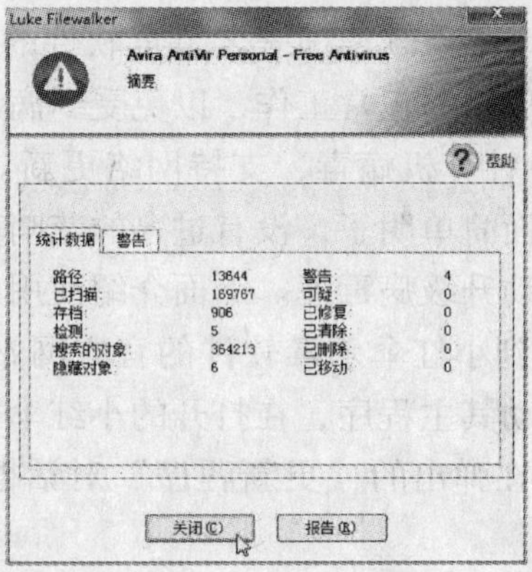

图 7—76　扫描提示框

5. 让杀毒软件定时查杀病毒

目前大多数杀毒软件都具有定时杀毒功能，用户只需要先设置好查杀病毒的时间段、查杀频率以及找到病毒后的处理方式等参数，杀毒软件就会在指定的时间段对计算机进行杀毒。在此仍以小红伞杀毒软件为例，介绍定时杀毒功能的设置方法。

（1）启动小红伞杀毒软件，在软件主界面中单击“管理”选项，选择“计划程序”功能组，单击“插入新作业”按钮，如图 7—77 所示。

（2）弹出“作业创建和更改向导”对话框，填写作业名称和作业说明，在此可保持默认填写，单击“下一步”按钮，如图 7—78 所示。

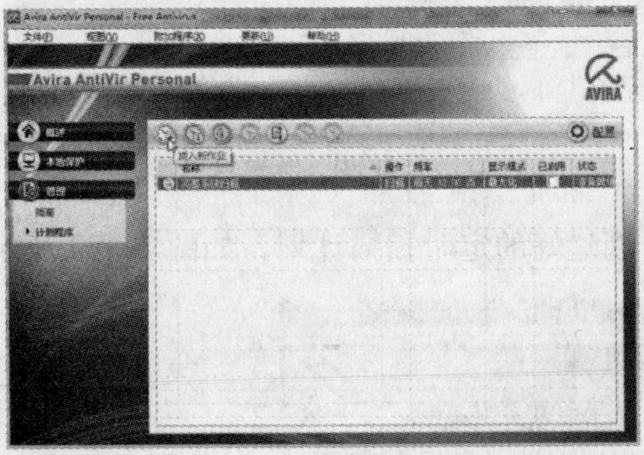

图 7—77　“计划程序”功能组－插入新作业

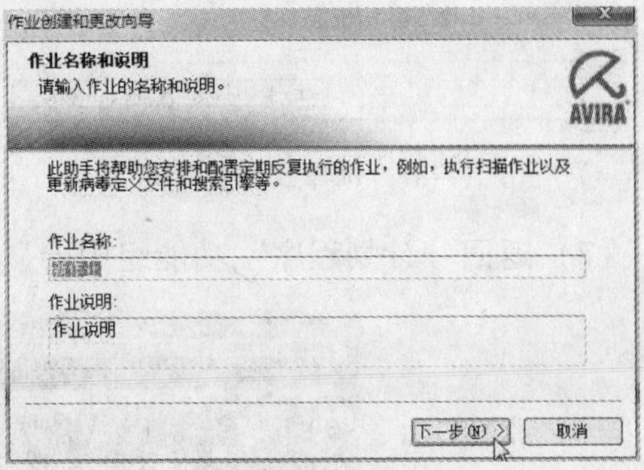

图 7—78　“作业创建和更改向导”对话框

（3）在弹出的“作业创建和更改向导”对话框中设置作业类型，在“请选择要创建的作业类型:”下拉列表中可以选择“扫描作业”或“更新作业”以实现定时扫描或定时更新功能，在此选择“扫描作业”选项，单击“下一步”按钮，如图 7—79 所示。

（4）在弹出的“作业创建和更改向导”对话框中选择配置文件，即扫描作业的目标，可根据需要进行选择，可在“可用的配置文件:”下拉列表中选择“快速系统扫描”选项，单击“下一步”按钮，如图 7—80 所示。

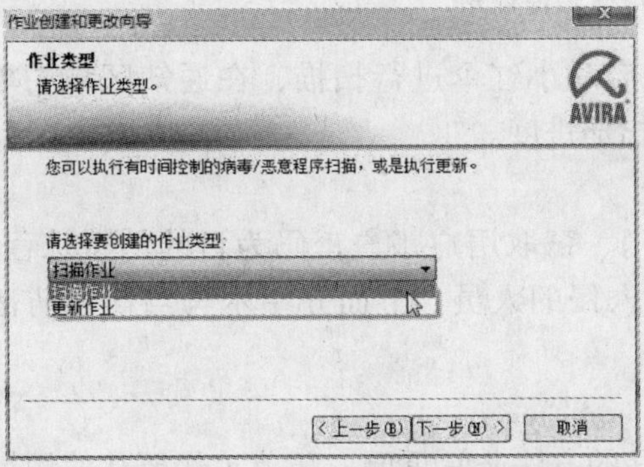

图 7—79　选择“作业类型”

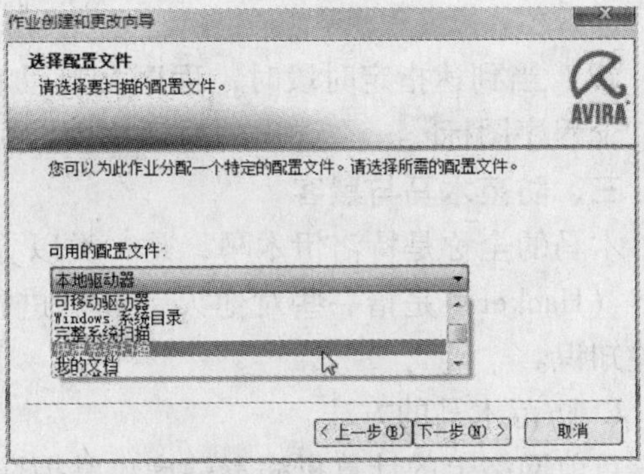

图 7—80　选择“可用的配置文件”

（5）在弹出的“作业创建和更改向导”对话框中修改“作业时间”，之后单击“下一步”按钮，如图 7—81 所示。

（6）在弹出的“作业创建和更改向导”对话框中选择“显示模式”，并且可以在扫描完成后自动关闭计算机，如果用户需要可以勾选相应的复选按钮，在此“显示模式”下拉列表中选择“最小化”选项显示，单击“完成”按钮，如图 7—82 所示。

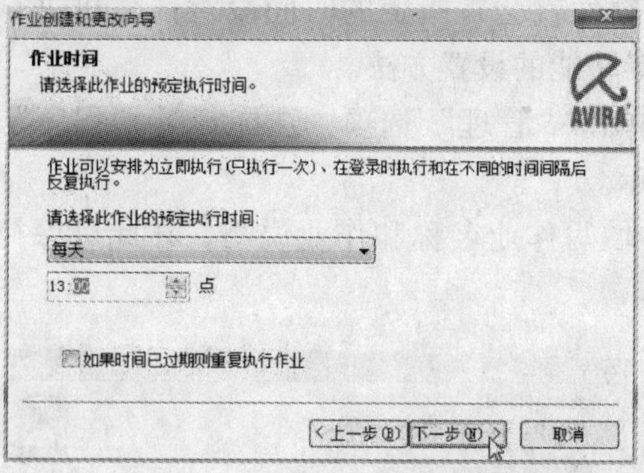

图 7—81　选择“作业时间”

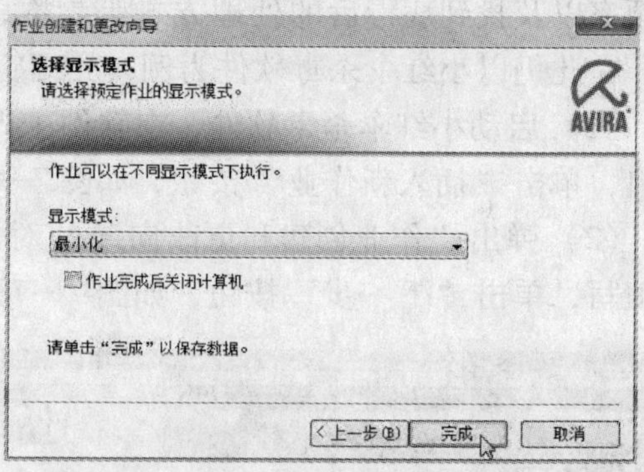

图 7—82　选择“选择显示模式”

（7）返回“计划程序”功能组中会显示用户创建好的定时扫描计划，如图 7—83 所示。

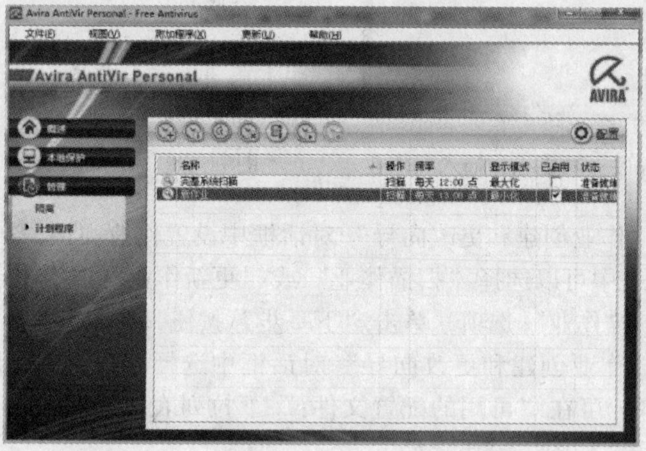

图 7—83　创建好的定时扫描计划

（8）当到达指定时段时，程序会自动在后台启动小红伞进行扫描，在通知区域中单击小红伞程序图标，在弹出的对话框中即可查看扫描进度。

三、防范木马与黑客

木马的全称是特洛伊木马，是一类以寻找后门、窃取用户账户密码为目的的特殊程序。黑客（Hacker）是指一些对他人计算机进行非法入侵的人员。下面介绍木马与黑客防范的相关知识。

1. 防范木马的方法

目前网络上的计算机病毒肆虐，掌握防范木马的方法非常重要。防范工作要从使用计算机的一些细节做起，下面介绍一些防范木马的常识。

（1）尽量避免在无防毒软件的计算机上使用 U 盘等移动存储设备，避免其中的木马自动安装到计算机中。

（2）在计算机中安装木马查杀工具，并经常对软件进行升级。

（3）不要浏览不良网站，这类网站上通常带有木马程序。

（4）不要在因特网上随意下载软件，因为来路不明的软件可能携带木马。

（5）不随便打开来路不明的邮件及其附件。建议先将附件保存到本地磁盘，用木马专杀工具扫描，确认无木马后再打开。

（6）对重要数据进行备份和加密，特别是个人隐私信息和账户信息等，以确保数据的安全。

2. 黑客的主要入侵方式

黑客主要通过查找操作系统的漏洞或编写木马程序等方式进行入侵。下面介绍几种主要的入侵形式。

（1）系统漏洞入侵。目前，几乎所有的操作系统都存在不少漏洞，包括目前用户群体最大的 Windows 操作系统。虽然随着操作系统版本的升级，其稳定性和安全性也得到了大幅提高，但依然存在这样或那样的安全漏洞，这为黑客入侵提供了方便。

提示

系统漏洞是指操作系统在设计上的缺陷或在编写时产生的错误。

（2）通过木马远程控制。黑客在网络中散发木马程序，例如冰河木马、灰鸽子木马等，用户如果不小心把木马当成软件来使用，木马程序就会被安装到操作系统中，此时黑客将获得计算机的控制权。黑客能够通过跟踪击键输入等方式，窃取用户的账户和密码、信用卡号码等私人资料，并可以对计算机进行跟踪监视、控制和修改资料等操作。

注意

木马程序一般是以网页嵌入、与其他软件捆绑或者伪装成邮件附件的形式进行传播，上网时应该特别注意监控来自网络的程序文件。

（3）口令攻击。口令是操作系统以及应用软件采用的安全权限。黑客通过一些特殊工具监听网络，并获取用户计算机中的系统口令，然后利用暴力破解工具对账号密码进行破解。如果用户设置的密码不够复杂，黑客很容易就可以破解，此后黑客将能以合法的身份进入计算机，并对计算机中的数据进行操作。

（4）后门入侵。后门程序是程序员在编写软件时为了便于测试或更改软件模块的功能而留下的程序入口。在软件开发完成后，程序员应该关掉这些后门。但有时因为程序员的疏忽或其他原因，造成某些软件的后门并未关闭，黑客利用这些后门就能轻易地入侵计算机。

（5）网页病毒攻击。随着 Internet 的普及，越来越多的计算机连接到网络中，这些计算机的用户通常会访问各种各样的网站。随着计算机编程技术的提高和脚本语言的发展，很多计算机病毒被嵌入到网页文件的源代码中，如果浏览了这类网页，计算机将感染这种病毒，用户的账户和密码将可能被盗取。

（6）拒绝服务攻击。拒绝服务攻击是指使网络中的计算机或服务器停止响应的攻击行为。黑客通过不断向目标发送一定数量和序列的报文，使目标计算机不停地进行反馈，这种“蚂蚁吞大象”的方式能够不断消耗网络带宽和系统资源，最终导致网络或计算机系统不堪重负以致瘫痪，从而无法提供正常的服务。

3. 使用金山卫士查杀木马

如果计算机中了木马，个人隐私及帐号密码等可能会被窃取。此时可以使用第三方木马查杀软件进行查杀，在此以金山卫士为例进行说明。

（1）到金山卫士的官方网站 http：//www. ijinshan. com/下载并安装金山卫士杀毒软件，启动其主程序，然后在打开的主界面中单击“查杀木马”按钮，如图 7—84 所示。

（2）在打开的窗口中选择扫描方式，在此选择“自定义扫描”选项，如图 7—85 所示。

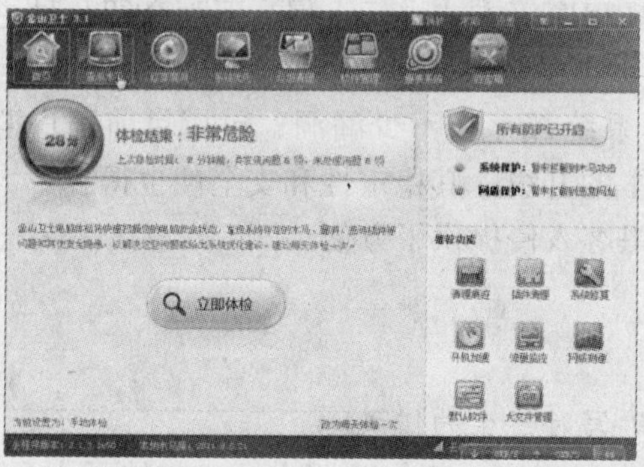

图 7—84　金山卫士主界面

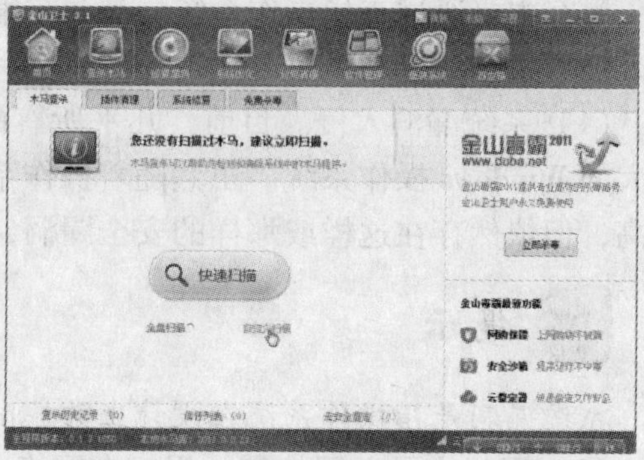

图 7—85　选择扫描方式 - 自定义扫描

提示

单击“快速扫描”按钮，可以启动快速扫描方式，该方式只会扫描系统引导区、系统内存以及系统关键目录。

（3）在弹出的对话框中选择要查杀木马的目录，在此勾选“本地磁盘 C:”复选按钮，查杀系统分区，然后单击“确定”按钮，如图 7—86 所示。

（4）程序将开始对初始化扫描环节、系统引导区、系统内存以及指定位置进行扫描，如图 7—87 所示。

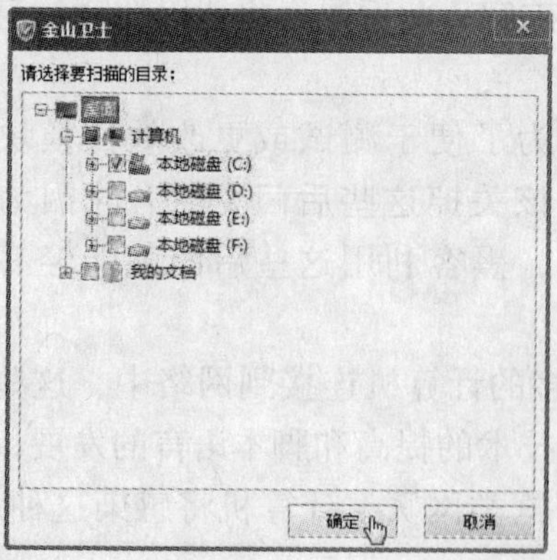

图 7—86　选择查杀木马目录

图 7—87　对指定位置进行扫描

（5）扫描完成后，如果没有查到任何木马，单击“确定”按钮即可。如果查到木马，可以单击“立即处理”按钮进行相关处理。

4. 配置 Windows 防火墙

Windows 防火墙是 Windows 操作系统自带的安全软件，可以阻止局域网以外的恶意程序攻击计算机，保护计算机的安全。

（1）开启 Windows 防火墙。在 Windows 7 操作系统中，默认开启了 Windows 防火墙。如果发现防火墙处于停用状态，可通过以下方法开启：

1）打开“控制面板”窗口，在其中单击“Windows 防火墙”图标，如图 7—88 所示。

2）在弹出的“Windows 防火墙”窗口中，单击“打开或关闭 Windows 防火墙”链接，如图 7—89 所示。

图 7—88 “控制面板”窗口 - Windows 防火墙链接

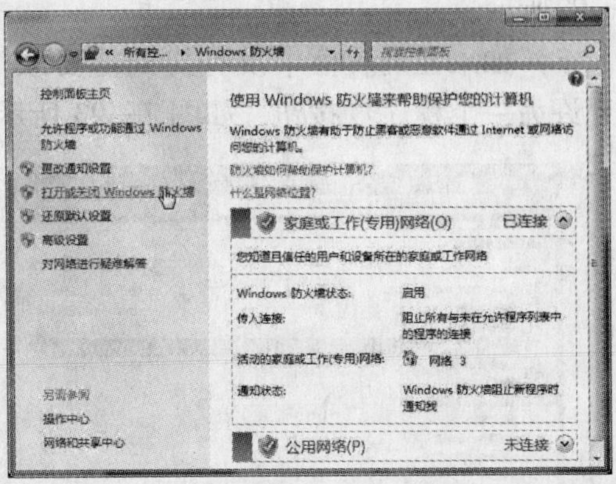

图 7—89 “Windows 防火墙”窗口

3）在弹出的“Windows 防火墙设置”对话框中，在当前的网络位置下方点选“启用 Windows 防火墙”单选按钮，然后单击“确定”按钮即可，如图 7—90 所示。

提示

1. 如果勾选“阻止所有传入连接，包括位于允许程序列表中的程序”复选按钮，Windows 防火墙会阻止所有当前计算机未经请求的连接。

2. 开启 Windows 防火墙后，防火墙会根据配置的规则，监控计算机中运行的程序，以及想要访问网络的程序。当用户启动某个要访问网络的程序时，如果该程序未经许可，会弹出“Windows 安全警报”对话框提示用户，如图 7—91 所示。

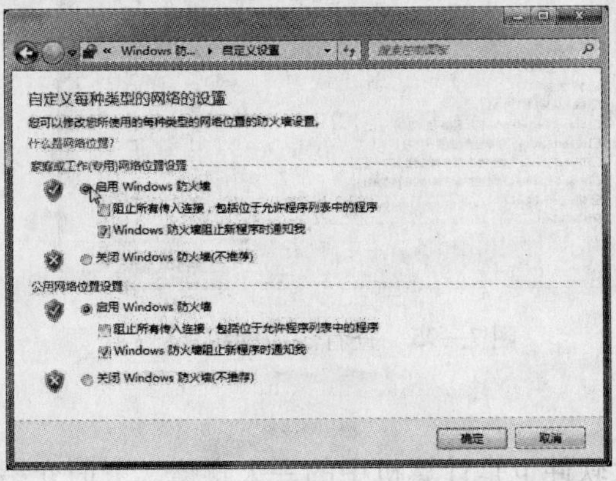

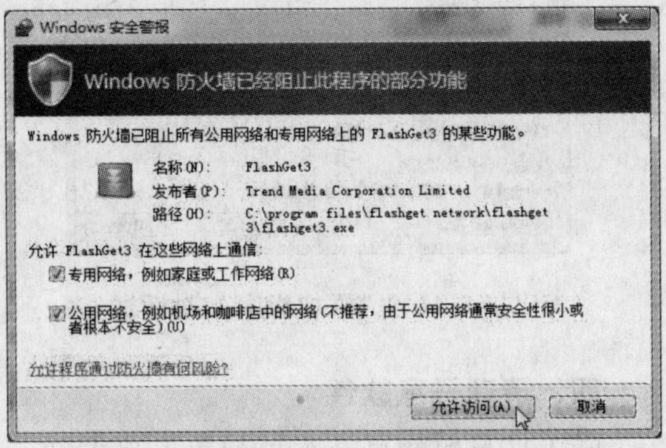

图 7—90 “Windows 防火墙设置”对话框

图 7—91 “Windows 安全警报”对话框

（2）添加“例外”程序。在 Windows 防火墙中，通过添加“例外”程序或端口，可以对各种应用程序的网络访问权限进行控制。

1）在如图 7—89 所示的“Windows 防火墙”窗口中，单击“允许程序或功能通过 Windows 防火墙”链接。

2）在弹出的“允许的程序”窗口 -1 中，“允许的程序和功能”列表框中取消勾选需要限制的程序前的复选按钮，勾选允许通过 Windows 防火墙的程序前的复选按钮，如图 7—92所示。

3）如果在列表框中没有找到需要取消限制的程序，可拖曳滚动条，在窗口下方单击“允许另一个程序”按钮，如图 7—93 所示。

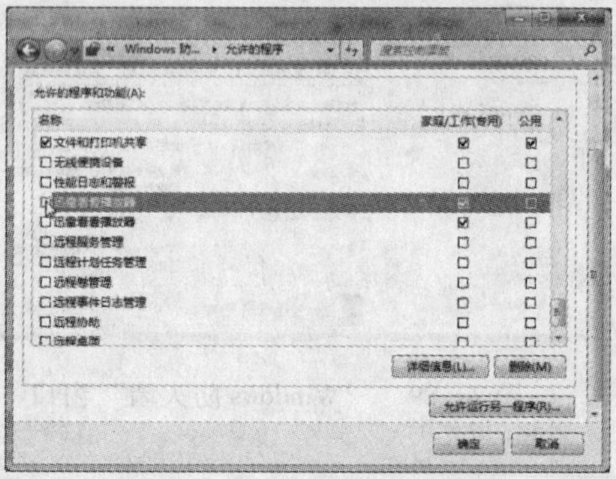

图 7—92 “允许的程序”窗口 -1

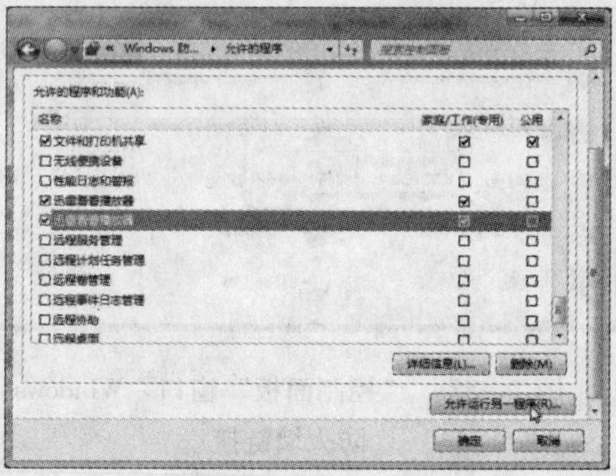

图 7—93 “允许的程序”窗口 -2

4）在弹出的“添加程序”对话框中，选中需要添加的程序，然后单击“添加”按钮，如图 7—94 所示。

5）在返回的窗口中可看到添加的程序，勾选对应程序的复选按钮，然后单击“确定”按钮即可，如图 7—95 所示。

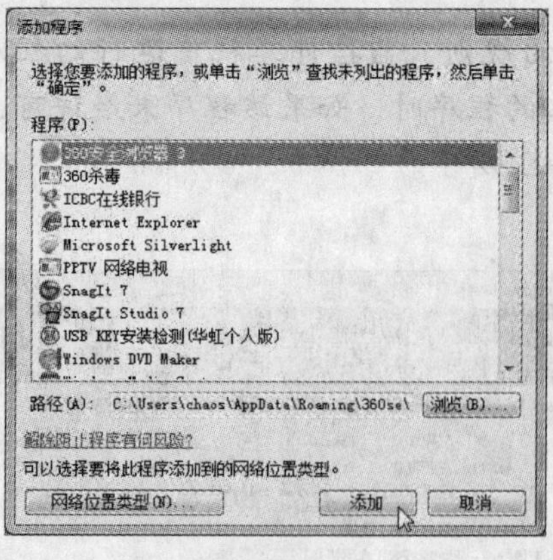

图 7—94 “添加程序”对话框

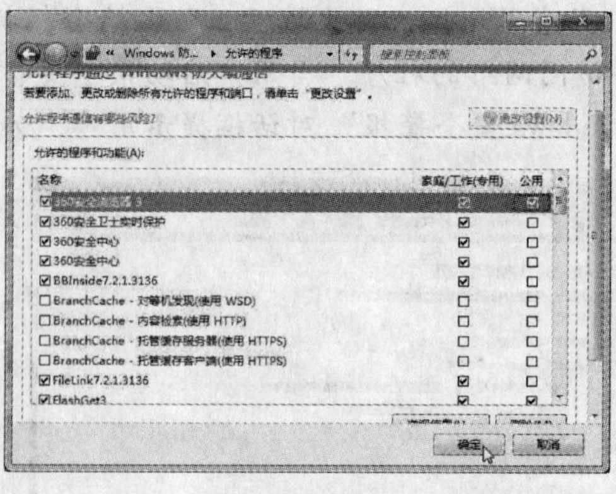

图 7—95 查看添加的程序

四、清理恶意软件

除了计算机病毒、木马和黑客攻击外，恶意软件也是计算机中的一大毒瘤。下面介绍防止恶意软件侵害的相关知识。

1. 认识恶意软件

恶意软件是一种破坏力一般但很顽固的程序或插件，主要包括广告软件、间谍软件等，其采用的破坏手段包括频繁弹出广告窗口、篡改浏览器设置或者非法记录用户输入等，严重干扰用户的日常工作，并可能危及硬件中的数据和个人隐私信息。

下面就从特征和分类两方面来进一步认识恶意软件。

（1）恶意软件的特征。恶意软件既不属于正规商业软件，也不属于病毒，主要具有以下几大特征：

1）采用多种社会和技术手段，强行或者秘密安装，并抵制卸载。

2）强行修改用户软件设置，例如浏览器主页和安全选项、软件自动启动选项等。

3）强行弹出广告，或者其他干扰用户、占用系统资源的行为。

4）未经用户许可，有侵害用户信息和财产安全的潜在因素或隐患。或者利用用户疏忽或缺乏相关知识等弱点，秘密收集用户个人信息、秘密和隐私。

（2）恶意软件的分类。恶意软件根据其特征和危害程度，主要分为以下几种类型。

1）广告软件。广告软件是一种未经用户许可就自动下载并安装，或与其他软件捆绑，通过弹出式广告等形式牟利的程序。

2）浏览器劫持程序。浏览器劫持程序是一种通过浏览器插件、BHO、Winsock LSP 等形式对浏览器进行篡改的恶意程序。

3）间谍软件。间谍软件是一种能在用户不知情的情况下，在计算机上安装后门或收集用户信息的软件。

4）行为记录软件。行为记录软件是指一种未经用户许可，随意窃取并分析用户隐私数据，记录用户操作习惯和网络浏览习惯等个人行为的软件。

2. 使用金山卫士清除恶意软件

金山卫士是一款优秀的安全辅助软件，如果计算机安装了恶意软件，可以使用金山卫士进行清除。

（1）启动金山卫士，在软件主界面（见图 7—84）中，单击“查杀木马”按钮。

（2）选择“插件清理”选项卡，程序会自动检测计算机中已安装的插件，检测完成后会将检测结果以列表的形式显示出来，勾选需要清理的恶意软件前的复选按钮，然后单击“立即清理”按钮即可清理所选恶意软件，如图 7—96 所示。

提示

金山卫士将插件划分为“危险”“未知”和“安全”三个级别，“安全”级别的插件可以放心使用，“危险”级别的插件则应立即清理，对于“未知”插件则应根据插件的出品公司和自己的需求而定。

3. 使用超级兔子清除恶意软件

超级兔子是一款老牌的系统维护软件，除了具有强大的系统优化设置功能外，还具有强大的清除流氓软件功能。

（1）到超级兔子的官方网站 http：//www. pctutu. com/下载并安装超级兔子软件。启动超级兔子软件，打开的主界面中的程序会对系统进行自动检测，用户可在检测完成后查看系统中存在的缺陷，并根据提示进行修复，如图 7—97 所示。

图 7—96 “插件清理”选项卡

图 7—97 超级兔子主界面

（2）单击“系统清理”按钮，勾选界面中的三个选项前的复选按钮，单击“开始扫描”按钮，此时可对系统中的“清理 IE 使用痕迹”“清理系统使用痕迹”以及“清理软件使用痕迹”等进行扫描，待扫描结束后，用户可根据提示清理这些垃圾信息，如图 7—98 所示。

（3）单击“恶意软件清理”按钮，在“恶意软件清理”功能组，单击“开始扫描”按钮即可对恶意软件进行扫描，如果发现恶意软件可单击“立即修复”按钮进行修复，如图 7—99 所示。

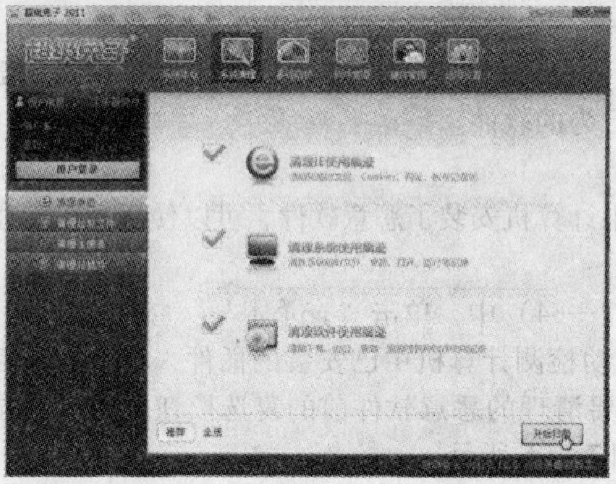

图 7—98 系统清理

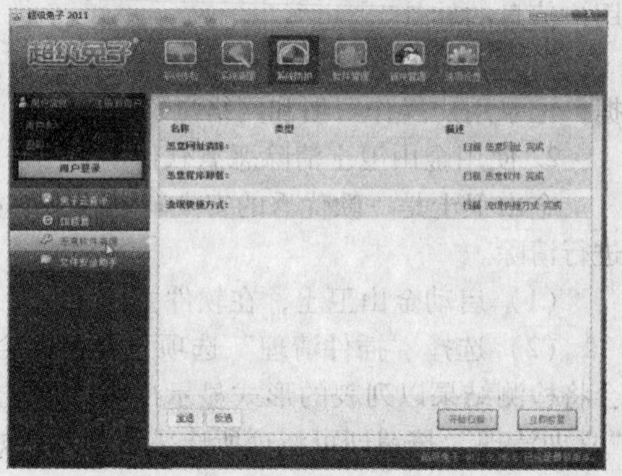

图 7—99 恶意软件清理

4. 使用 Spy Sweeper 扫描间谍软件

Spy Sweeper 是一款在国内外都备受推崇的软件，它能使计算机免受间谍软件的侵害，进而保证了个人隐私的安全。

（1）下载并安装 Spy Sweeper 软件，启动其主程序，在打开的操作窗口中单击“Options”按钮，如图 7—100 所示。

（2）在弹出的“Options”选项界面，选择“Sweep”选项卡，在其中选择扫描方式。在此选择“Custom sweep”（自定义扫描）选项，然后在下方选择需要扫描的对象，在此勾选“Memory Objects”复选按钮，如图 7—101 所示。

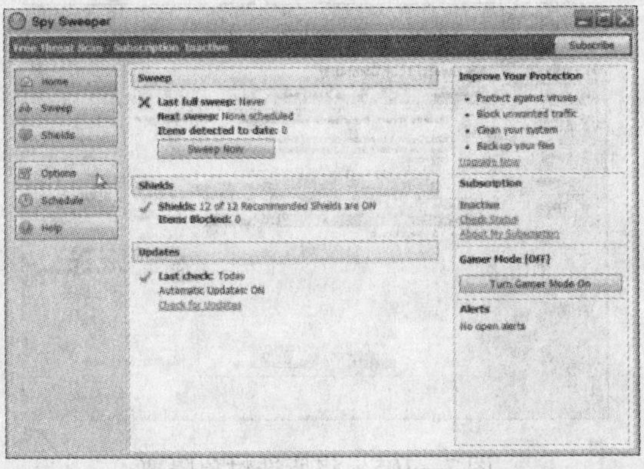

图 7—100　Spy Sweeper 软件主窗口

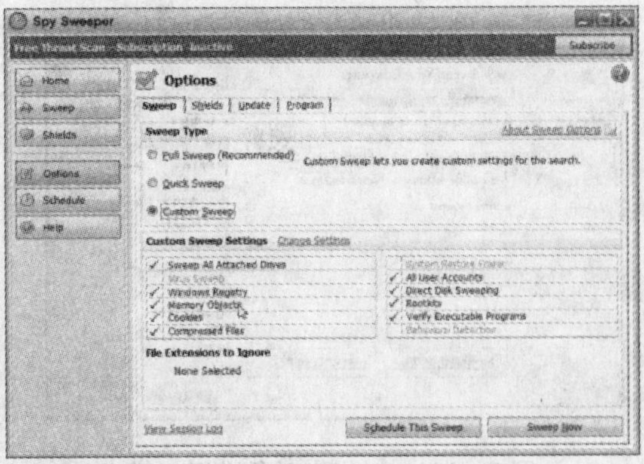

图 7—101　“Options”选项界面

（3）在弹出的对话框中根据需要勾选扫描对象，然后单击“OK”按钮，如图 7—102 所示。

提示

若在图 7—101“Options”选项界面中单击“Change Setting”链接，可以在弹出的对话框中设置具体的扫描或跳过的对象，然后单击“OK”按钮，如图 7—103 所示。

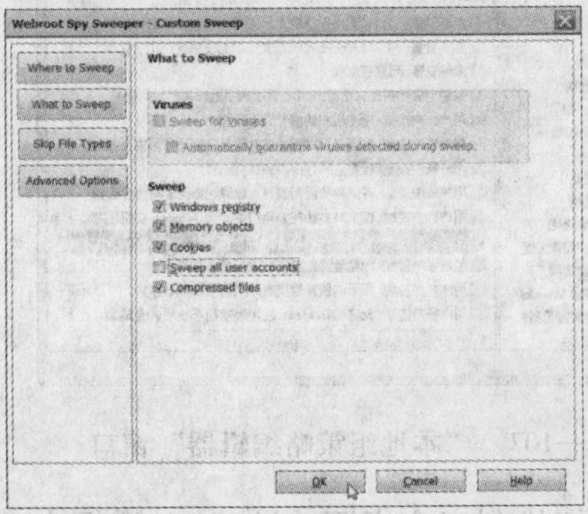

图 7—102　勾选扫描对象

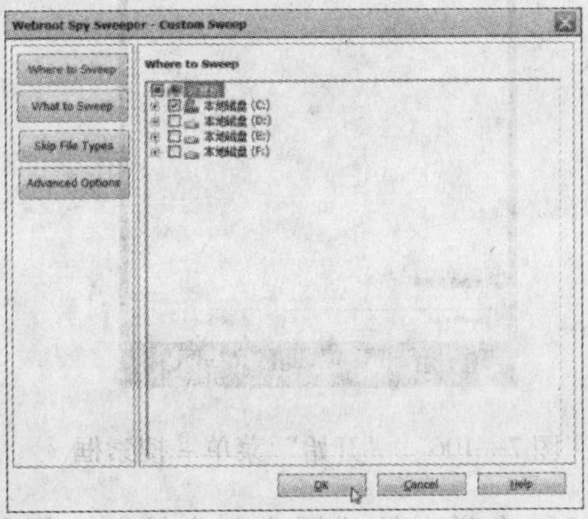

图 7—103　设置扫描对象

（4）返回如图 7—101 所示的“Options”选项界面，单击右下角的“Sweep Now”按钮。

（5）Spy Sweeper 程序开始对指定对象进行扫描，用户需耐心等待，如图 7—104 所示。

（6）扫描结束后，扫描结果会显示在操作窗口中，单击“Quarantine Select”按钮即可将所选对象隔离，如图 7—105 所示。

五、疑难与技巧

1. 关闭系统安全桌面的方法

操作系统中默认开启了安全桌面功能，每当触发“用户账户控制（UAC）”对话框时，系统就会将所有提升请求转至安全桌面，此时除了“用户账户控制”对话框外，屏幕上的其他区域都不能访问，执行以下操作可以禁用安全桌面。

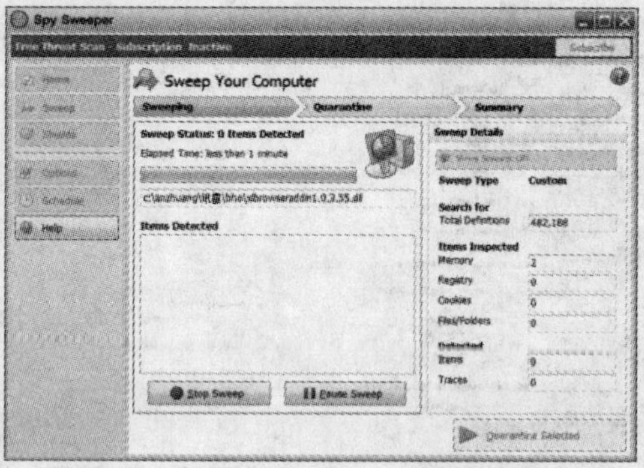

图 7—104　对指定对象进行扫描

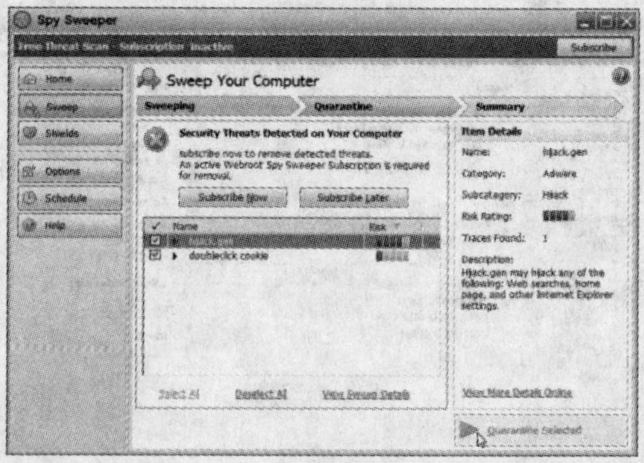

图 7—105　将所选对象隔离

(1) 单击“开始”按钮，在弹出的“开始”菜单中的搜索框中输入“gpedit. msc”命令，然后按 Enter 键，如图 7—106 所示。

(2) 弹出“本地组策略编辑器”窗口，在左侧窗格中依次展开“本地策略→安全选项”分支，在右侧窗格中双击“用户账户控制：提示提升时切换到安全桌面”选项，如图 7—107 所示。

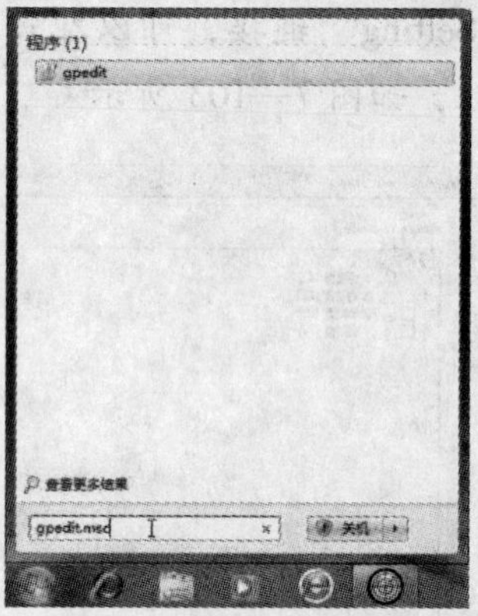

图 7—106　“开始”菜单 - 搜索框

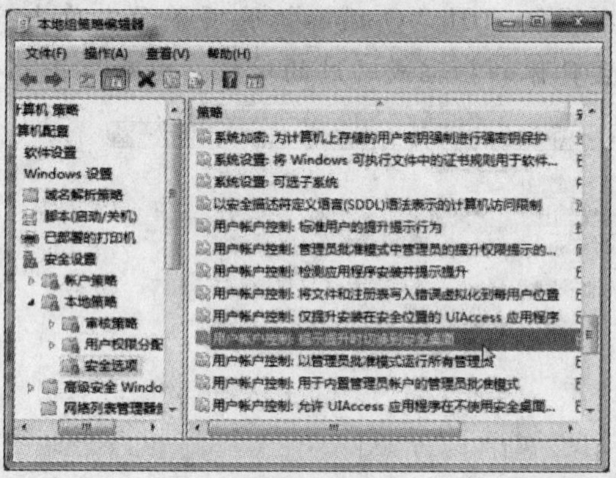

图 7—107　“本地组策略编辑器”窗口

(3) 在弹出的“用户账户控制：提示提升时切换到安全桌面 属性”对话框中，选择“本地安全设置”选项卡，点选其中的“已禁用”单选按钮，单击“确定”按钮保存设置即可，如图 7—108 所示。

提示

1. 执行以上操作后，在弹出“用户账户控制”对话框时，屏幕上的其他区域就不会被锁定，仍可以被使用。

2. 禁用安全桌面后，如果想要开启该功能，可以打开“本地组策略”窗口并双击“用户账户控制：提示提升时切换到安全桌面”选项，然后在弹出的“用户账户控制：提示提升时切换到安全桌面 属性”对话框中选择“已启用”单选按钮并单击“确定”按钮即可。

2. 查看可疑进程的方法

操作系统运行时，进程是无处不在的，只要有程序运行，就有进程。很多病毒也会以“进程”的形式激活，所以可以通过查看系统进程寻找计算机病毒的踪迹，具体查看方法如下：

（1）在 Windows Vista 操作系统中，右击任务栏空白处，在弹出的菜单中选择“任务管理器”选项，如图 7—109 所示。

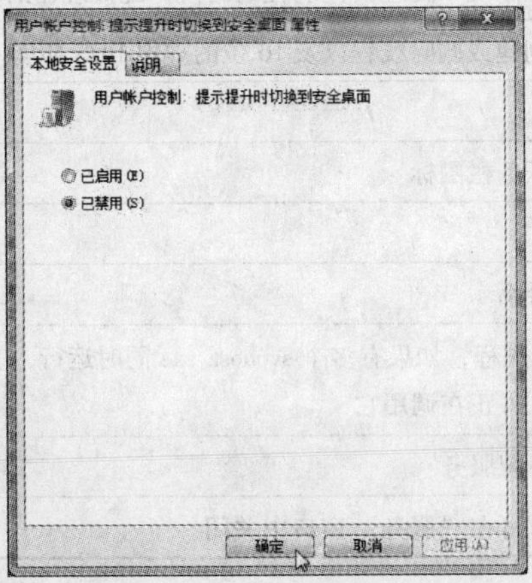

图 7—108　“本地安全设置”选项卡

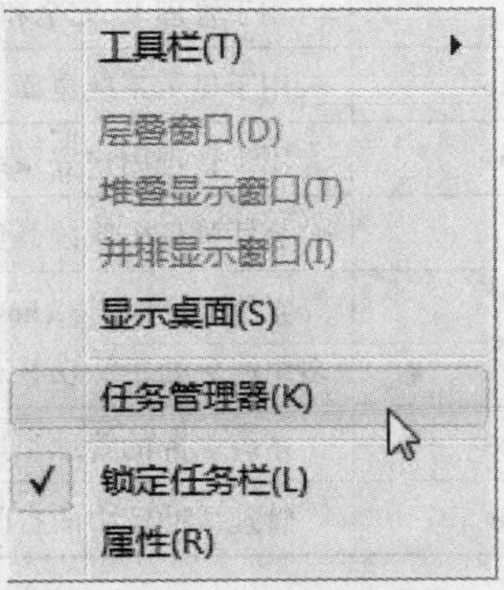

图 7—109　在 Windows Vista 操作系统中启动管理器菜单

提示

在 Windows 7 操作系统中，右击任务栏空白处，在弹出的菜单中选择“启动任务管理器”选项，如图 7—110 所示。

（2）弹出“Windows 任务管理器”窗口，选择“进程”选项卡，从“进程”列表中可看到许多进程选项，其中包括系统进程和正在运行软件的进程，如图 7—111 所示。

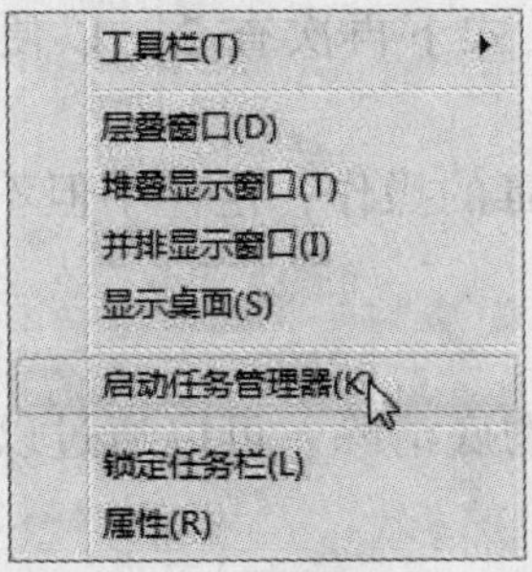

图 7—110　Windows 7 操作系统启动管理器菜单

图 7—111　“Windows 任务管理器”窗口

通过查看进程名和描述可以判断是否有病毒，如果有则记下进程名，结束该进程，然后对计算机进行杀毒即可。几个重要的系统进程见表 7—1。

表 7—1　　重要的系统进程表

进程名称	进 程 描 述
System	Windows 系统进程
System Idle Process	该进程是作为单线程运行的，并在系统不处理其他线程的时候分配处理器的时间
csrss. exe	子系统进程，负责控制 Windows 创建或删除线程以及 16 位的虚拟 DOS 环境
lsass. exe	用于管理 IP 安全和登录策略
explorer. exe	用于显示系统桌面上的图标以及任务栏图标
winlogon. exe	用于管理用户登录系统
smss. exe	会话管理子系统，负责启动用户会话
svchost. exe	系统启动时，svchost. exe 属于系统进程，如果有多个 svchost. exe 同时运行，表明当前有多组服务处于活动状态或多个系统文件正在调用它
servlces. exe	系统服务的管理工具，包含很多系统服务
spoolsv. exe	管理缓冲区中的打印和传真作业，可在“服务”窗口中关闭

注意

在查看进程时应该仔细一些。有些病毒会伪装成系统进程，例如 svchost. exe 进程可能是表示名为“W32. Welchia. Worm”的蠕虫病毒。如果没有及时发现，可能造成无法估量的损失。

3. 查杀病毒的注意事项

对于普通用户来说，一般都是使用反病毒软件查杀病毒的，为了得到更好的杀毒效果，在使用反病毒软件时需注意以下几方面：

（1）选择全面的反病毒软件。指软件不仅应包括常见的查杀病毒功能，还应该同时包括有实时防毒功能，能实时监测并跟踪对文件的各种操作，一旦发现病毒，立即报警，只有这样才能最大限度地减少被病毒感染的机会。

（2）在多种模式下杀毒。当发现计算机病毒后，一般情况下都是在操作系统的正常登录模式下杀毒，当杀毒操作完成后，还需启动到安全模式下再次查杀，以便能彻底清除病毒。

（3）不可频繁操作。对计算机不可频繁进行查杀病毒的操作，这样不但不能取得很好的效果，有时可能会导致硬盘损坏。

4. 病毒无法清除时的处理方法

使用杀毒软件查杀病毒时，如果遇到某个病毒无法彻底清除，可以通过以下一些办法解决。

（1）将杀毒软件升级到最新版本，然后再进行查杀。

（2）禁用系统还原功能，然后用软盘或 U 盘启动计算机，在 DOS 下删除“RESTORE”文件夹。

（3）彻底清除病毒在注册表中的启动项。

（4）杀毒前先终止病毒进程，打开任务管理器查看当前所有进程，然后结束来历不明的进程。

（5）有些病毒有两个进程，两者相互保护，杀掉一个后，另一个会自动恢复，此时可先将该病毒在注册表中的启动项取消，接着用突然断电的方式重启计算机，然后再杀毒。

模块三 数 据 安 全

学习目标

掌握保护重要数据的方法。

硬盘有价，数据无价，用户应该对重要的数据进行保护，例如隐藏或加密，以提高其安全性。当数据不小心损坏后，可以使用专业的软件进行拯救。本模块将介绍数据的保护措施以及灾难数据的拯救方法。

一、保护重要数据

很多计算机用户习惯将个人账户信息等重要数据保存在硬盘中。为了防止他人非法查看和篡改这些数据，应该对这些数据进行隐藏或加密，以提高数据的安全性。

1. 隐藏重要文件或文件夹

如果计算机中保存的重要数据被他人非法查看或篡改，可能导致个人隐私暴露或公司机密泄漏，从而出现难以估计的损失。为了避免出现这种情况，可以将重要的数据隐藏起来。

在此以将计算机 E 盘上的“个人文档”文件夹隐藏为例进行介绍。

（1）在打开的文件夹窗口中右击要隐藏的重要文件或文件夹（此例为“个人文档”文件夹），在弹出的快捷菜单中选择“属性”选项，如图 7—112 所示。

（2）在弹出的该文件夹属性对话框中，选择“常规”选项卡，在“属性”选项组中勾选“隐藏”复选按钮，然后单击“确定”按钮，如图 7—113 所示。

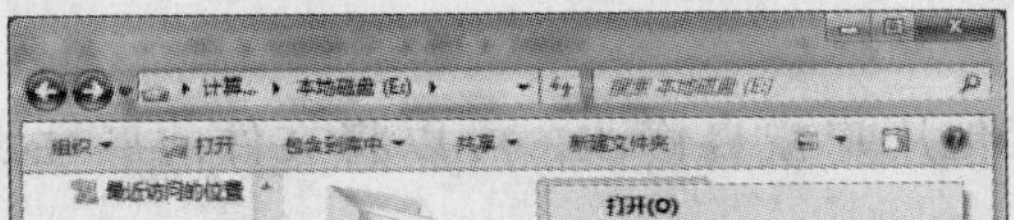

图 7—112 文件或文件夹快捷菜单

图 7—113 “常规”选项卡

（3）弹出“确认属性更改”对话框，点选“将更改应用于此文件夹、子文件夹和文件”单选按钮，然后单击“确定”按钮，如图 7—114 所示。

提示

如果隐藏的数据是单个文件，则不会弹出“确认属性更改”对话框。

(4) 再重新打开需要查看的文件或文件夹所在的窗口，按 Alt 键激活菜单栏，然后在菜单栏中选择“工具→文件夹选项”选项，如图 7—115 所示。

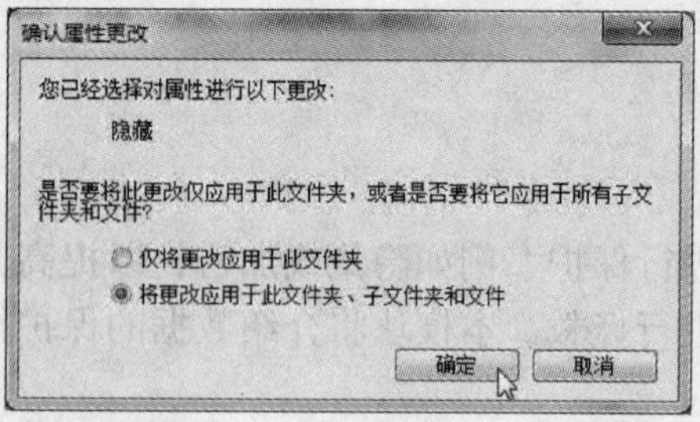

图 7—114 “确认属性更改”对话框

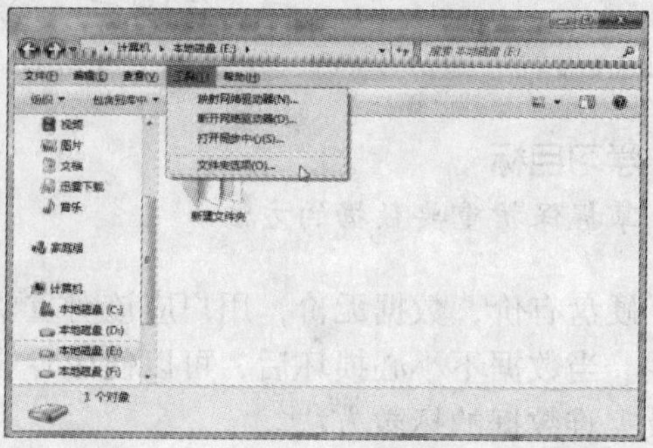

图 7—115 “工具→文件夹选项”选项

(5) 弹出“文件夹选项”对话框，选择“查看”选项卡，在“高级设置”列表框中，点选“不显示隐藏的文件、文件夹或驱动器”单选按钮，然后单击“确定”按钮即可，如图 7—116 所示。

(6) 这时在“文件夹”窗口中就看不到隐藏的文件了。

提示

当用户需要查看计算机中被隐藏的文件时，可以在如图 7—116 所示的“文件夹选项”对话框“查看”选项卡的“高级设置”列表框中，点选“显示隐藏的文件、文件夹和驱动器”单选按钮，即可显示出被隐藏的文件和文件夹。

2. 将文件设置为“只读”

某些文档在制作完成后如果不希望被其他用户擅自修改，可以将文件的属性设置为“只读”属性。

(1) 在文件夹窗口中右击要设置其属性的文件，在弹出的快捷菜单中选择“属性”选项。

(2) 在弹出的文件属性对话框中选择“常规”选项卡，在“属性”选项区中，勾选“只读”复选按钮，然后单击“确定”按钮即可，如图 7—117 所示。

3. 隐藏 IE 收藏夹

在计算机的日常使用过程中，经常会将一些喜爱的网页保存到 IE 收藏夹中，如果不希望他人查看自己收藏的网页，可以通过相应的设置方法来隐藏 IE 收藏夹。

(1) 在系统桌面的左下角单击“开始”按钮，在弹出的“开始”菜单的搜索框中输入“gpedit. msc”命令，并按 Enter 键，如图 7—118 所示。

(2) 在弹出的“本地组策略对象编辑器”窗口左侧窗格中依次展开“用户配置→管理模板→Windows 组件→Internet Explorer→浏览器菜单”分支，在右侧窗格中双击“隐藏收藏菜单”选项，如图 7—119 所示。

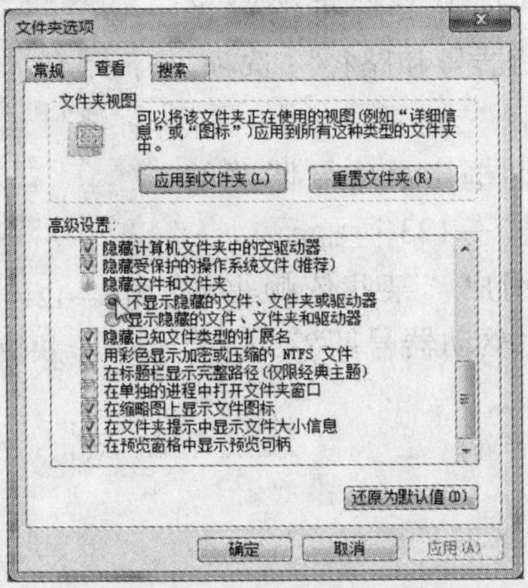

图 7—116 “查看”选项卡

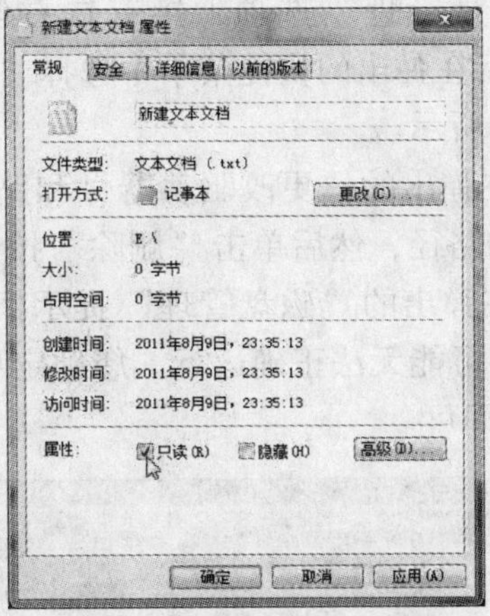

图 7—117 文件属性对话框

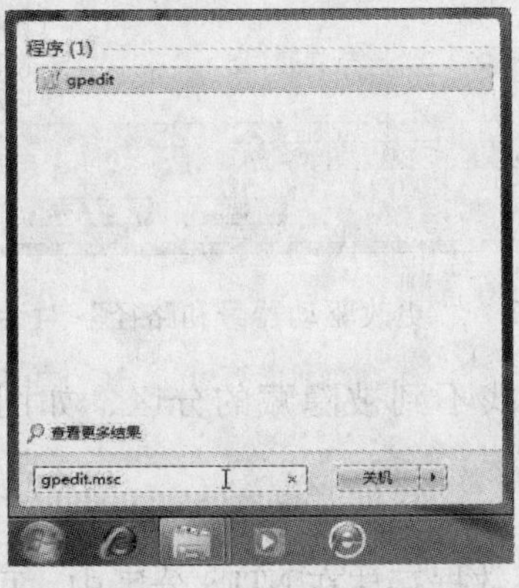

图 7—118 搜索框中输入命令

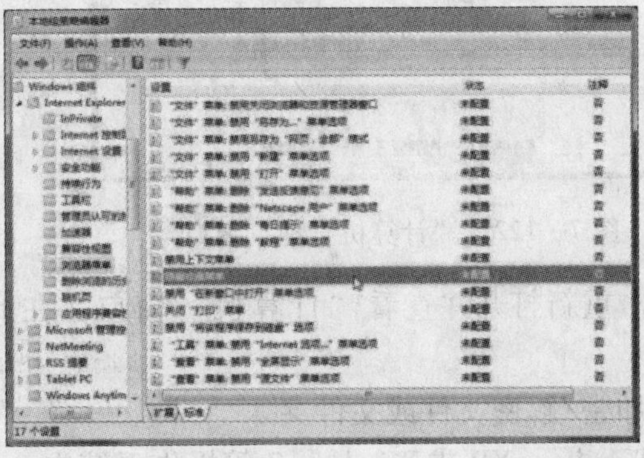

图 7—119 “隐藏收藏菜单”选项

(3) 在弹出的“隐藏收藏菜单”对话框中，点选“已启用”单选按钮，然后单击“确定”按钮，如图 7—120 所示。

(4) 设置完成后，关闭“本地组策略对象编辑器”窗口即可。

4. 隐藏指定磁盘分区

通过更改文件属性来隐藏数据时，如果别人比较熟悉操作系统，只需要更改一下系统设置就可以查看这些数据。为了提高数据的安全性，可以将重要数据保存到指定分区中，然后将该分区隐藏起来。在此以隐藏磁盘分区“E:”为例进行介绍。

(1) 在系统桌面上右击“计算机”图标，在弹出的快捷菜单中，选择“管理”选项，如图 7—121 所示。

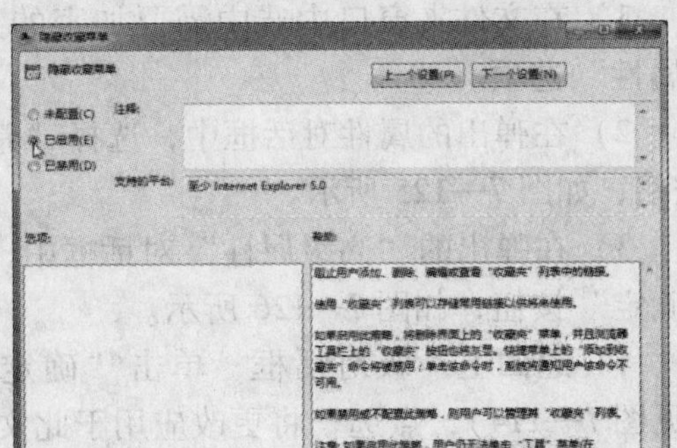

图 7—120 “隐藏收藏菜单”对话框

（2）在弹出的“计算机管理”窗口的左侧窗格中，选择“存储→磁盘管理”选项，接着在右侧窗格中右击要隐藏的分区“E:”，然后在弹出的快捷菜单中选择“更改驱动器号和路径”选项，如图7—122所示。

（3）在弹出的“更改驱动器号和路径”对话框中选中要隐藏的驱动器号和路径，然后单击“删除”按钮，如图7—123所示。

（4）在弹出的“磁盘管理”提示框中提示用户“某些依赖驱动器号的程序可能无法正确运行。您确定要删除此驱动器号吗?”单击“是”按钮即可。

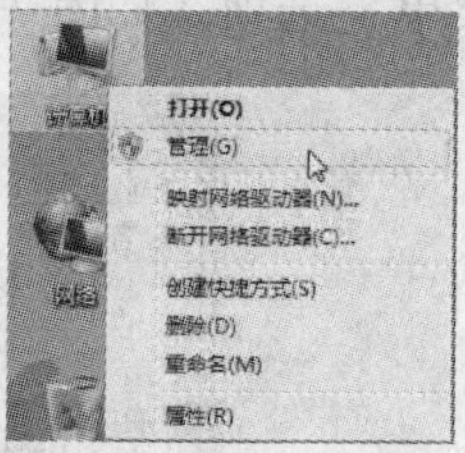

图7—121　“计算机”快捷菜单

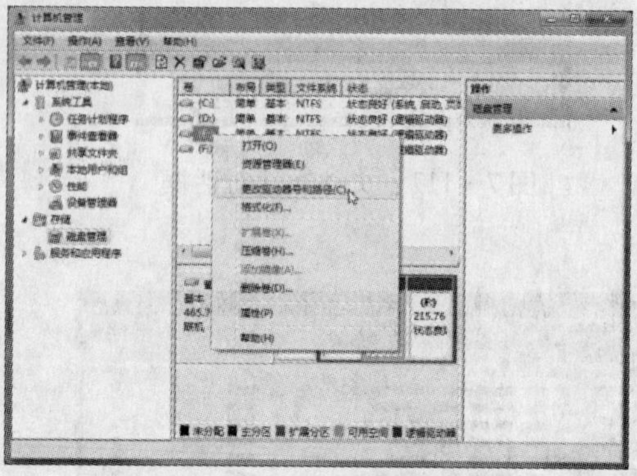

图7—122　“计算机管理”窗口

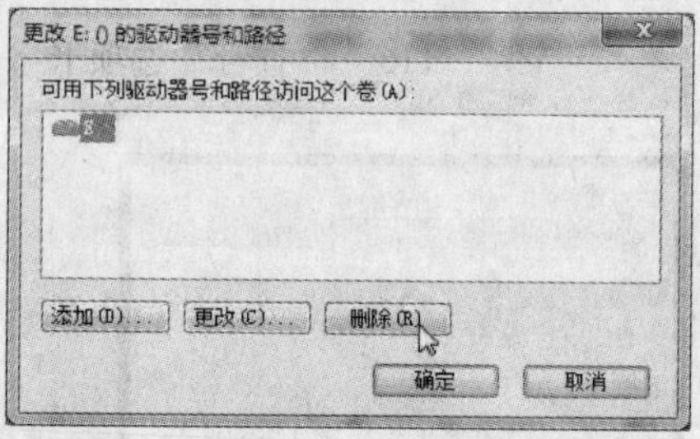

图7—123　“更改驱动器号和路径”对话框

（5）重新打开并查看“计算机”窗口，在此已经找不到被隐藏的分区，如图7—124所示。

5. 加密/解密文件或文件夹

在Windows XP或Windows 7等操作系统中，将重要数据存放在NTFS分区中，可以通过NTFS分区的加密功能来保护数据，从而提高数据的安全性。

（1）加密文件或文件夹。对NTFS分区中的文件或文件夹进行加密来提高数据的安全性。

1）在文件夹窗口中选中需要加密的文件或文件夹，右击，在弹出的快捷菜单中选择“属性”选项。

2）在弹出的属性对话框中，选择“常规”选项卡，在“属性”选项区中单击“高级”按钮，如图7—125所示。

3）在弹出的“高级属性”对话框中，勾选“加密内容以便保护数据”复选按钮，单击“确定”按钮，如图7—126所示。

4）返回上一级对话框，单击“确定”按钮。在弹出的“确认属性更改”对话框中（见图7—114），点选“将更改应用于此文件夹、子文件夹和文件”单选项，然后单击“确定”按钮。

5）开始对所选文件夹及其中的文件进行加密。加密完成后，被加密的文件夹及其文件的名称都变为绿色，如图7—127所示。

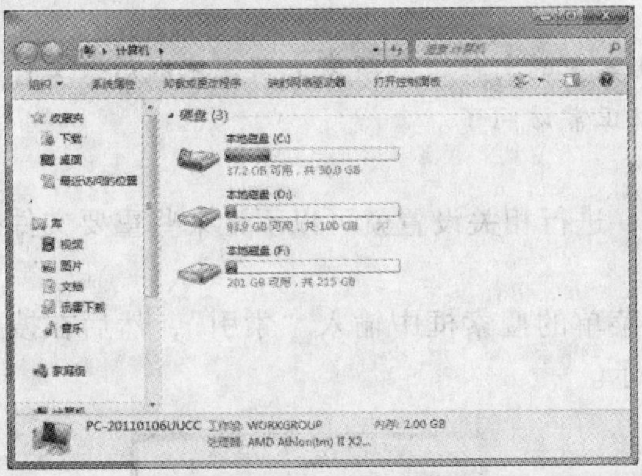

图 7—124　查看“计算机”窗口

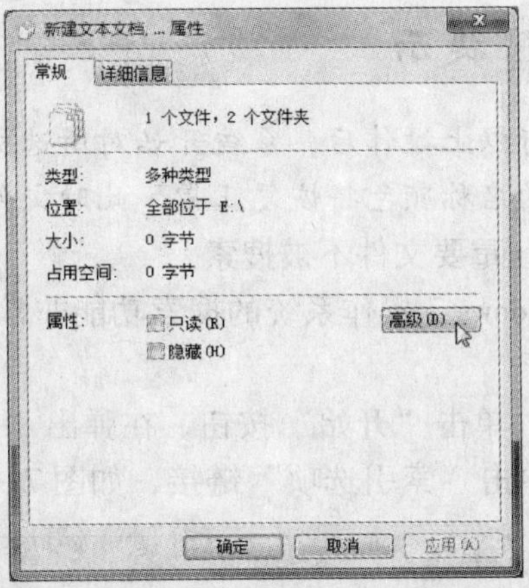

图 7—125　“属性”对话框 -“高级”按钮

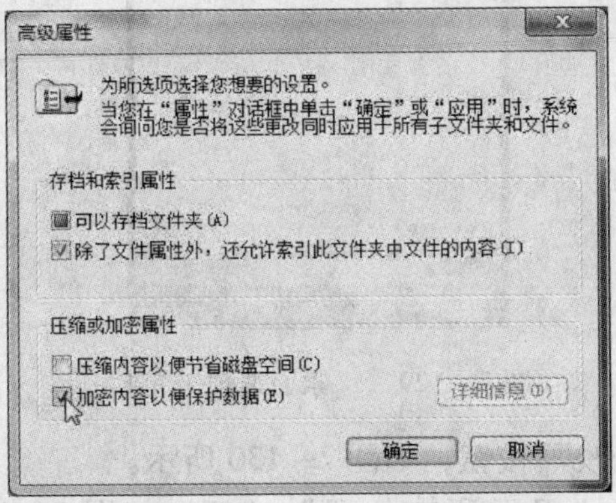

图 7—126　“高级属性”对话框

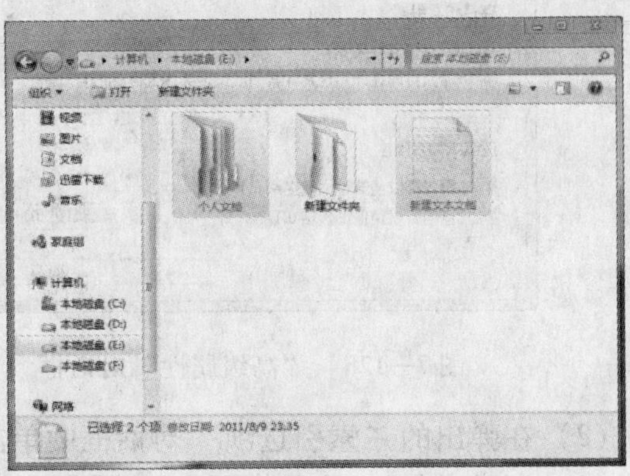

图 7—127　被加密的文件夹及其文件

提示

文件被加密后，即使被复制到其他计算机中，如果没有同时复制该文件的 EFS 证书，也是不能访问的。

（2）解密文件或文件夹。当 NTFS 分区中的重要数据被加密后，如果想要查看这些数据，需要先对其进行解密操作。

1）在文件夹窗口中选中需要解密的文件或文件夹，右击，在弹出的快捷菜单中选择“属性”选项。

2）在弹出的属性对话框中，选择“常规”选项卡，在“属性”选项区中单击“高级”按钮。

3）在弹出的“高级属性”对话框中，取消勾选“加密内容以便保护数据”复选按钮，单击“确定”按钮，如图 7—128 所示。

4）返回上一级对话框，单击“确定”按钮。在弹出的“确认属性更改”对话框中点选“将更改应用于此文件夹、子文件夹和文件”单选按钮，然后单击“确定”按钮，如图 7—114 所示。

提示

执行以上操作后，系统开始对所选文件夹及其中的文件进行解密。解密完成后，文件夹或文件的名称颜色将恢复正常，此时文件就可以正常访问了。

6. 让重要文件不被搜索

Windows 7 操作系统的搜索功能非常人性化，进行相关设置就可以不让某些重要文件被他人搜索。

（1）单击“开始”按钮，在弹出“开始”菜单的搜索框中输入“索引”，然后在搜索结果中单击“索引选项”链接，如图 7—129 所示。

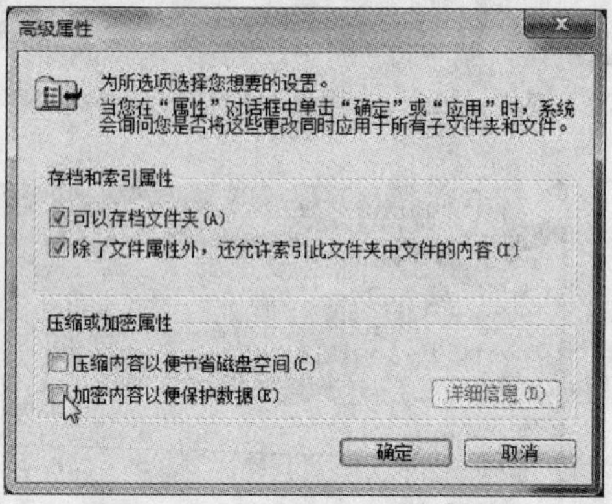

图 7—128　“高级属性”对话框

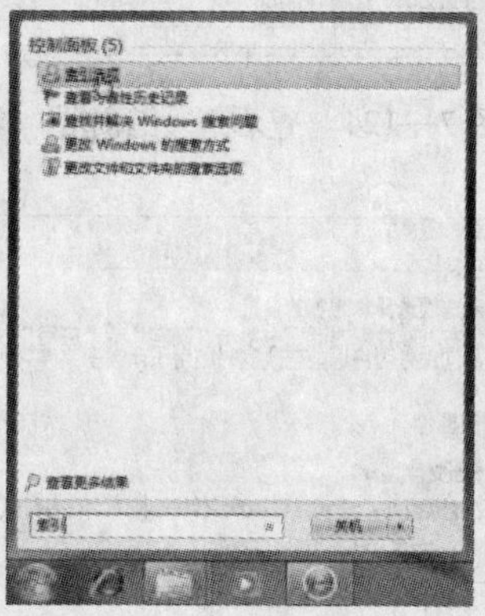

图 7—129　“索引选项”链接

（2）在弹出的“索引选项”对话框中单击“修改”按钮，如图 7—130 所示。

（3）在弹出的“索引位置”对话框中，单击“显示所有位置”按钮，如图 7—131 所示。

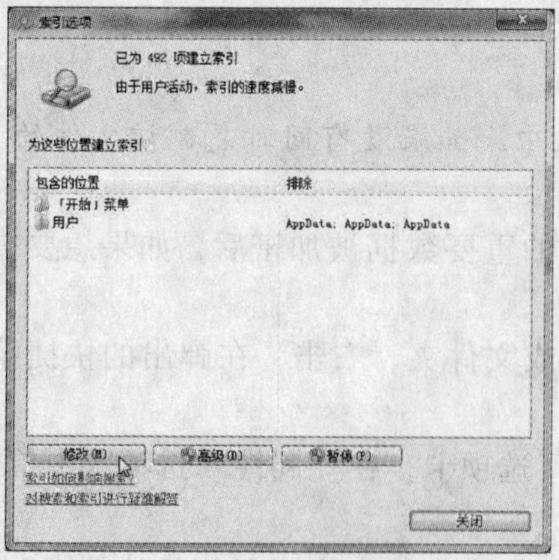

图 7—130　“索引选项”对话框

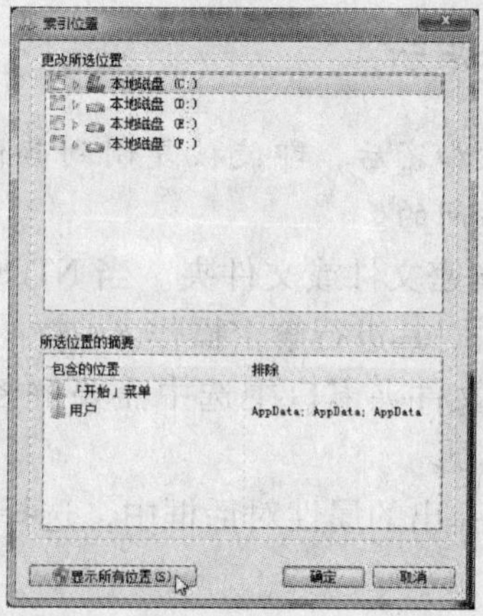

图 7—131　“索引位置”对话框

（4）在“更改所选位置”列表框中取消勾选要保护的文件夹位置前的复选按钮，然后单击“确定”按钮，以后搜索时计算机系统就不会对该位置进行搜索，如图 7—132 所示。

7. 为压缩文件进行加密和解密

压缩文档是目前网络传播中非常流行的文件格式。在压缩某些重要文件时，可以通过常用的压缩软件为其加密，以提高数据的安全性。

（1）下载并安装 WinRAR 软件，在打开的“计算机”窗口中，右击需要压缩的文件或文件夹，在弹出的快捷菜单中选择“添加到压缩文件”选项，如图 7—133 所示。

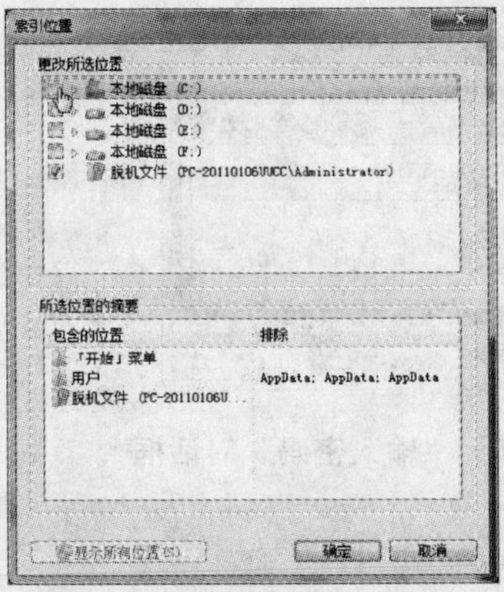

图 7—132　更改索引位置

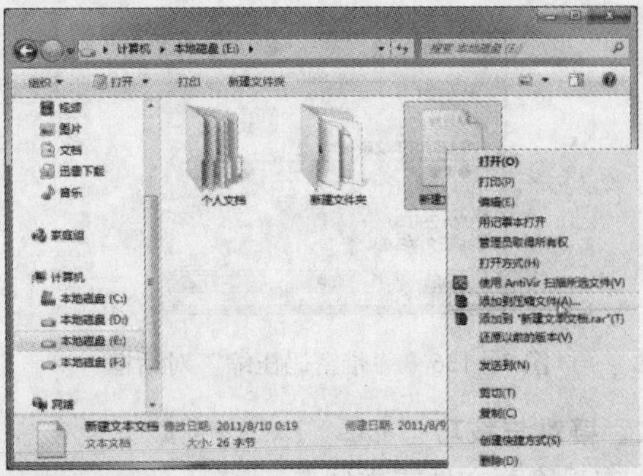

图 7—133　选择“添加到压缩文件”选项

（2）在弹出“压缩文件名和参数”对话框中，设置好压缩文件的路径、文件名、压缩文件格式（默认为“RAR”）以及压缩方式，如图 7—134 所示。

（3）选择“高级”选项卡，单击“设置密码”按钮，如图 7—135 所示。

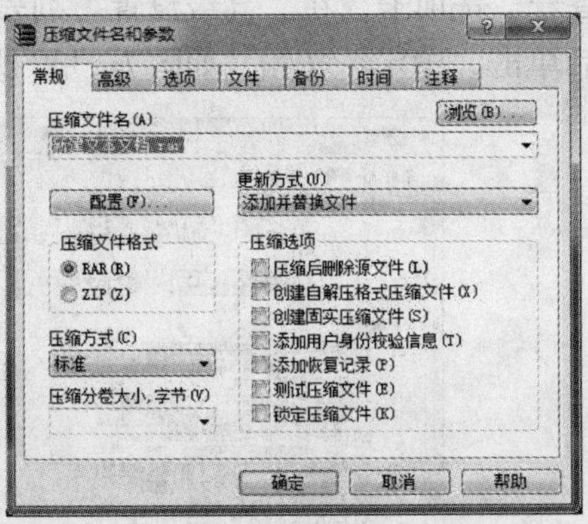

图 7—134　“压缩文件名和参数”对话框

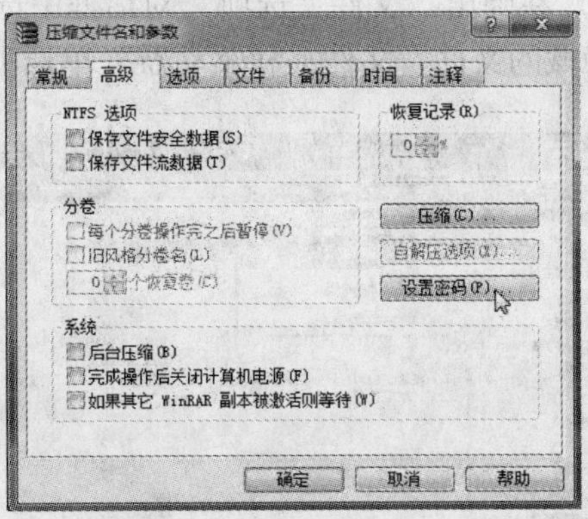

图 7—135　“高级”选项卡

提示

如果压缩的文件比较大，可以在“系统”选项组中勾选“后台压缩”复选按钮，就不会影响用户正在进行的其他工作。

（4）在弹出的“带密码压缩”对话框中设置解压密码，然后单击“确定”按钮，如图 7—136 所示。

（5）返回“压缩文件名和参数”对话框，单击“确定”按钮即可开始压缩文件。

提示

如果需要解密该压缩文件，需要单击该压缩文件并在弹出的“输入密码”对话框中输入设置的密码，然后单击“确定”按钮即可开始进行解压缩，如图 7—137 所示。

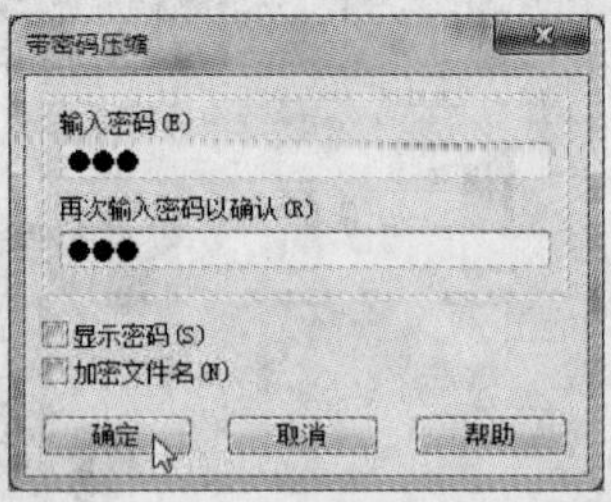

图 7—136 “带密码压缩”对话框

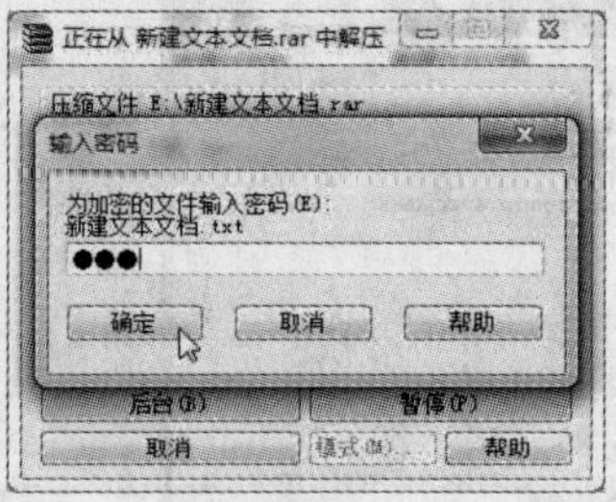

图 7—137 “输入密码”对话框

二、疑难与技巧

1. 查看隐藏文件或文件夹

默认情况下，在文件夹窗口中不会显示隐藏的文件或文件夹。文件或文件夹被隐藏后，可以执行相应的操作查看被隐藏的文件或文件夹。

（1）打开需要查看的文件或文件夹所在的窗口，按 Alt 键激活菜单栏，然后在菜单栏中选择“工具→文件夹选项”选项，如图 7—138 所示。

（2）在弹出“文件夹选项”对话框中选择“查看”选项卡，在“高级设置”列表中点选“显示隐藏的文件、文件夹和驱动器”单选项，然后单击“确定”按钮，如图 7—139 所示。

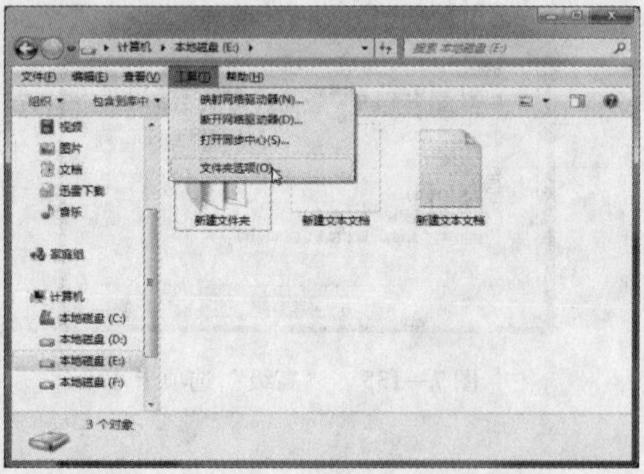

图 7—138 “工具→文件夹选项”选项

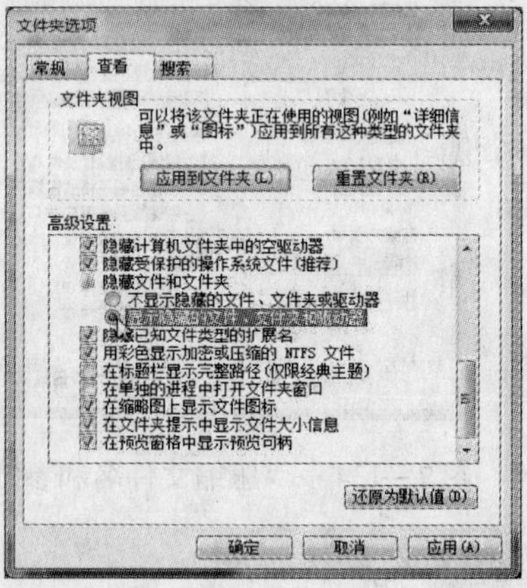

图 7—139 “文件夹选项”对话框

提示

默认情况下，在文件夹窗口中不会显示文件的扩展名。在“高级设置”选项组中取消勾选“隐藏已知文件类型的扩展名”复选按钮，并单击“确定”按钮即可显示文件扩展名。

（3）操作完成后，在文件夹窗口中可看到以半透明方式显示的隐藏文件或文件夹，如图 7—140 所示。

2. 查看隐藏的磁盘分区

执行相应的操作可以显示被隐藏的磁盘分区。

（1）利用前面的方法，在打开的“计算机管理”窗口中，右击已经隐藏的分区（该分区没有驱动器号），在弹出的快捷菜单中选择“更改驱动器号和路径”选项，如图7—140所示。

（2）在弹出的“更改驱动器号和路径”对话框中单击“添加”按钮，如图7—141所示。

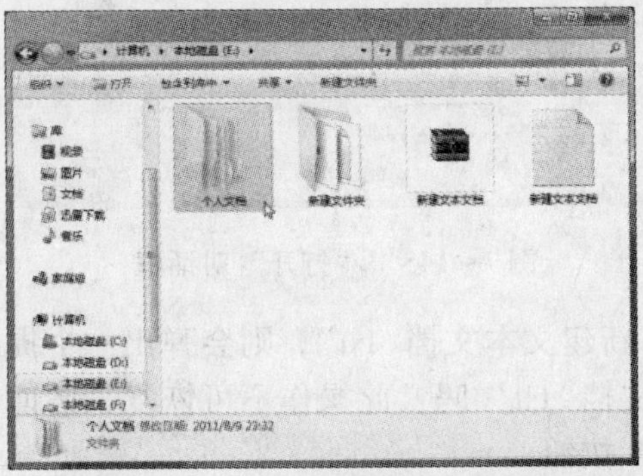

图7—140　显示的隐藏文件或文件夹

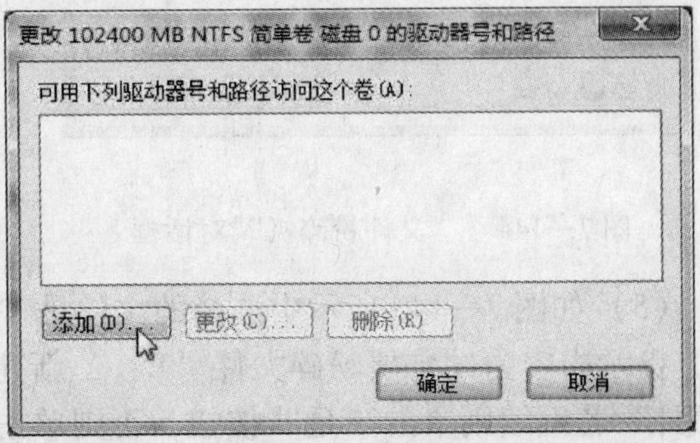

图7—141　“更改驱动器号和路径”对话框

（3）在弹出的“添加驱动器号或路径”对话框中点选“分配以下驱动器号”单选按钮，在其右侧的下拉按钮中选择合适的驱动器号，然后单击“确定”按钮，如图7—142所示。

（4）再打开“计算机”窗口，此时就可以看到此前隐藏的分区。

3. 让已删除的文件无法恢复

有时希望将一些机密文件彻底删除，并且让他人无法使用恢复软件进行恢复，此时可以对文件进行粉碎处理。在此可以使用“Win 7优化大师”软件的“文件粉碎机”功能来实现。

（1）启动“Win 7优化大师”软件，在“开始”选项卡中单击“实用工具”按钮，在窗口右侧单击“文件粉碎机”图标，如图7—143所示。

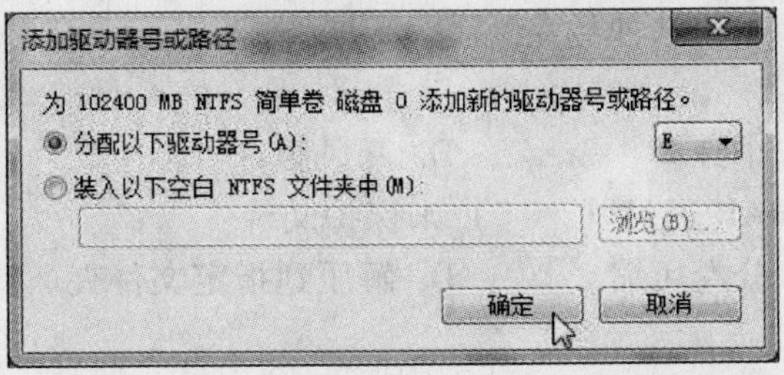

图7—142　“添加驱动器号或路径”对话框

图7—143　“文件粉碎机”图标

（2）在弹出的“文件粉碎机”对话框中，单击“浏览”按钮，如图7—144所示。

（3）在弹出的“打开”对话框中选择要粉碎的文件，然后单击“打开”按钮，如图7—145所示。

（4）返回“文件粉碎机”对话框，单击“开始粉碎”按钮。

图 7—144　“文件粉碎机”对话框

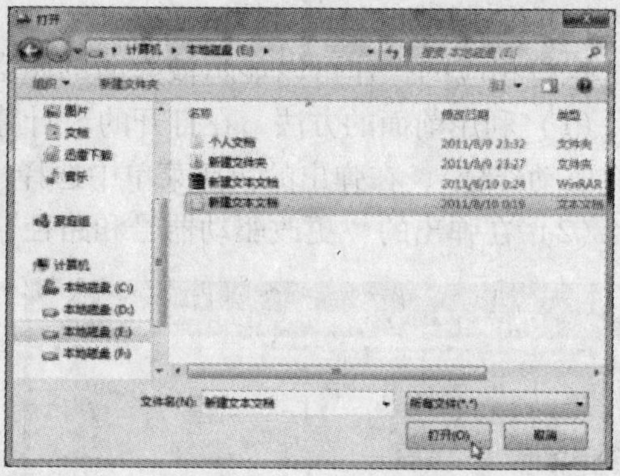

图 7—145　“打开”对话框

(5) 如图 7—145 所示中选择的文件是“E：\ 新建文本文档 . txt”，则会弹出一个提示框，提示内容为“您要粉碎文件‘E：\ 新建文本文档 . txt’吗？此操作不可恢复，请谨慎使用！”若继续则单击“是”按钮，否则单击“否”按钮。

(6) 在弹出的对话框中提示文件粉碎成功，单击“确定”按钮即可。

单 元 练 习

一、选择题

1. 计算机病毒是一种（　　）。

A. 软件　B. 硬件　C. 系统软件　D. 具有破坏性的程序

2. 对于来历不明的软件，应坚持（　　）的原则。

A. 先查毒，再使用　B. 先使用，再查毒

C. 无须作任何处理　D. 不允许使用

3. 在对计算机病毒进行防治的方法中，下面描述不当的是（　　）。

A. 加强管理　B. 从技术上防治

C. 用清洗剂清洗硬盘　D. 加强法律约束

4. （　　）具有查杀木马功能。

A. 金山卫士　B. 光影魔术手　C. 小红伞　D. 暴风影音

5. 为了防止重要的文件被轻易窃取，WinRAR 通过（　　）来保护文件。

A. 快速压缩　B. 设置密码　C. 分卷压缩　D. 解压到指定文件夹

6. Spy Sweeper 的主要功能是（　　）。

A. 查杀病毒　B. 恢复数据　C. 扫描间谍软件　D. 优化计算机

7. ReadyBoost 的功能是（　　）。

A. 扩充内存加速系统　B. 为系统设置密码重置盘

C. 加密文件　D. 系统扫描

二、简答题

1. 什么是计算机病毒？请简要阐述计算机病毒的危害性。

2. 如何预防计算机病毒？

第八单元　计算机日常维护与故障排除

在计算机的日常使用过程中，应经常对计算机进行维护，以保证计算机正常、高效地运行。此外，掌握常见计算机故障的排除方法也是必要的，以便在计算机出现故障时自己能够快速排除。本单元将对计算机日常维护与故障排除的相关知识进行介绍。

模块一　计算机日常维护

学习目标

1. 理解保持良好的工作环境、养成正确的使用习惯的重要性。
2. 掌握定期对计算机进行清洁、清理垃圾文件及整理磁盘碎片的方法。
3. 掌握检查并修复磁盘错误的方法。

正确使用与维护计算机能延长计算机的使用寿命，使计算机发挥最好的使用性能。若使用不当就会对计算机造成损伤。所以，在使用计算机的过程中应注意一些事项，使计算机处于一个合适的工作状态。

一、保持良好的工作环境

1. 温度

计算机理想的工作温度为 10～45℃。若温度过低，会使计算机各部件之间接触不良，从而导致计算机不能正常工作；若温度高于 45℃，计算机内部散热不好，会使计算机物理性能下降，不能稳定地正常工作。在条件允许的情况下，最好将计算机放置在有空调的房间内。

2. 湿度

在放置计算机的房间内，相对湿度应保持在 30%～80%。若相对湿度低于 30%，会由于过分干燥而产生静电干扰，引起计算机的错误运算；若相对湿度高于 80%，会由于结露使计算机内的元器件受潮，加速老化，甚至会发生短路而损坏机器。

3. 清洁

计算机应在一个相对比较干净的环境中进行工作，空气中灰尘含量对计算机的影响比较大。如果灰尘过多，可能会附着在磁盘或磁头上，造成磁盘读写错误，还可能腐蚀各配件的电路板，灰尘也会堵塞计算机的散热系统并容易引起内部器件之间的短路。因此，一般应备有除尘设备，做好清洁工作，以保证计算机的正常运行。

4. 干扰

当计算机工作时，应避免磁场干扰，否则可能会造成计算机部件的损坏（如硬盘的损坏或数据的丢失等）。因此，在计算机的工作环境中，为了避免磁场干扰，应尽量不使用电炉、电磁炉或其他强电或磁设备。

5. 电源

计算机对电源有两个基本要求：一是电压要稳，二是在机器工作时不能突然断电。电压不稳很容易对计算机电路和器件造成损害，由于市电供应存在高峰期和低谷期，在电压经常波动的环境下，最好能够配备一个稳压器，以保证稳定的电源。另外，如果突然停电，则可能会造成计算机内部数据的丢失，严重时还会造成计算机系统不能启动等各种故障。所以，要想对计算机进行电源保护，可以配备一个小型的家用不停电电源 UPS，保证计算机的正常使用。

二、养成正确的使用习惯

计算机不仅需要一个良好的工作环境，而且用户平时的使用习惯也会对计算机造成很大的影响。在计算机的使用过程中，应养成一个良好的操作习惯。

1. 在计算机工作时，应尽量避免开关机操作，一般关机后距离下次开机的时间至少应有 30 s。突然关机对计算机的各种器件冲击很大，特别是对硬盘有很大的损坏。

2. 按照正确的方法开关计算机。开机时，先打开显示器、音箱和打印机等外围设备，然后再打开主机；关机时操作步骤相反，即先关闭主机，然后再关闭显示器等外围设备。

3. 给计算机安装防病毒软件，如 360 安全卫士或瑞星杀毒软件等，防止计算机受到病毒的侵害。

4. 关闭计算机之前，要先关闭所有应用程序，然后再正常关闭计算机，避免应用程序受到破坏。

5. 静电有可能造成计算机中各种芯片的损坏，为防止静电造成损害，在打开机箱前应将自身的静电放掉后再接触计算机中的部件。另外，在安装计算机时将机箱外壳用导线接地，也可起到很好的防静电效果。

三、定期对计算机进行清洁

1. 风扇的清洁

在清洁风扇的过程中，最好在清除灰尘后，能在风扇轴处加一些润滑油，加强润滑。

2. 接插头、座、槽、板卡金手指部分的清洁

清洁金手指部分时可以用橡皮擦拭。

3. 大规模集成电路、元器件等引脚处的清洁

应用小毛刷或吸尘器等清除灰尘，同时要观察引脚有无虚焊和潮湿的现象，元器件是否有变形、变色或漏液现象。

4. 使用的清洁工具

清洁用的工具应是防静电的。如清洁用的小毛刷应使用天然材料制成的毛刷，禁用塑料毛刷。如使用金属工具进行清洁，必须切断电源，且对金属工具进行泄放静电的处理。

5. 比较潮湿的情况

在比较潮湿的情况下应想办法使其干燥后再使用。可用的工具如电风扇、电吹风等，也可让其自然风干。

6. 机器表面的灰尘

对于机器表面的灰尘，可用潮湿的软布和中性高浓度的洗液进行擦拭，擦完后不必用清

水清洗，残留在上面的洗液有助于隔离灰尘，下次清洗时，只需用湿润的毛巾进行擦拭即可。

7. 键盘的日常清理

只需将适量清洁剂喷在键盘上，用棉球或干净棉布将键盘正面和按键侧面擦拭干净即可。每隔一段时间（视键盘的使用频率而定）可进行一次彻底清理。将键盘拆开，用干燥的干净软棉布或柔韧的面巾纸轻轻擦拭，等干燥之后再按原样安装好。

8. 定期打开机箱

应定期打开机箱，用干净的软布、不易脱毛的小毛刷、吹气球等工具进行机箱内部的除尘。

四、定期清理垃圾文件

Windows 系统在运行中会积累大量的垃圾文件，而 Windows 系统无法自动清除，这些垃圾文件不仅占用大量磁盘空间，还会使系统的运行速度变慢，所以必须定期清理垃圾文件。IE 缓存、临时文件、重复文件、无用文件、多余桌面快捷方式、多余备份、注册表垃圾等，可以借助 Windows 优化大师、360 安全卫士等软件进行清除。垃圾文件有两种：一种是临时文件，主要存在于 Windows 的 Temp 目录下，用户可以发现，随着机器使用时间的增长，使用软件的增多，Windows 操作系统会越来越庞大，主要就是因为这些垃圾文件。对于 Temp 目录下的临时文件，只要进入这个目录手动删除就可以了。另一种是上网时 IE 的临时文件，可以采用下面的方法手动删除。

1. 清理 IE 的临时文件

打开 IE 浏览器，选择工具中的“Internet 选项→IE 临时文件→删除文件”命令，“删除所有脱机内容”，最后单击“确定”按钮即可。

2. 通过资源管理器清理垃圾文件

用户也可以通过资源管理器进行垃圾的清理。

（1）在桌面上双击“计算机”图标或者在“开始”菜单中选择“计算机”选项。

（2）在弹出的“计算机”窗口中选择需要清理的硬盘分区（如 C:），右击，在弹出的快捷菜单中选择“属性”选项。

（3）在弹出的硬盘分区属性对话框中选择“常规”选项卡，在其中单击“磁盘清理”按钮，如图 8—1 所示。

图 8—1 “常规”选项卡

（4）开始扫描指定分区中的垃圾文件，扫描完成后在弹出的磁盘清理对话框中显示找到要删除的文件，勾选要清理文件前的复选按钮，然后单击“确定”按钮，如图 8—2 所示。

（5）在弹出的“磁盘清理”提示对话框中，提示用户“确实要永久删除这些文件吗?”在此单击“删除文件”按钮。

（6）开始清理垃圾文件，此时在“磁盘清理”提示对话框中又提示用户“‘磁盘清理’实用程序正在清理机器上不需要的文件”。当清理完成后关闭对话框即可。

五、定期整理磁盘碎片

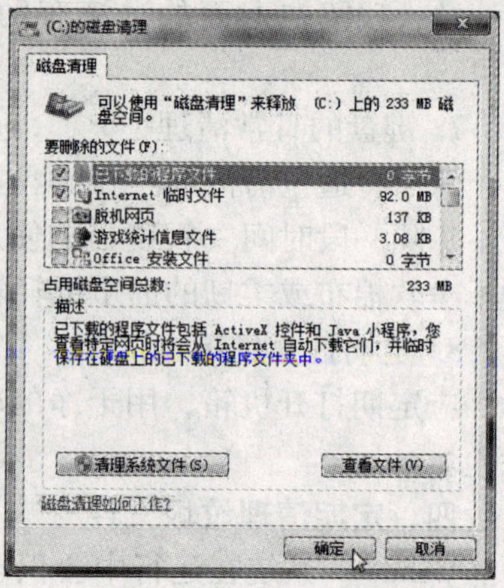

图 8—2　磁盘清理对话框

磁盘碎片是因为文件被分散保存到不同的地方，不能连续地保存在磁盘连续的簇中所形成的。虚拟内存管理程序频繁地对磁盘进行读写、IE 在浏览网页时生成的临时文件和临时文件的设置等是其产生的主要原因，碎片一般不会损坏系统，但是碎片过多会引起系统性能的下降，导致存储文件丢失，严重的还会缩短硬盘的寿命。因此，要定期对磁盘碎片进行整理，以保证系统能正常稳定地运行。

1. 单击“开始”按钮，在弹出的“开始”菜单中选择“所有程序→附件→系统工具→磁盘碎片整理程序”选项。

2. 弹出“磁盘碎片整理程序”窗口，在“当前状态”列表框中选择需要整理碎片的分区，然后单击“分析磁盘”按钮，如图 8—3 所示。

3. 开始分析指定分区，分析完成后会在“当前状态”列表框中同样显示该分区中的碎片比例，如果碎片较多，可单击“磁盘碎片整理”按钮，如图 8—4 所示。

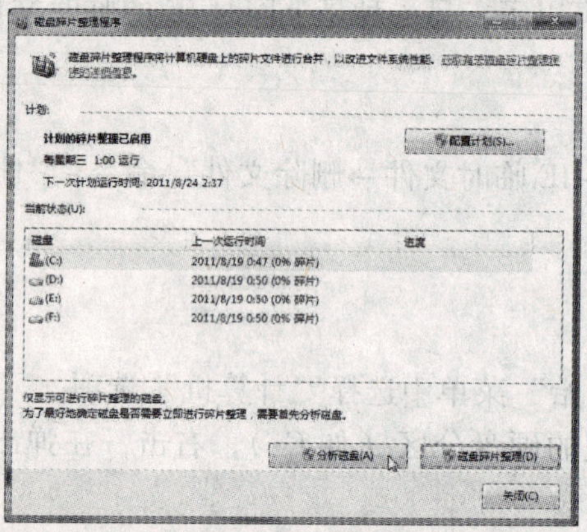

图 8—3　“磁盘碎片整理程序”窗口

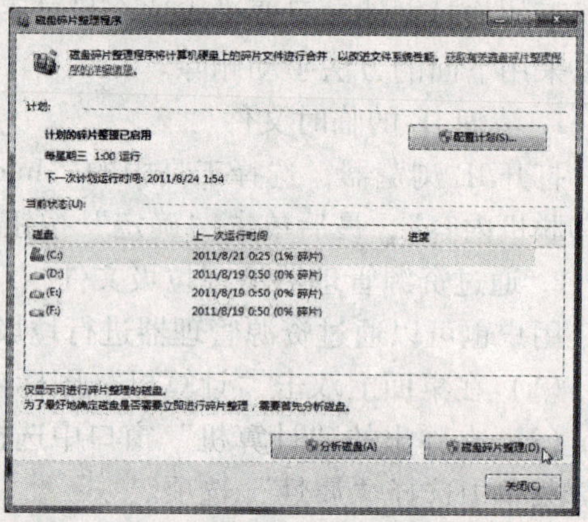

图 8—4　磁盘碎片整理

提示

单击“配置计划”按钮，在弹出的“修改计划”对话框中设置碎片整理频率、执行时间以及分区，然后单击“确定”按钮，以后程序会按照指定的计划进行整理。

4. 开始进行碎片整理，整理完成后，单击“关闭”按钮，退出该程序即可。

六、检查并修复磁盘错误

在使用硬盘驱动器时，可能会出现坏扇区。坏扇区会降低硬盘性能，有时还会导致难以甚至无法执行数据写入的操作（如文件保存）。错误检查实用工具可以扫描硬盘驱动器中是否存在坏扇区，并扫描文件系统错误以了解某些文件或文件夹的完整性。

1. 在弹出的“计算机”窗口中，右击需要查错的硬盘分区，在弹出的快捷菜单中选择“属性”选项。

2. 在弹出的“属性”对话框中选择“工具”选项卡，然后在“查错”选项组中单击“开始检查”按钮，如图8—5所示。

3. 在弹出的“检查磁盘 本地磁盘”对话框中，勾选“自动修复文件系统错误”复选按钮，然后单击“开始”按钮，如图8—6所示。

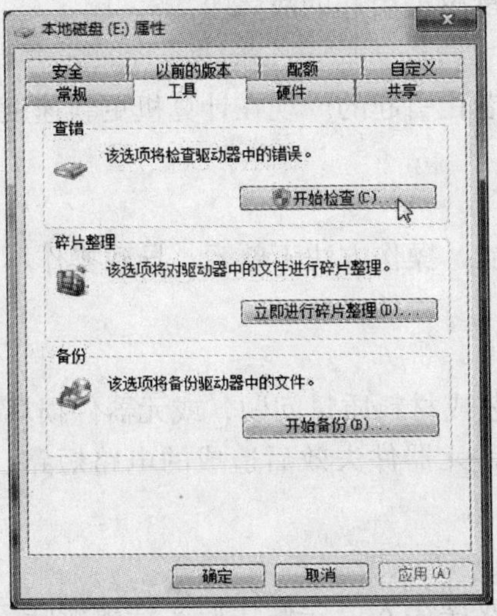

图8—5 “属性”对话框—“工具”选项卡

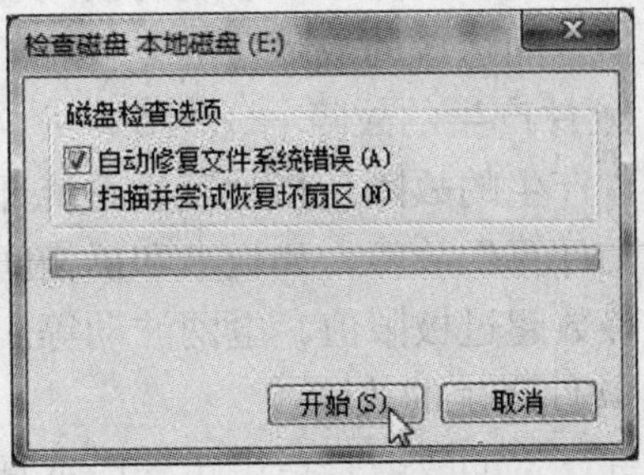

图8—6 “检查磁盘本地磁盘”对话框

提示

若勾选“扫描并尝试修复坏扇区”复选按钮，可以对硬盘的坏道进行扫描，并试图恢复找到的坏道。

4. 开始对磁盘分区进行检查，若硬盘没有问题，会弹出“正在检查磁盘 本地磁盘”提示对话框，提示用户“已成功扫描您的设备或磁盘”等信息，单击“关闭”按钮即可。

提示

如果所选的硬盘分区正在使用，会弹出“Microsoft Windows”对话框，单击“计划磁盘检查”按钮，操作系统将在下次启动时对该分区进行检查。

Windows 7操作系统自带的磁盘检查程序能够自动修复一般的逻辑错误，如果硬盘上存在物理坏道，无法使用该程序恢复，应该选择专用的软件屏蔽已损坏的扇区。

模块二 故障排除基础

学习目标

1. 了解计算机故障的产生原因及故障的种类。
2. 掌握计算机故障的处理原则。

计算机是由许多个元器件组成的，引起计算机系统故障的原因也是多种多样的，表现出的故障现象也很多。

一、计算机故障的产生原因

常见计算机故障包括正常使用时的故障、人为引起的故障、硬件产生的故障、软件产生的故障、计算机运行环境差导致的故障、计算机病毒感染引起的故障等。

1. 正常使用时的故障

主要是由于机械的正常磨损、使用寿命完结、老化引起的。现在计算机更新速度已经非常快，这类故障很少见。

2. 人为引起的故障

人为引起的故障主要表现为使用者对计算机性能、操作方法不熟悉，导致操作不当，甚至错误操作而造成的故障。

3. 硬件产生的故障

硬件产生的故障是指计算机系统部件的制造工艺或材料质量问题，或元器件损坏、失效而造成的计算机故障，如板卡和插槽间的接触不良，元器件失效后造成的电路短路、断路，元器件参数超过极限值，电网波动等。

4. 软件产生的故障

软件产生的故障是指由于程序本身的编程问题或操作人员误操作使文件被删除、破坏，以及系统软件和应用软件的损坏。多数情况还是由于系统配置不当、CMOS 参数设置不适合、计算机系统软件和应用软件损坏造成的故障。

5. 计算机运行环境差导致的故障

导致这类故障的原因主要包括电源、温度、灰尘、电磁辐射等因素的影响。过高、过低或忽高忽低的电压，过高、过低的温度都会造成计算机元器件的加速老化；灰尘妨碍了计算机元器件的散热，导致散热不良；电磁辐射会导致计算机传输信息出现偏差导致故障。

6. 计算机病毒感染引起的故障

计算机病毒故障是由计算机病毒引起的计算机系统工作异常。这类故障虽然可以用硬件手段、杀毒软件和防毒系统等进行防御和杀毒。但是，由于计算机病毒的隐蔽性和多样性，人们对其产生和发展趋势很难做出预测和判断。所以，目前计算机病毒也是造成计算机故障的原因。

二、计算机故障的种类

计算机故障分为两类：硬件故障和软件故障。

1. 硬件故障

硬件故障是指硬件设备物理性的损坏或因为硬件使用不得当引起计算机不能正常工作。硬件故障又分为假性故障和真性故障。

（1）假性故障。是指计算机各部件和外围设备完好，但由于硬件的安装与设置，在外界因素影响下，并非计算机硬件设备物理损伤，造成计算机系统不能正常工作。

1）电源问题。由于电源开关没有打开、市电供电不足、电源功率不稳定引起的故障。此故障会造成计算机无法开机、计算机不断重新启动等。

2）连线问题。由于连线或插接件接触不良造成，如硬盘信号线与主板上硬盘接口插接接触不良，计算机外围设备与主机之间数据线脱落或松动造成计算机工作异常等。

3）设置问题。由于调整了设备的跳线开关，使设备工作参数发生改变，从而造成计算机无法正常工作的故障，如 CMOS 参数设置不得当，主、从硬盘启动设置不得当等，均会造成计算机无法正常工作。

4）操作失误。人为按动了一些计算机快捷方式按钮，造成短暂的故障现象。如光驱内光盘放错正、反面，误把休眠键当成开机键等造成计算机工作异常。

（2）真性故障。是指计算机各种板卡、外设等出现电气故障或者机械故障等物理损坏而引起的。

1）电路板故障。电路板故障主要是由于制作工艺或材料质量问题引起的。如 6 层 PCB 板做成 4 层、虚焊、散热片松动、电容质量不过关等。

2）元器件及芯片故障。是指由于计算机的主板等部件中的元器件及芯片组材质低劣，使用一段时间后性能下降或使用不当，造成元器件及芯片损坏引起的故障。

2. 软件故障

软件故障是指由于计算机系统配置不当、计算机感染病毒或操作人员对软件使用不当等因素造成的计算机不能正常工作的故障。计算机软件故障可分为软件应用故障、系统配置故障、感染病毒故障。

（1）软件应用故障。在运行软件时出错，如文件丢失、系统文件结构损坏、注册表导入错误等引起的故障。

（2）系统配置故障。是由于修改操作系统中的系统设置选项而造成的故障。

（3）感染病毒故障。是指计算机中的系统文件或应用程序感染病毒而遭到破坏，造成计算机无法正常工作的故障。

三、计算机故障的处理原则及常用处理方法

计算机故障尽管种类繁多、千奇百怪，但由于计算机是一种逻辑性的电子装置，因此识别故障也有章可循。

1. 计算机故障的处理原则

进行故障处理有三个原则：一是观察范围，二是简捷的环境，三是“先软件后硬件”。

（1）观察范围

1）计算机周围的环境情况。包括位置、电源、连接、其他设备、温度与湿度等。

2）计算机所表现的现象。显示的内容及其与正常情况下的异同。

3）计算机内部的环境情况。灰尘、连接情况、器件的颜色、指示灯的状态等。

4）计算机的软硬件配置。安装了何种硬件，资源的使用情况，使用的是何种操作系统，其上又安装了何种应用软件，硬件的设置驱动程序版本等。

（2）简捷的环境

1）最小系统。

2）在判断的环境中，仅包括基本的运行软件和被怀疑有故障的软件。

3）在一个干净的系统中，添加用户的应用（硬件、软件）来进行分析判断。

（3）“先软件后硬件”

在大多数的计算机故障处理中，必须“先软件后硬件”。

从整个故障处理的过程看，总是先判断是否为软件故障，先检查软件问题，当判断软件环境是正常的时，如果故障不能消失，再从硬件方面着手检查。

2. 计算机故障的常用处理方法

（1）观察法。观察的内容包括：周围的环境；硬件环境（包括接插头、座和插槽等）；软件环境；用户操作的习惯、过程。

（2）最小系统法。最小系统是指从维修判断的角度能使计算机开机或运行的最基本硬件和软件的配置环境。最小系统有两种形式，即硬件最小系统和软件最小系统。硬件最小系统是由电源、主板和 CPU 组成的。软件最小系统是由电源、主板、CPU、内存、显卡或显示器、键盘和硬盘组成的。

（3）逐步添加或去除法。逐步添加法以最小系统为基础，每次只向系统添加一个设备或软件，来检查故障现象是否消失或发生变化，以此来判断并定位故障部位。逐步去除法是每次只从系统去除一个设备或软件，其目的还是判断并定位故障部位。

（4）隔离法。是将可能妨碍故障判断的硬件或软件屏蔽起来的一种判断方法。也可用来将怀疑相互冲突的硬件、软件隔离开，以判断故障是否发生变化。对于软件来说，即是停止其运行，或者是卸载；对于硬件来说，是在设备管理器中，禁用、卸载其驱动，或干脆将硬件从系统中去除。

（5）替换法。替换法是用好的元器件代替可能有故障的器件，以判断故障现象是否消失的一种维修方法。

（6）比较法。比较法与替换法类似，即用好的元器件与怀疑有故障的元器件进行外观、配置、运行现象等方面的比较，也可在两台计算机间进行比较，以判断故障计算机在环境设置、硬件配置方面的不同，从而找出故障部位。

（7）升降温法

1）一般选择环境温度较低的时段，如清晨或较晚的时间。

2）通过使计算机停机 12 ~24 h 等方法实现。

3）用电风扇对着故障机吹，以加快降温速度。

（8）敲打法。敲打法一般用在怀疑计算机中的某器件有接触不良的故障时，通过振动、适当的扭曲，甚止用橡胶锤敲打器件或设备的特定器件来使故障复现，从而判断故障器件的一种维修方法。

模块三　常见软件故障排除

学习目标

1. 掌握软件故障的排除方法。
2. 掌握操作系统及办公软件故障的排除方法。
3. 了解其他工具软件的故障。

在计算机的实际使用过程中，计算机软件故障是最多的。计算机出现故障后，应该本着“先软件后硬件”“先简单后复杂”的原则进行检查和修复。软件方面的故障，多是由操作系统故障、办公软件故障、其他工具软件故障等引起，在此可以通过以下步骤来解决问题。

一、软件故障的排除方法

1. 安全模式法

安全模式法主要用来诊断由于注册表损坏或一些软件不兼容导致的操作系统无法启动的故障。

（1）用安全模式启动计算机，如果存在不兼容的软件，在系统启动后将其卸载。

（2）正常退出，然后再重新启动计算机，启动后安装新的软件即可，如果还是不能正常启动，则需要使用其他方法排除故障。

2. 软件最小系统法

软件最小系统法是指从维修判断的角度能使计算机开机运行的最基本的软件环境，即只有一个基本的操作系统环境。

（1）不安装任何应用软件，可以卸载所有的应用软件或者重新安装操作系统。

（2）根据故障分析判断的需要，安装需要的应用软件。

（3）使用一个纯净的操作系统环境，可以判断故障是属于系统问题、软件冲突问题，还是软、硬件间的冲突问题。

3. 程序诊断法

针对运行环境不稳定等故障，可以用专用的软件来对计算机的软件、硬件进行测试，如 3D Mark2010、WinBench 等。

根据这些软件的反复测试而生成的报告文件，就可以比较轻松地找到一些由于系统运行不稳定而引起的故障。

4. 逐步添加或去除软件法

逐步添加软件法是以最小系统为基础，每次只向系统添加一个软件，检查故障现象是否发生变化，以此来判断故障软件。逐步去除软件法与逐步添加软件法的操作相反。

二、操作系统故障排除

1. 操作系统故障的主要原因

（1）第三方软件导致的故障。有些软件编写不严谨，在安装或卸载时会修改操作系统的设置或改变正常文件内容，导致操作系统故障。还有就是软件与操作系统之间的兼容性问题。

若发生软件和操作系统兼容性问题，将其中一个或多个软件退出或卸载即可；若是病毒软件导致操作系统无法正常工作，可用杀毒软件清除病毒。还可以检查有无其他假性故障。

（2）恶意程序的进入导致的故障。有很多的恶意程序会通过网页、插件、安装其他软件的方式秘密或强制进入用户的计算机中，强行修改计算机用户计算机操作系统的正常设置，干扰用户操作，大量占用系统资源。导致操作系统发生各种问题和故障。

（3）误清理、优化操作系统。为计算机操作系统清理不用的垃圾文件，优化操作系统可达到提速目的，但是，因为对操作系统不是太了解，结果导致操作系统变得更脆弱。

（4）使用民间修改过的操作系统。市面上有很多民间修改过的精简版、GHOST 版等操作系统，这类被修改过的操作系统，普遍删除了一些系统文件，精简了一些内容，有些还集成了木马、病毒，留有系统后门。如果安装了这些操作系统，安全性是得不到保障的。

（5）硬件驱动程序有问题。如果安装的硬件驱动程序没有经过微软认证或驱动程序编写有问题，也会造成操作系统故障，比如蓝屏、内存使用率太高、经常重新启动等。

2. 常见操作系统故障的解决方法

（1）操作系统总是无故重启。计算机硬件都能正常工作，但在使用 Windows 7 操作系统的过程中，经常无故重新启动。

故障分析：

该故障看起来像是系统问题引起的，但通常是由于驱动程序问题而引发的，特别是显示卡驱动程序。例如安装了测试版驱动或未经 Microsoft 数字签名的驱动程序。可用以下的方法排除该故障。

排除步骤：

1）在系统桌面上右击“计算机”图标，在弹出的快捷菜单中选择“属性”命令。

2）在弹出的“系统”窗口中的左侧任务列表中单击“高级系统设置”链接，如图8—7所示。

提示

按“Win + Pause Break”组合键可以快速打开“系统”窗口。

3）在弹出的“系统属性”对话框中选择“高级”选项卡，在“启动和故障恢复”选项组中单击“设置”按钮，如图 8—8 所示。

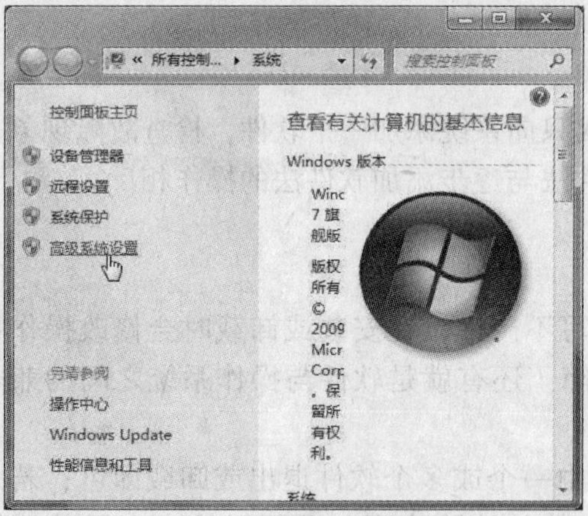

图 8—7　“系统”窗口

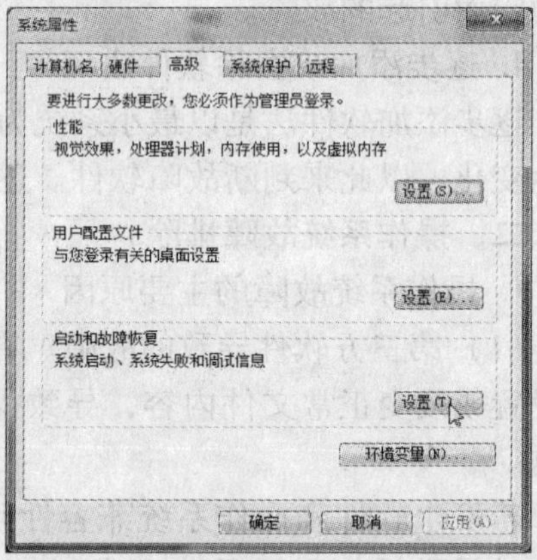

图 8—8　“系统属性”对话框—“高级”选项卡

4）在弹出“启动和故障恢复”对话框的“系统失败”选项组中取消勾选“自动重新启动”复选按钮，然后单击“确定”按钮即可，如图 8—9 所示。

（2）复制文件缓慢。在 Windows 7 操作系统中复制文件时速度缓慢。

故障分析：

从故障现象来看，可能是因为 Windows 7 操作系统开启了“远程差分压缩”功能而导致的，该功能可以提高网络（局域网）中文件的复制速度，但由于 Windows 7 操作系统不会区分本地和网络，在本地复制也会先压缩，然后再解压缩，导致复制时间较长。可用以下方法排除该故障。

排除步骤：

1）打开“计算机”窗口，在工具栏上单击“卸载或更改程序”按钮，如图 8—10 所示。

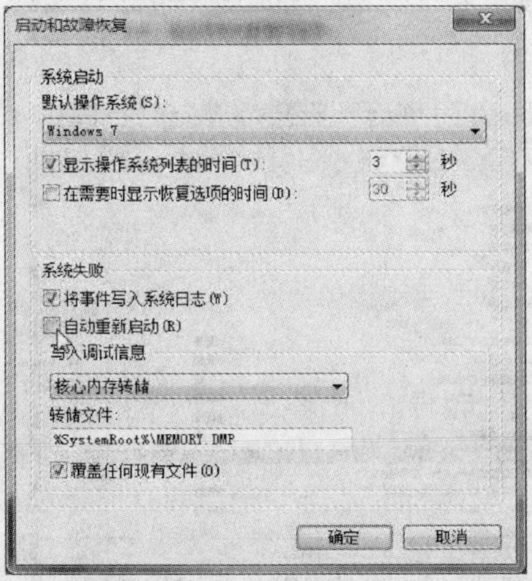

图 8—9　“启动和故障恢复”对话框

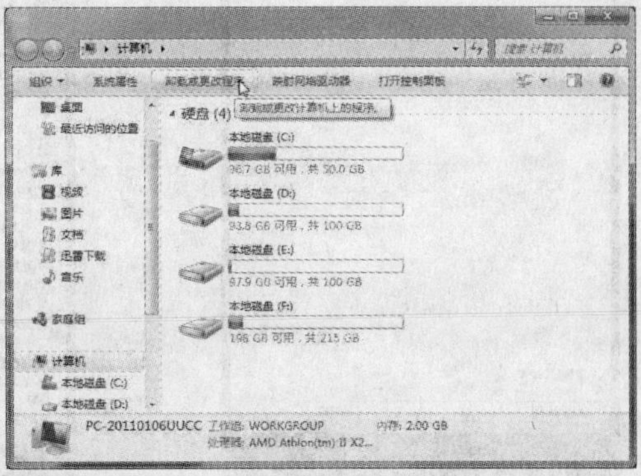

图 8—10　“计算机”窗口

2）在弹出的“程序和功能”窗口的左侧任务列表中单击“打开或关闭 Windows 功能”链接，如图 8—11 所示。

3）在弹出的“Windows 功能”窗口的列表框中取消勾选“远程差分压缩”复选按钮，然后单击“确定”按钮即可，如图 8—12 所示。

（3）注册表编辑器无法打开。在 Windows 7 操作系统中，启动注册表编辑器时，弹出一个对话框提示“注册表编辑已被管理员禁用”。

故障分析：

这是因为计算机管理员在组策略中将“注册表编辑器”禁用了，只要在组策略中取消阻止即可。

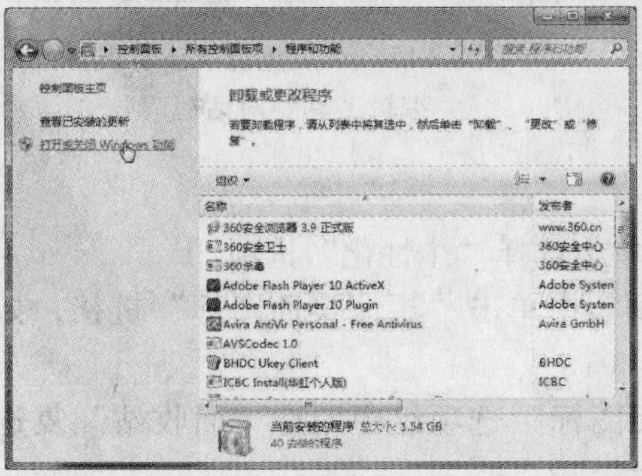

图 8—11　“程序和功能”窗口

图 8—12　“Windows 功能”窗口

排除步骤：

1）在系统桌面上的左下角单击“开始”按钮，弹出“开始”菜单。在搜索框中输入“gpedit. msc”命令并按 Enter 键，如图 8—13 所示。

2）在弹出的“本地组策略编辑器”窗口中的左侧窗格中依次展开“用户配置→管理模板→系统”分支，在右侧窗格的下方单击“标准”选项卡，然后双击“阻止访问注册表编辑工具”选项，如图 8—14 所示。

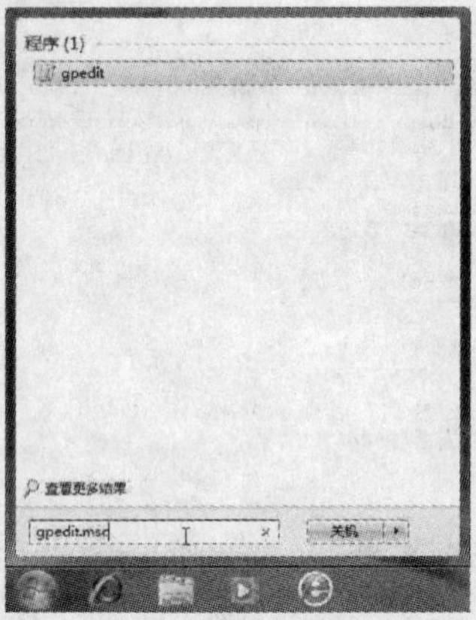

图 8—13　搜索框

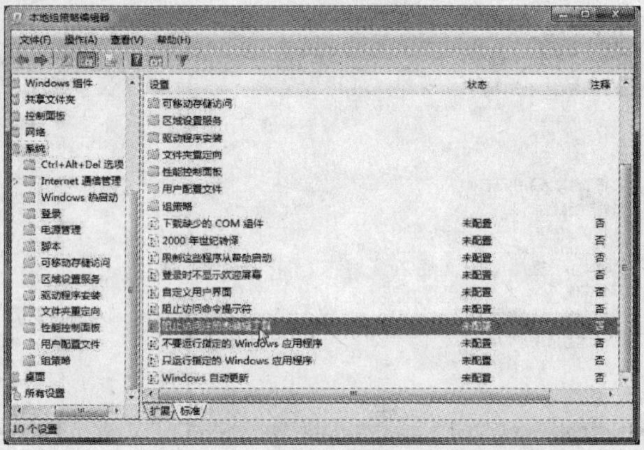

图 8—14　“本地组策略编辑器”窗口

3）在弹出的“阻止访问注册表编辑工具”对话框中点选“已禁用”单选项，然后单击“确定”按钮，如图 8—15 所示。

4）设置完成后，退出“本地组策略编辑器”窗口即可。

（4）桌面上的“回收站”图标消失。启动计算机，进入 Windows 7 操作系统后，发现系统桌面上的“回收站”图标消失，而其他图标还存在。

故障分析：

由于系统桌面上的其他图标还存在，可能是因为误操作删除了“回收站”图标。可以通过以下的操作将该图标重新添加到系统桌面上。

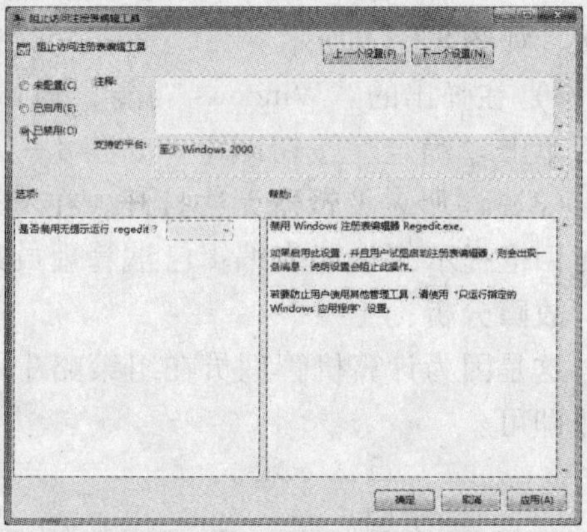

图 8—15　“阻止访问注册表编辑工具”对话框

排除步骤：

1）在系统桌面空白处右击，在弹出的快捷菜单中选择“个性化”选项。

2）在弹出的“个性化”窗口中的左侧任务列表中单击“更改桌面图标”链接，如图 8—16 所示。

3）弹出“桌面图标设置”对话框，在“桌面图标”选项组中勾选“回收站”复选按钮，然后单击“确定”按钮即可，如图 8—17 所示。

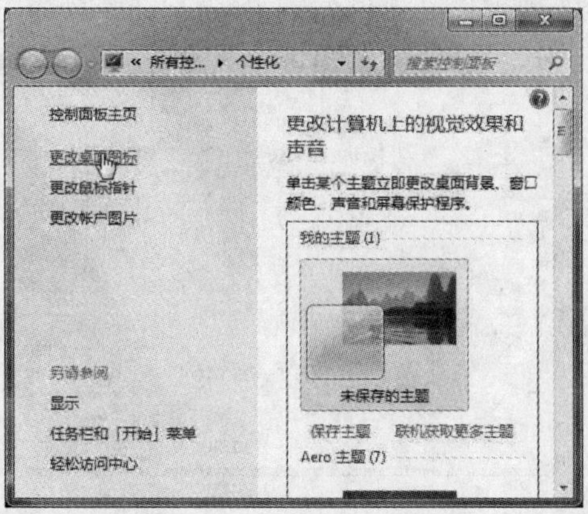

图 8—16　“个性化”窗口

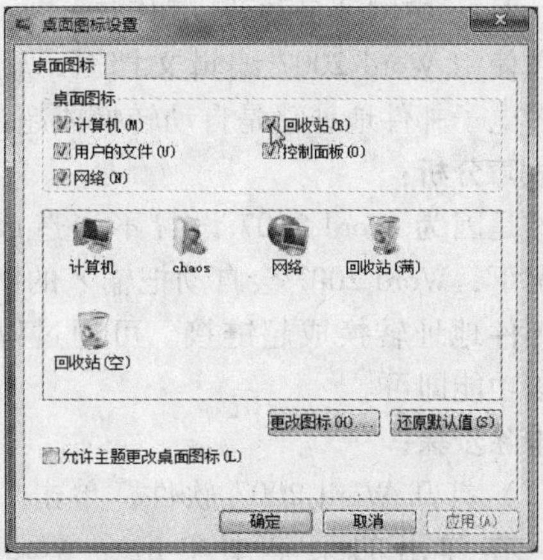

图 8—17　“桌面图标设置”对话框

提示

如果要在桌面上显示“计算机”“网络”等图标，可在“桌面图标”选项组中勾选对应的复选按钮，单击“确定”按钮进行添加。

三、办公软件故障

办公软件是最常用的工具软件，其故障大多数是由用户误操作造成的。在此介绍一些常见的办公软件故障现象以及排除方法。

1. Word 2007 文档存盘后无法正常打开

编辑完 Word 2007 文档并存盘退出后，如果立即打开会提示“该文件正在被另一个用户使用，是否打开副本”。

故障分析：

从故障现象来看，这是因为 Word 2007 在打开一个文档时，同时也在其默认的工作文件夹内建立该文件的一个副本。为了保护原文件不至于受损，Word 2007 实际上是在对这个副本进行编辑。正常退出后，Word 2007 会用副本的内容对正本进行更新，并自动删除副本。如果是非正常退出，副本没有被删除，再次打开 Word 2007 文档时就有可能发生类似故障。

排除步骤：

只要删除那些临时文件后再打开文档即可。

2. Word 2007 文档无法打开

故障分析：

从故障现象来看，可能该 Word 2007 文档已经损坏，此时可以尝试通过 Word 2007 软件进行修复。

排除步骤：

（1）打开 Word 2007 软件，在菜单栏选择“文件→打开”选项。

（2）在弹出的“打开”对话框中选择已经损坏的文件，然后选择“打开→打开并修复”选项，如图 8—18 所示。

3. Word 中网址自动变成超链接

在使用 Word 2007 编辑文档时，输入的网址或者电子邮件地址总是自动转换成超链接。

故障分析：

这是因为 Word 2007 设置不当造成的。默认情况下，Word 2007 会自动把输入的网址或者电子邮件地址转换成超链接。可通过以下操作禁用该功能即可。

排除步骤：

（1）打开 Word 2007 软件，单击“Office”按钮，在弹出的菜单中单击“Word 选项”按钮。

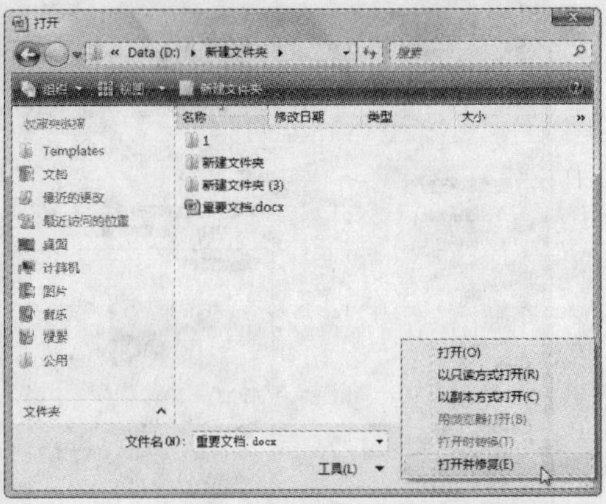

图 8—18　“打开”对话框

（2）在打开的“Word 选项”对话框中选择“校对”选项卡，单击该选项卡中的“自动更正选项”按钮。

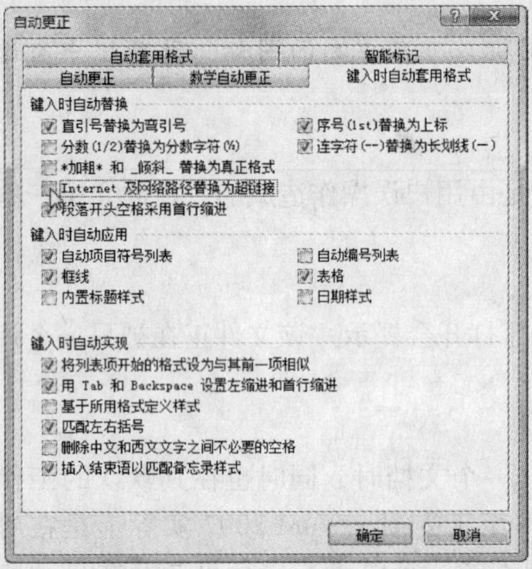

图 8—19　“自动更正”对话框

（3）在弹出的“自动更正”对话框中选择“键入时自动套用格式”选项卡，取消勾选“键入时自动替换”选项组中的“Internet 及网络路径替换为超链接”复选按钮，如图 8—19 所示。

（4）单击“确定”按钮保存设置即可。

4. 在 Excel 2007 中按 Enter 键出现错误数据

在使用 Excel 2007 处理财务报表时，如在工作表的一些空白单元格中按 Enter 键，该单元格中会出现一些错误的数据。这种现象不是经常发生，只是偶尔出现。

故障分析：

由于故障的发生具有偶然性，所以有可能和用户的偶然操作有关系。此外，如果用户在工作表中刚刚进行过复制操作，那么被复制的单元格上就会出现活动的选定框，如果此时在其他单元格中按 Enter 键，就会把活动选定框中的内容粘贴过来，所以就会出现错误数据。

排除步骤：

按 Esc 键取消活动选定框，就可解决该故障。

5. 在 Excel 2007 中输入文字时不自动换行

使用 Excel 2007 编辑报表时，在一个单元格中输入文字，当超出该单元格宽度时程序不会自动换行，而是在同一行继续输入。

故障分析：

这是单元格格式设置不当造成的。只需打开 Excel 2007 的自动换行功能进行适当的具体即可。

排除步骤：

（1）右击需要设置自动换行的单行格，在弹出的快捷菜单中选择“设置单元格格式”选项。

（2）在弹出的“设置单元格格式”对话框中选择“对齐”选项卡，在“文本控制”选项组中勾选“自动换行”复选按钮，如图8—20所示。

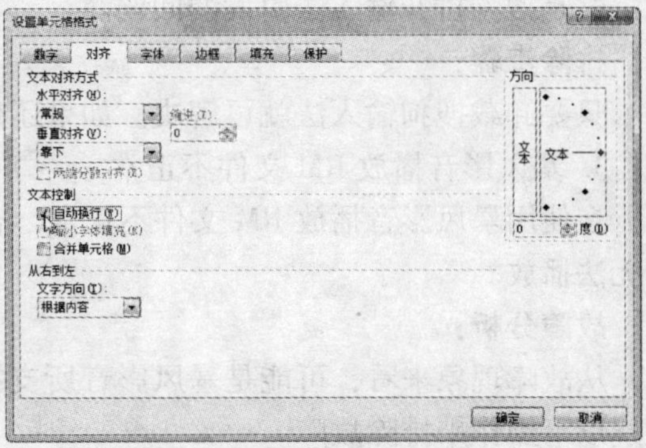

图 8—20 “设置单元格格式”对话框

6. 在 PowerPoint 2007 中单击超链接无反应

使用 PowerPoint 2007 制作幻灯片，为了使幻灯片更加生动、信息量更大，在其中添加了一些超链接。但是，在添加之后单击这些超链接却没有反应。

故障分析：

在 PowerPoint 2007 中，超链接只在幻灯片放映时才会起作用。而在普通视图、幻灯片视图中编辑演示文稿时，超链接不会起作用。在幻灯片制作完成后，进行放映时可以通过单击幻灯片中的超链接来访问相应的网站。

7. 在 PowerPoint 2007 中看不到对象的边框

在使用 PowerPoint 2007 制作幻灯片时，无法看到对象四周的边框。导致这个问题的原因有很多，总结起来主要有以下几种。

故障分析：

（1）PowerPoint 2007 中的边框功能已关闭或边框使用了与背景相同的颜色。如果要设置边框颜色，应先选择对象，然后在“绘图”工具栏上单击“线条颜色”按钮旁边的箭头，选择一种与背景色不同的边框颜色即可。

（2）如果在对象上添加了三维效果，就会使对象的边框消失。要让对象四周显示边框，就必须取消三维效果。

（3）如果在对象上添加了浮凸或雕刻效果，也会使对象的边框消失。

四、其他工具软件故障

工具软件产生的故障基本上都是因为操作不当或设置错误造成的，下面介绍一些常见工具软件的故障现象以及排除方法。

1. 无法正常解压 RAR 文件

在解压缩 RAR 文件时，出现“Unknown method，No files to extract”的错误信息。有时双击打开加密的 RAR 文件时出现“File header broken”的提示。

故障分析：

从故障现象来看，很可能是因为使用旧版的 WinRAR 来解压缩新版 WinRAR 制作的压缩包而导致的。

排除步骤：

只需安装最新版的 WinRAR 即可正常解压缩那些 RAR 文件。

2. 搜狗输入法导致开机故障

计算机开机后总是提示“DICT LOAD ERROR 创建 FILEMAP（LOCAL、MAP-PYLIST9E49537）失败：3”。

故障分析：

这是搜狗拼音输入法引发的问题。

排除步骤：

只要卸载搜狗输入法就可解决。如果还想使用搜狗输入法，重新安装搜狗输入法即可。

3. 暴风影音播放 RM 文件不正常

在使用暴风影音播放 RM 文件不正常，有时没有图像，有时按停止后不能续播，有时根本无法播放。

故障分析：

从故障现象来看，可能是暴风影音所支持的 Real 格式的回放模式设置不当造成的，可通过以下操作来排除故障。

排除步骤：

（1）在“暴风影音”播放器的主界面选择“查看→选项”选项，弹出“选项”设置框。

（2）在该框左侧列表中选择“播放器→格式”选项，然后在窗口右侧找到“Real 媒体文件”，将其回放模式由“RealMedia”改为“DirectShow”。

（3）单击“确定”按钮保存设置即可。

4. 千千静听删除列表时即删除文件

使用千千静听播放器听音乐时，每当在播放列表中删除一首歌曲时，硬盘中保存的歌曲文件也会被删除。

故障分析：

从故障现象来看，这是由于软件设置不当造成的，可用以下的操作方法来进行排除。

排除步骤：

（1）启动千千静听，右击主窗口标题栏，然后在弹出的快捷菜单中选择“千千”选项。

（2）在弹出的对话框中选择“播放列表”选项卡，然后在右侧窗口中勾选“禁用物理文件删除功能”复选按钮。

（3）设置完成后单击“全部保存”按钮即可。

模块四　常见硬件故障排除

学习目标

1. 掌握硬件故障的排除方法。
2. 掌握 CPU、主板、内存、硬盘、显示卡及显示器故障的分析方法。
3. 掌握其他外部设备故障的分析方法。

在计算机的实际使用过程中，计算机硬件故障也是很常见的。硬件方面的故障多是由 CPU、主板、内存、硬盘、显示卡、显示器故障和其他外部设备故障等引起的，在此可以通过以下方法来进行判断解决问题。

一、硬件故障的排除方法

1. 直接观察法

直接观察法通常是通过看、听、闻、摸的方法来直接对计算机的故障进行观察。

（1）看。即观察系统板卡的插头、插座是否歪斜，电阻、电容引脚是否相碰，表面是否烧焦，芯片表面是否开裂，主板上的铜箔是否烧断。还要查看是否有异物掉进主板的元器件之间，也可以看板卡上是否有烧焦变色的地方，印制电路板上的走线（铜箔）是否断裂等。

（2）听。即监听电源风扇，软盘、硬盘电动机或寻道机构，显示器变压器等设备的工作声音是否正常。另外，系统发生短路故障时常常伴随着异常声响。监听可以及时发现一些事故隐患和帮助在事故发生时即时采取措施。

（3）闻。即闻主机、板卡中是否有烧焦的气味，便于发现故障和确定短路所在地。

（4）摸。即用手按压管座的活动芯片，看芯片是否松动或接触不良。另外，在系统运行时用手触摸或靠近 CPU、显示器、硬盘等设备的外壳，根据其温度可以判断设备运行是否正常，用手触摸一些芯片的表面，如发烫则可判断芯片损坏。

2. 清洁法

对于机房环境较差或使用较长时间的机器，应先进行清洁。可用毛刷轻轻刷去主板、外设上的灰尘，然后进行下一步的检查。另外，由于板卡上一些插卡或芯片采用插脚形式，振动、灰尘等其他原因常会引起引脚氧化，接触不良。可用橡皮先擦去表面氧化层，如用专业的清洁剂清洁，重新插接好后开机检查故障是否排除。

3. 最小系统法

所谓最小系统法是指保留系统能运行的最小环境。把其他的适配器和输入、输出接口（包括软盘、硬盘驱动器）从系统扩展槽中取下，再加电观察最小系统能否运行。这样可以避免因外围电路故障而影响最小系统。一般在计算机开机后系统没有任何反应的情况下，使用最小系统法。对计算机来说，最小系统法是由主板、喇叭及开关电源组成的系统。将计算机系统主机箱内的所有接口板卡都取出来，并去掉软盘、硬盘驱动器的电源插头及键盘连线，打开电源，系统仍没有任何反应，说明故障出在系统主板本身，或者在开关电源或内存芯片（内存条）。打开电源，系统若有报警声，则说明上述三部分基本正常。然后再逐步加入其他部件扩大最小系统，在逐步扩大系统配置的过程中，若发现在加入某块电路板到系统板卡扩展槽上后，计算机系统由正常变为不正常，则说明刚刚加入的那一块接口板或部件有故障，从而找到故障电路板，更换该电路板。

4. 插拔法

计算机系统产生故障的原因很多，主板自身故障、I/O 总线故障、各种插卡故障均可导致系统运行不正常。采用插拔法是确定故障在主板或 I/O 设备的简捷方法。该方法就是关机将插件板卡逐块拔出，每拔出一块板卡就开机观察机器运行状态，一旦拔出某块板卡后主板运行正常，那么故障原因就是该插件板卡的故障或相应 I/O 总线插槽及负载电路故障。若拔出所有插件板卡后系统启动仍不正常，则故障很可能就在主板上。一些芯片、板卡与插槽接触不良，将这些芯片、板卡拔出后再重新正确插入可以解决因安装接触不当引起的计算机部件连接故障。

5. 交换法

将同型号、总线方式一致、功能相同的插件板卡或同型号芯片相互交换，根据故障现象的变化判断故障所在。此法多用于易拔插的维修环境，例如内存自检出错，可交换相同的内存芯片或内存条来判断故障部位，无故障芯片之间进行交换，故障现象依旧，若交换后故障现象变化，则说明交换的芯片中有一块是坏的，可进一步通过逐块交换而确定部位。如果能找到同型号的计算机部件或外设，使用交换法可以快速判定是否是元件本身的质量问题。

6. 比较法

运行两台或多台相同或相类似的计算机，根据正常计算机与故障计算机在执行相同操作时的不同表现可以初步判断故障产生的部位。

7. 振动敲击法

用手指轻轻敲击机箱外壳，有可能解决因接触不良或虚焊造成的故障。然后可进一步检查故障点的位置进行排除。

8. 升温降温法

人为升高计算机运行环境的温度，可以检验计算机各部件（尤其是 CPU）的耐高温情况，从而及早发现事故隐患。人为降低计算机运行环境的温度，如果计算机的故障出现率大为减少，说明故障出在高温或不能有高温的部件中。此举可以帮助用户缩小故障诊断范围。

事实上，升温降温法采用的是故障促发原理，以制造故障出现的条件来促使故障频繁出现以观察和判断故障所在的位置。

9. 程序测试法

随着各种集成电路的广泛应用，焊接工艺也越来越复杂，仅靠硬件维修手段往往很难找出故障所在。而通过随机诊断程序、专用维修诊断卡及根据各种技术参数（如接口地址），自编专用诊断程序来辅助硬件维修则可达到事半功倍的效果。

程序测试法的原理就是用软件发送数据、命令，通过读取线路状态及某个芯片（如寄存器）的状态来识别故障部位。此法往往用于检查各种接口电路故障及具有地址参数的各种电路。但此法应用的前提是 CPU 及总线基本运行正常，能够运行有关诊断软件，能够运行安装于 I/O 总线插槽上的诊断卡等。编写的诊断程序要严格、全面、有针对性，能够让某些关键部位出现有规律的信号，能够对偶发故障进行反复测试及能显示记录出错情况。软件诊断法要求具备熟练的编程技巧、熟悉各种诊断程序与诊断工具（如 DEBUG、DM 等）、掌握各种地址参数（如各种 I/O 地址）以及电路组成原理等。尤其需要掌握各种接口单元正常状态下的各种参考值，这是有效运用软件诊断法的前提基础。

二、CPU 故障

CPU 是一台计算机中最重要的零部件之一，各种数据的运算、处理等过程都是由 CPU 来完成的。由于 CPU 的集成度很高，因此其可靠性要求非常高，正确使用计算机的情况下出现 CPU 处理器损坏、烧毁的概率并不是很高。但也不可排除人为因素引起的 CPU 处理器损坏、烧毁等现象。一般情况下，CPU 处理器损坏后的故障非常容易判断。当 CPU 损坏后，最直接的故障就是计算机无法正常开机，按下机箱电源按钮以后机器无任何反映，机箱喇叭无鸣叫声，显示器没有信号显示。如果出现这些现象，基本上就可以判断是 CPU 出现了问题。

CPU 故障在一般情况下可以按如下步骤进行判断和排除：

1. 检查 CPU 是否安装到位

目前的 CPU 插槽设计都非常标准，主板使用什么样的芯片则决定安装什么型号的处理器，高中低端划分明确，特别是 AMD 处理器划分更细。

CPU 目前在安装结构上还是以针式结构为主，安装采用了针脚对针脚的设计，方向不正确时无法将 CPU 正确装入插槽中，在检查时把重点放在安装是否到位上。主板上的 CPU 插槽都有定位措施，如果处理器安装不到位则无法将主板上的 CPU 压杆压下。因此在安装时一定要细心，千万不要用蛮力，以免造成 CPU 损坏。

2. 检查 CPU 风扇运行是否正常

CPU 由于集成度非常高，因此发热量也非常大，特别是目前 CPU 的频率都非常高，因此风扇对于 CPU 的稳定运行起到了至关重要的作用。目前 CPU 都加入了过热保护功能，超过一定的温度后便会自行关机，不会像早期产品那样因为发热量过大而致使处理器烧毁，但过高的温度会使 CPU 使用寿命明显缩短，并且最重要的是风扇安装不到位或者与处理器接合不紧密，会使计算机频繁死机，影响正常使用。因此，除了要为 CPU 选择一款性能优良的散热器外，还要经常检查风扇的工作情况，经常对 CPU 风扇进行检查和保养。比如在温度较低的情况下，CPU 风扇的润滑油容易失效，导致工作中噪声明显增大，这时就要考虑为 CPU 风扇进行清理和加润滑油。

另外，在炎热的夏季要格外注意 CPU 的散热状况，除了要选择一款性能优良的 CPU 散热器外，一款合适的机箱对于散热也是非常重要的。

3. 检查是否因为使用超频引起的故障

这一项主要针对的是超频用户。目前 CPU 的频率已经相当高，完全能够满足日常生活的各种需求，没有必要再进行超频使用。但很多用户仍然不满足，都选择将 CPU 超频使用。当然超频后的 CPU 在性能上肯定有提升，但对计算机的稳定性和 CPU 的使用寿命是非常有害的。超频后的 CPU 对散热的要求将更高，在加入更高的电压下极容易造成 CPU 的烧毁。很多情况下便是因为对 CPU 进行超频以后导致机器无法正常进入系统。因此，在非必要的情况下，建议大家不要对 CPU 进行超频。

当出现能够正常开机，但进入不了操作系统时，用户就要考虑是不是因为对 CPU 进行超频后导致的故障。若是这种故障，可进入主板的 BIOS 中将 CPU 的电压、外频等恢复到默认设置，便可解决问题。

4. 检查跳线的设置是否正确

这一项主要是针对老主板老处理器的用户而言，目前新主板和 CPU 一般都不会进行硬件跳线的设置。对于采用硬件跳线的老主板用户，设置起来比较复杂，稍不注意便会造成各种参数设置出错。因此，在 CPU 出现问题时先要检查各项参数及跳线的设置是否正确，认真检查主板，阅读主板说明书，仔细设置各项参数。

5. CPU 烧毁、压坏的检查方法

打开机箱，卸掉 CPU 风扇，拿出 CPU 后用肉眼观察是否有烧毁、压坏的痕迹。现在 CPU 的核心比较娇嫩，在安装风扇时稍有不慎便会将 CPU 压坏。因此，安装时一定注意力度要适中，方法要正确，防止用蛮力将 CPU 压坏。

另外，处理器都是通过针脚与插槽连接的，虽然号称是“零插拔力”插槽，但如果插槽的质量不好，CPU 在插入时的力度还是很大，大家在安装时要保持针脚与插槽的平衡，在安装时一定要检查处理器的针脚是否有弯曲的现象，不要一味地插或拔，否则很容易损坏针脚。

三、主板故障

主板作为计算机系统运行的核心，在计算机操作系统中起着至关重要的作用。系统时钟发生器与时序控制电路、CPU 及总线控制逻辑、DMA 传输与中断控制、内存及其读写控制逻辑、系统配置参数的存储与读写、键盘控制逻辑、I/O 总线插槽甚至某些外设控制逻辑（如打印控制）均集成在主板上。因此，主板发生故障不但会影响外部设备的正常运行，而且往往还会引起无法启动的致命性故障。

一般情况下可以按如下步骤对主板的故障分类并进行判断和排除。

1. 主板故障的分类

（1）根据对计算机系统的影响分类。根据对计算机系统的影响分类可分为非致命性故障和致命性故障。非致命性故障也发生在系统上电自检期间，一般给出错误信息。致命性故障发生在系统上电自检期间，一般导致系统死机。

（2）根据影响范围分类。根据影响范围分类可分为局部性故障和全局性故障。局部性故障指系统某一个或几个功能运行不正常，如主板上打印控制芯片损坏，仅造成联机打印不正常，并不影响其他功能。全局性故障往往影响整个系统的正常运行，使其丧失全部功能。例如时钟发生器损坏将使整个系统瘫痪。

（3）根据故障现象是否固定分类。根据故障现象是否固定分类可分为稳定性故障和不稳定性故障。稳定性故障是由于元器件功能失效、电路断路或短路引起的，其故障现象稳定重复出现，而不稳定性故障往往是由于接触不良、元器件性能变差、虚焊，使芯片逻辑功能处于时而正常、时而不正常的临界状态而引起的。如由于 I/O 插槽变形，造成显卡与该插槽接触不良，使显示呈变化不定的错误状态。

（4）根据影响程度分类。根据影响程度分类可分为独立性故障和相关性故障。独立性故障指完成单一功能的芯片损坏。相关性故障指一个故障与另外一些故障相关联，其故障现象为多方面功能不正常，而其故障实质为控制诸功能的共同部分出现故障引起的例如软盘、硬盘工作均不正常，而软盘、硬盘控制卡上的功能控制较为分离，故障往往在主板上的外设数据传输控制即 DMA 控制电路。

（5）根据故障产生源分类。根据故障产生源分类可分为电源故障、总线故障、元件故障。电源故障包括主板上 12 V、5 V 及 3. 3 V 电源和 Power Good 信号故障。总线故障包括总线本身故障和总线控制权产生的故障。元件故障则包括电阻、电容、集成电路芯片及其他元器件的故障。

2. 引起主板故障的主要原因

（1）人为故障。带电插拔 I/O 卡，以及在装板卡及插头时用力不当造成对接口、芯片等的损害。

（2）环境不良。静电常造成主板上芯片（特别是 CMOS 芯片）被击穿。另外，主板遇到电源损坏或电网电压瞬间产生的尖峰脉冲时，往往会造成系统主板上供电插头附近的芯片损坏。如果主板上布满了灰尘，也会造成电路方面的短路等。

（3）器件质量问题。由于芯片和其他元器件质量低劣导致的损坏。

3. 主板故障检查维修的常用方法

主板故障往往表现为系统启动失败、屏幕无显示等难以直观判断的故障现象。这些维修方法各有优势和局限性，可根据实际情况结合使用。

（1）清洁法。可用毛刷轻轻刷去主板上的灰尘。另外，主板上一些插卡、芯片采用插脚形式，常会因为引脚氧化而接触不良。可用橡皮擦去表面氧化层，重新插接。

（2）观察法。反复查看待修的主板，看各插头、插座是否歪斜，电阻、电容引脚是否相碰，表面是否烧焦，芯片表面是否开裂，主板上的铜箔是否烧断。还要查看是否有异物掉进主板的元器件之间。遇到有疑问的地方，可以借助万用表测量。触摸一些芯片的表面，如果异常发烫，可换一块芯片试试。

（3）电阻、电压测量法。为防止出现意外，在加电之前应测量主板上电源 5 V 与地（GND）之间的电阻值。最简捷的方法是测量芯片的电源引脚与地之间的电阻。未插入电源插头时，该电阻一般应为 300 Ω，最低也不应低于 100 Ω。再测量反向电阻值，略有差异，但不能相差过大。若正、反向阻值很小或接近导通，就说明有短路的可能，应仔细检查短路的原因。产生这类现象的原因主要有以下几种：

1）系统主板上有被击穿的芯片。一般来说此类故障较难排除。例如 TTL 芯片（LS 系列）的 5 V 连在一起，可吸去 5 V 引脚上的焊锡，使其悬浮，逐个测量，从而找出故障芯片。如果采用割线的方法，势必会影响主板的寿命。

2）主板上有损坏的电阻、电容。

3）主板上存有导电杂物。当排除短路故障后，插上所有的 I/O 卡，测量 5 V、12 V 与地是否短路。特别是 12 V 与周围信号是否相碰。可以用测量电阻值的方法来测量一块好的同样型号的主板的可疑点。通过这样对比，可以较快地发现芯片故障所在。

当上述步骤均未见效时，可以接通电源加电测量。一般测电源的 5 V 和 12 V。当发现某一电压值偏离标准太远时，可以通过分隔法或割断某些引线或拔下某些芯片再测电压。当割断某条引线或拔下某块芯片时，若电压变为正常，则这条引线引出的元器件或拔下来的芯片就是故障所在。

（4）拔插交换法。主机系统产生故障的原因很多，例如主板自身故障或 I/O 总线上的各种插卡故障均可导致系统运行不正常。采用拔插维修法是确定故障在主板或 I/O 设备的简捷方法。

该方法就是关机将插件板逐块拔出，每拔出一块板卡就开机观察机器运行状态，一旦拔出某块板卡后主板运行正常，那么故障原因就是该插件板卡故障或相应 I/O 总线插槽及负载电路故障。若拔出所有插件板后系统启动仍不能正常工作，则故障很可能就在主板上。

采用交换法实质上就是将同型号插件板卡，总线方式一致、功能相同的插件板卡或同型号芯片相互交换，根据故障现象的变化情况判断故障所在。此法多用于易拔插的维修环境，例如内存自检出错，可交换相同的内存芯片或内存条来确定故障原因。

（5）静态、动态测量分析法

1）静态测量分析法。让主板暂停在某一特定状态下，由电路逻辑原理或由芯片输出与输入之间的逻辑关系，用万用表或逻辑笔测量相关点电平来分析判断故障原因。

2）动态测量分析法。编制专用判断程序或人为设置正常条件，在机器运行过程中用示波器测量观察有关组件的波形，并与正常的波形进行比较，判断故障部位。

（6）综合判断法。此法即先简单后复杂并结合组成原理判断的一种方法。随着大规模集成电路的广泛应用，主板上的控制逻辑集成度越来越高，其逻辑正确性越来越难以通过测量来判断。可采用先判断逻辑关系简单的芯片及阻容元件，后将故障集中在逻辑关系难以判断的大规模集成电路芯片上的方法。

（7）软件诊断法。通过随机诊断程序、专用维修诊断卡及根据各种技术参数（如接口地址），自编专用诊断程序来辅助硬件维修可达到事半功倍的效果。程序测试法的原理就是用软件发送数据、命令，通过读线路状态及某个芯片（如寄存器）状态来识别故障部位。此法往往用于检查各种接口电路故障及具有地址参数的各种电路。但此法应用的前提是 CPU 及总线运行正常，能够运行有关诊断软件，能够运行安装于 I/O 总线插槽上的诊断卡等。编写的诊断程序要严格、全面、有针对性，能够让某些关键部位出现有规律的信号，能够对偶发故障进行反复测试及能显示记录出错情况。

四、内存故障

内存是计算机中故障频发的部件之一，虽然故障发生率与其他配件相比较高，但出现问题后大都比较好判断，也较容易排除。一般情况下可以按如下的步骤进行判断和排除。

1. 开机无显示

由于内存条原因出现此类故障是比较普遍的现象，一般都是因为内存条与主板内存插槽接触不良造成的（在排除内存本身故障的前提下）。

排除步骤：

只要用橡皮来回擦拭其金手指部位即可解决问题（不要用酒精等清洗）。若是内存损坏或主板内存插槽有问题也会造成此类故障。

提示

由于内存条原因造成开机无显示故障，主机扬声器一般都会长时间蜂鸣（针对 Award Bios 而言）。

2. Windows 7 系统运行不稳定

Windows 7 系统运行不稳定，经常产生非法错误。

故障分析：

出现此类故障一般是由于内存芯片质量不良或软件原因引起的。

排除步骤：

若确定是内存条原因只能更换。

3. Windows 注册表经常无故损坏，提示要求用户恢复

这类故障比较常见，表现为能够正常启动系统，但是在进入桌面时，系统会提示注册表读取错误，需要重新启动计算机修复该错误，但是再次启动计算机后，仍旧是同样的故障。

故障分析：

对于此类问题，可以进入安全模式，在运行中键入“MSCONFIG”命令，不选中“启动”项中的 Scan Registry，然后再重新启动计算机。如果故障排除，说明该问题是由注册表错误引起的；如果故障仍然存在，基本上就可以断定该机器内存有问题。

排除步骤：

这时需要使用替换法，需换性能良好的内存条检验是否存在同样的故障。

4. Windows 7 经常自动进入安全模式

此类故障一般是由于主板与内存条不兼容或内存条质量不佳引起的。

排除步骤：

可以尝试在 CMOS 设置中降低内存读取速度看能否解决问题，如若还不行，只能更换内存条。

5. 随机性死机

故障分析：

此类故障一般是由于采用了几种不同芯片的内存条，由于各内存条速度不同产生了时间差从而导致死机。还有一种可能就是内存条与主板不兼容，此类现象一般少见。另外也有可能是内存条与主板接触不良引起计算机随机性死机，此类现象比较常见。

排除步骤：

对此可以在 CMOS 设置中降低内存速度予以解决，否则，唯有使用同型号内存。

6. 内存加大后系统资源反而降低

故障分析：

此类现象一般是由于主板与内存不兼容引起的，即使系统重装也不能解决问题。

排除步骤：

只有更换内存条。

7. Windows 7 启动时，在载入高端内存文件时系统提示某些地址有问题

故障分析：

此问题一般是由于内存条的某些芯片损坏造成的。

排除步骤：

只有更换内存条。

8. 提示内存不足

（1）运行某些软件时。运行某些软件时经常出现内存不足的提示。

故障分析：

此现象一般是由于系统盘剩余空间不足造成的。

排除步骤：

可以删除一些无用文件，多留一些空间即可，一般保持在 300MB 左右。

（2）从硬盘引导安装 Windows 操作系统进行到检测磁盘空间时。从硬盘引导安装 Windows 操作系统进行到检测磁盘空间时，系统提示内存不足。

故障分析：

此类故障一般是由于用户在 config. sys 文件中加入了 emm386. exe 文件。

排除步骤：

只要将其屏蔽即可解决问题。

9. 安装 Windows 操作系统

安装 Windows 操作系统进行到系统配置时产生一个非法错误。

故障分析：

此类故障一般是由于内存条损坏造成的。

排除步骤：

只有更换内存条才可解决问题。

10. 启动 Windows 操作系统时

启动 Windows 操作系统时系统多次自动重新启动。

故障分析：

此类故障一般是由于内存条或电源质量有问题造成的。当然，系统重新启动还有可能是 CPU 散热不良或其他人为故障造成的。

排除步骤：

唯有用排除法一步一步排除。

五、硬盘故障

在使用硬盘的时候，常常会出现一些莫名其妙的问题。为了有效地保存硬盘中的数据，除了经常性地进行备份工作以外，还要学会在硬盘出现故障时如何救活硬盘，或者从坏的区域中提取出有用的数据，把数据损失的程度降到最小。在一般情况下可以按以下方法进行判断和排除。

1. 系统检测不到硬盘

系统无硬盘无法启动，使用 CMOS 中的自动监测功能也无法发现硬盘的存在。

故障分析：

这种故障大都出现在连接电缆或 IDE（或 SATA）端口上，可通过重新插接硬盘电缆或者改换 IDE（或 SATA）口及电缆等进行替换实验。

排除步骤：

如果新接上的硬盘也不被接受，常见的原因就是硬盘上的主从跳线，如果一条 IDE（或 SATA）硬盘线上接两个硬盘设备，就要分清楚主从关系。

2. CMOS 引起的故障

CMOS 的故障引起硬盘故障，使计算机也无法正常启动。

故障分析：

CMOS 中的硬盘类型正确与否直接影响硬盘的正常使用。现在的机器都支持自动检测硬盘的类型。当硬盘类型错误时，有时无法启动系统，有时能够启动，但会发生读写错误。

排除步骤：

检查硬盘数据线及电源线，刷新并正确设置 COMS 参数。

3. 启动故障

(1) 主引导程序引起的启动故障。

故障分析：

主引导程序位于硬盘的主引导扇区，主要用于检测硬盘分区的正确性，并确定活动分区，负责把引导权移交给活动分区的 DOS 或其他操作系统。此段程序损坏将无法从硬盘引导，但从软驱或光驱启动之后可对硬盘进行读写。

排除步骤：

修复此故障的方法较为简单，使用高版本 DOS 的 FDISK 重新分区最为方便，当带参数/

mbr 运行时，将直接更换（重写）硬盘的主引导程序。即可修复此类故障。

（2）分区表错误引起启动故障。

故障分析：

分区表错误是硬盘的严重错误，不同的错误程度会造成不同的损失。如果没有活动分区标志，则计算机无法启动。但从软驱或光驱引导系统后可对硬盘读写。

排除步骤：

可通过 FDISK 重置活动分区进行修复。恢复的工具可采用 NU 等工具软件，操作非常方便。当然也可采用 DEBUG 进行操作，但操作烦琐并且具有一定的风险。

4. 分区有效标志错误

故障分析：

在硬盘主引导扇区中还存在一个重要的部分，那就是其最后的两个字节“55aa”，此字节为扇区的有效标志。当从硬盘、软盘或光盘启动时，将检测这两个字节，如果存在则认为有硬盘存在，否则将不承认硬盘。

排除步骤：

此处可用于整个硬盘的加密技术，可采用 DEBUG 方法进行恢复处理。另外，当 DOS 引导扇区无引导标志时，系统启动将显示为“Missing Operating System”。可使用 DOS 系统通用的修复方法来修复。

5. FAT 表引起故障

故障分析：

FAT 表记录着硬盘数据的存储地址，每一个文件都有一组 FAT 链指定其存放的簇地址。FAT 表的损坏意味着文件内容的丢失。由于不同规格的磁盘其 FAT 表的长度及第二个 FAT 表的地址也是不固定的，所以修复时必须正确查找其位置。

排除步骤：

一些工具软件如 NU 等本身具有这样的修复功能，使用也非常方便。采用 DEBUG 也可实现这种操作，把第二个 FAT 表移到第一个 FAT 表处即可。如果第二个 FAT 表也损坏了，就无法把硬盘恢复到原来的状态，但文件的数据仍然存放在硬盘的数据区中，可采用 CHKDSK 或 SCANDISK 命令进行修复，最终得到 *. CHK 文件，这便是丢失 FAT 链的扇区数据。如果是文本文件则可从中提取出完整的或部分文件内容。

6. 误删除分区时数据的恢复

当用 FDISK 删除了硬盘分区之后，表面上是硬盘中的数据已经完全消失，在未格式化时进入硬盘会显示为无效驱动器。

故障分析：

如果了解 FDISK 的工作原理，就会知道 FDISK 只是重新改写了硬盘的主引导扇区（0 面 0 道 1 扇区）中的内容，具体说就是删除了硬盘分区表信息，而硬盘中的任何分区的数据均没有改变。

排除步骤：

可仿照上述分区表错误的修复方法，恢复分区表数据即可恢复原来的分区及数据。

六、显示卡故障

显示卡是计算机系统里的重要配件之一，它能将 CPU 处理后的数据信号“翻译”成显示器能显示的模拟信号，与显示器组成了计算机的显示子系统。正常情况下，显示卡故障率并不高，但随着应用增多和性能的提升，显示卡故障率也呈增长趋势。一般情况下可以按如下方法进行判断和排除。

1. 无显示

开机无显示。

故障分析：

由于显示卡的原因出现此类故障，一般是因为显示卡与主板接触不良或主板插槽有问题造成的。

排除步骤：

对于接触不良等问题应对其予以清洁。对于一些集成显示卡的主板，唯有将主板上的显示卡禁止方可使用。

提示

由于显示卡的原因造成的开机无显示故障，主机在开机后一般会发出一长两短的蜂鸣声（针对 AWARD BIOS 而言）。

2. 颜色不正常

显示颜色不正常。

故障分析：

此类故障一般有以下原因：

（1）显示卡与显示器信号线接触不良。

（2）显示器原因。

（3）在某些软件里面颜色不正常，一般常见于老式机，在 BIOS 里面有一项校验颜色的选项，将其开启即可。

（4）显示卡损坏。

（5）显示器被磁化，此类现象一般是由于与有磁性的物体距离过近所致，磁化后还可能会引起显示画面偏转的现象。

3. 死机

故障分析：

出现此类故障一般多见于主板与显示卡的不兼容或主板与显示卡接触不良，还有个别的是由于显示卡与其他扩展卡不兼容而造成死机现象。

4. 出现花屏

Windows 7 系统里面出现花屏，看不清字迹。

故障分析：

此类故障一般是由于显示器或显示卡不支持高分辨率造成的。

排除步骤：

花屏后可以切换启动模式到安全模式，然后再在 Windows 7 系统里面进入显示设置，再重新启动计算机即可予以解决。

5. 画面显示不完全

在 Windows 7 系统画面显示不完全。

故障分析：

此类故障一般还是由于显示器或显示卡不支持高分辨率造成的。

排除步骤：

如若画面能够看清，只要删除显示卡驱动程序，再重新启动计算机重新安装显示卡驱动程序即可解决。

6. 出现一些异常竖线或不规则小图案

在 Windows 7 系统里出现了一些异常的竖线或不规则的小图案。

故障分析：

此类故障一般是由于显示卡的显示存储器出现问题或显示卡与主板接触不良造成的。

排除步骤：

清洁显示卡的金手指部位或更换显示卡即可解决。

7. 驱动程序自动丢失

显示卡驱动程序载入，运行一段时间后驱动程序又自动丢失。

故障分析：

此类故障一般是由于显示卡质量不佳或显示卡与主板不兼容，使显示卡温度太高，从而导致运行不稳定或出现死机现象。

排除步骤：

唯有更换显示卡才能解决。还有一种比较特殊的现象，以前能够载入显示卡驱动程序，但在显示卡驱动程序载入后，进入 Windows 操作系统时出现死机现象。对此，可以更换其他型号的显示卡，在载入驱动程序后，再插入以前的显示卡即可解决，如若还不能解决此类故障，就说明注册表有问题，对注册表恢复或重新安装操作系统即可。

8. 在某些特定的软件里面出现花屏现象

故障分析：

此类现象一般是由于软件版本太老不支持新式显示卡，如理德名片系统一般要用 9680 或 9685 系列显示卡。

排除步骤：

装入新的驱动程序。

9. 屏幕上有乱码

开机启动时屏幕上有乱码。

故障分析：

此类故障一般是由于主板与显示卡接触不良引起的。

排除步骤：

对其清洁即可解决问题。

七、显示器故障

显示器是人们与计算机沟通的主要桥梁。显示器故障有花屏、黑屏、画面抖动、画面模糊等。其实显示器的故障都与相应硬件有关。一般情况下可以按如下方法进行判断和排除。

1. 花屏

故障分析：

这个问题多是因为显示卡引起的。如果是新换的显示卡，则可能是显示卡的质量不好或不兼容，再有就是没有安装正确的驱动程序。如果是旧显示卡加了显存的话，则有可能是新加进的显存和原来的显存型号参数不一致所致。

排除步骤：

安装正确的驱动程序。

2. 黑屏

故障分析：

如果是显示卡损坏或显示器断线等原因造成没有信号传送到显示器，则显示器的指示灯会不停地闪烁提示没有接收到信号。要是将分辨率设得太高，超过显示器的最大分辨率也会出现黑屏，重者会损坏显示器，但现在的显示器都有保护功能，当分辨率超出设定值时会自动保护。另外，硬件冲突也会引起黑屏。

排除步骤：

更换显示卡，更换显示器信号线，调整分辨率，调整硬件避免冲突。

3. 计算机刚开机时显示器画面异常

计算机刚开机时显示器的画面抖动得很厉害，有时甚至连图标和文字也看不清，但过一两分钟后就会恢复正常。

故障分析：

这种现象多发生在潮湿的天气，是显示器内部受潮的缘故。

排除步骤：

要彻底解决此问题，可使用食品包装中的干燥剂用棉线串起来，然后打开显示器的后盖，将干燥剂挂于显像管管颈尾部靠近管座附近。这样，即使是在潮湿的天气里，也不会再出现以上的故障。

4. 干扰杂波或线条

显示器屏幕上总有挥之不去的干扰杂波或线条，而且音箱中也有令人讨厌的杂音。

故障分析：

这种现象多半是电源的抗干扰性差所致。

排除步骤：

可以更换一个新的电源。如果有足够的动手能力，也可以试着自己更换电源内部的滤波电容，这往往都能奏效；如果效果不太明显，可以将开关管一并换下来。

5. 显示器无画面

计算机开机后，显示器只闻其声不见其画，漆黑一片，要等上几十分钟以后才能出现画面。

故障分析：

这是显像管座漏电所致，需更换管座。

排除步骤：

拆开后盖可以看到显像管尾部的一小块电路板，管座就焊在电路板上。小心拔下这块电路板，再焊下管座，然后将新管座焊回电路板上。这时不要急于将电路板装回去，先找一小块砂布，小心翼翼地将显像管尾部凸出的管脚用砂布擦拭干净，再将电路板装回去即可。

注意

1. 管脚上的氧化层如果擦得不干净很快就会旧病复发。

2. 显示屏的故障如果是显示屏内部的线路造成的，就要请专家来诊断，切勿自己动手拆开后盖进行检修。

八、其他外部设备故障

计算机的外部设备包括键盘、鼠标、U 盘和摄像头等，这些设备产生故障的概率较小。下面是几种典型的故障现象。

1. 鼠标双击无效

在操作系统中，鼠标双击与鼠标单击的效果相同。

故障分析：

从故障的表现来看，如果不是鼠标存在硬件故障，就可能是因为系统设置的双击速度过快引起的。

排除步骤：

在“控制面板”窗口中，打开“鼠标属性”对话框，在“双击速度”栏中拖曳滑块调整双击速度即可。如果问题依旧，则可能是鼠标的左键失灵，此时应更换新的鼠标。

2. 键盘按键失灵

键盘长时间使用后，某些按键不能正常键入字符，而其余按键正常。

故障分析：

从故障的表现来看，可能是因为键盘太脏而导致按键失灵。

排除步骤：

先关机并切断电源，拔出键盘接口，接着将键盘翻转并用旋具旋开螺钉，在打开键盘底板后使用棉球沾无水酒精将按键下方与键帽相接的部分擦洗干净即可。如果问题依旧，则可以考虑更换新的键盘。

3. U 盘无法正常读取

将 U 盘插入机箱前置面板的 USB 接口中，U 盘不能读取，更换另一款 U 盘，有时能够读取。

故障分析：

从故障表现来看，应该不是 U 盘的问题，可能是因为机箱前置面板的 USB 接口供电不足造成的。

排除步骤：

将 U 盘插入机箱后面主板集成的 USB 接口中，如果 U 盘能够正常读取，则表示前置 USB 接口供电不足，此时可以查看前置 USB 接口的电源线与主板是否连接正常，连接正确后故障即可排除。

4. 计算机无法识别摄像头

新购买的一个 USB 接口摄像头，试用时一切正常，安装好驱动程序后却无法找到该设备。

故障分析：

从故障表现来看，应该是摄像头的驱动程序问题。

排除步骤：

将摄像头的驱动程序卸载并重装。如果故障依旧，则更换一个 USB 接口再试一次；如果还是找不到，则可以连接到其他计算机上试试；如果能够正常使用，则需要将原来的驱动程序的残留信息删除，重新安装驱动程序即可。

单元练习

一、填空题

1. 计算机的工作电压稳定在（　　）V。

A. 220　　B. 7　　C. 110　　D. 5

2. 计算机工作环境的温度应保持在（　　）℃。

A. 20 ~ 25　　B. 0 ~ 40　　C. -10 ~ 30　　D. -20 ~ 20

3. 关于计算机操作规程以下说法不正确的是（　　）。

A. 尽量不要带电插拔与主机、外部设备相连部件等。带电操作是计算机维护中的大忌

B. 在计算机工作过程中，不得随意搬动、移动和振动机器

C. 在计算机工作过程中如出现死机，一般应采用系统热启动和系统复位方式，尽量不要采用关闭电源再开电源的方式重新启动系统

D. 合理的计算机通电、关电顺序是：启动时，应先开主机然后开启外部设备，关机时则正好相反

4. 一台计算机安装好后，开机显示器黑屏，机内喇叭发出连续的长声蜂鸣报警声，则最有可能是（　　）出现了问题。

A. 硬盘　　B. 显示卡　　C. 内存　　D. 声卡

5. 一台计算机，在正常运行时突然显示器黑屏，主机电源灯灭，电源风扇停转，试判断故障部位是（　　）。

A. 主机电源　　B. 显示器　　C. 硬盘驱动器　　D. 显示卡

6.（　　）故障会引起软件故障。

A. 程序故障　　B. 系统软件故障

C. 病毒　　D. 操作系统故障

7. 字符图形显示错误或花屏，主要是因为（　　）。

A. 显示卡的显存出现问题　　B. 显示卡安装没到位

C. 显示卡与主板接触不良　　D. 显示器有问题

二、简答题

1. 如何对计算机进行清洁？

2. 简述计算机对电源的基本要求。

3. 简述计算机故障产生的原因。

4. 引起主板故障的主要原因是什么？